"十三五"国家重点图书出版规划项目

BIM 技术及应用丛书

# BIM 软件与相关设备

李云贵　主编

何关培　邱奎宁　副主编

中国建筑工业出版社

图书在版编目（CIP）数据

BIM软件与相关设备 / 李云贵主编. — 北京：中国建筑工业出版社，2017.11
（BIM技术及应用丛书）
ISBN 978-7-112-21329-0

Ⅰ.①B… Ⅱ.①李… Ⅲ.①建筑设计—计算机辅助设计—应用软件
Ⅳ.①TU201.4

中国版本图书馆CIP数据核字（2017）第243691号

　　本书是"BIM技术及应用丛书"中的一本，本书从产品概述，以及主要功能、性能和信息共享能力等几个方面介绍各款BIM产品，并基于调研反馈信息和部分专家意见给出了评论。全书共12章，包括：概述，模型创建与建筑BIM软件，结构BIM软件，机电BIM软件，建筑性能分析软件，BIM集成应用与可视化软件，BIM集成管理软件，其他BIM软件，三维扫描设备及相关软件，测量机器人，虚拟现实（VR/AR/MR）设备及相关软件，二维码和RFID设备，共涉及BIM软件与相关设备五十余个。内容全面，具有较强的指导性，可减少企业和项目在选择BIM产品过程中的重复工作和资源浪费。

　　本书可供企业管理人员及BIM从业人员参考使用。

总　策　划：尚春明
责任编辑：王砾瑶　范业庶
版式设计：京点制版
责任校对：李欣慰　李美娜

BIM技术及应用丛书
BIM软件与相关设备
李云贵　主编
何关培　邱奎宁　副主编

＊

中国建筑工业出版社出版、发行（北京海淀三里河路9号）
各地新华书店、建筑书店经销
北京京点图文设计有限公司制版
大厂回族自治县正兴印务有限公司印刷

＊

开本：787×1092毫米　1/16　印张：20　字数：412千字
2017年11月第一版　2017年11月第一次印刷
定价：69.00元
ISBN 978-7-112-21329-0
　　　（31037）

# 丛书前言

"加快推进建筑信息模型（BIM）技术在规划、勘察、设计、施工和运营维护全过程的集成应用，实现工程建设项目全生命期数据共享和信息化管理，为项目方案优化和科学决策提供依据，促进建筑业提质增效。"

——摘自《关于促进建筑业持续健康发展的意见》（国办发 [2017] 19 号）

BIM 技术应用是推进建筑业信息化的重要手段，推广 BIM 技术，提高建筑产业的信息化水平，为产业链信息贯通、工业化建造提供技术保障，是促进绿色建筑发展，推进智慧城市建设，实现建筑产业转型升级的有效途径。

随着《2016-2020 年建筑业信息化发展纲要》（建质函 [2016]183 号）、《关于推进建筑信息模型应用的指导意见》（建质函 [2015]159 号）等相关政策的发布，全国已有近 20 个省、直辖市、自治区发布了推进 BIM 应用的指导意见。以市场需求为牵引、企业为主体，通过政策和技术标准引领和示范推动，在建筑领域普及和深化 BIM 技术应用，提高工程项目全生命期各参与方的工作质量和效率，实现建筑业向信息化、工业化、智慧化转型升级，已经成为业内共识。

近年来，随着互联网信息技术的高速发展，以 BIM 为主要代表的信息技术与传统建筑业融合，符合绿色、低碳和智慧建造理念，是未来建筑业发展的必然趋势。BIM 技术给建设项目精细化、集约化和信息化管理带来强大的信息和技术支撑，突破了以往传统管理技术手段的瓶颈，从而可能带来项目管理的重大变革。可以说，BIM 既是行业前沿性的技术，更是行业的大趋势，它已成为建筑业企业转型升级的重要战略途径，成为建筑业实现持续健康发展的有力抓手。

随着 BIM 技术的推广普及，对 BIM 技术的研究和应用必然将向纵深发展。在目前这个时点，及时对我国近几年 BIM 技术应用情况进行调查研究、梳理总结，对 BIM 技术相关关键问题进行解剖分析，结合绿色建筑、建筑工业化等建设行业相关课题对今后 BIM 深度应用进行系统阐述，显得尤为必要。

2015 年 8 月 1 日，中国建筑工业出版社组织业内知名教授、专家就 BIM 技术现状、发展及 BIM 相关出版物进行了专门研讨,并成立了 BIM 专家委员会,囊括了清华大学、同济大学等著名高校教授,以及中国建筑股份有限公司、中国建筑科学研究院、上海建工集团、中国建筑设计研究院、上海现代建筑设计(集团)有限公司、北京市建筑设计研究院等知名专家,既有 BIM 理论研究者,还有 BIM 技术实践推广者,更有国家及行业相关政策和技术标准的起草人。

秉持求真务实、砥砺前行的态度,站在 BIM 发展的制高点,我们精心组织策划了《BIM 技术及应用丛书》,本丛书将从 BIM 技术政策、BIM 软硬件产品、BIM 软件开发工具及方法、BIM 技术现状与发展、绿色建筑 BIM 应用、建筑工业化 BIM 应用、智慧工地、智慧建造等多个角度进行全面系统研究、阐述 BIM 技术应用的相关重大课题。将 BIM 技术的应用价值向更深、更高的方向发展。由于上述议题对建设行业发展的重要性,本丛书于 2016 年成功入选"十三五"国家重点图书出版规划项目。认真总结 BIM 相关应用成果,并为 BIM 技术今后的应用发展孜孜探索,是我们的追求,更是我们的使命!

随着 BIM 技术的进步及应用的深入,"十三五"期间一系列重大科研项目也将取得丰硕成果,我们怀着极大的热忱期盼业内专家带着对问题的思考、应用心得、专题研究等加入到本丛书的编写,壮大我们的队伍,丰富丛书的内容,为建筑业技术进步和转型升级贡献智慧和力量。

# 前　言

BIM技术可为工程项目从规划、设计、施工到运维整个过程带来效益和效率的提升以及生产管理方式变革，这些都已经得到业界的认可，BIM价值的实现离不开BIM产品（包括软件和相关设备），而BIM产品的种类和数量都比较多，给BIM的高效和成功应用带来困难，因此行业非常需要有能对目前市场上比较常用和具备应用潜力的BIM产品进行全面、客观介绍的资料。

截至目前，能看到的大部分资料主要针对个别软件进行对比分析，综合性地介绍和评估BIM产品的资料和书籍非常少。2011年，Lachmi Khemlani博士为美国建筑师协会（American Institute of Architects，AIA）编写了一份BIM评估研究报告"BIM EVALUATION STUDY REPORT"，对建筑专业的6个BIM软件进行了评估，包括：Revit Architecture、Bentley Architecture、ArchiCAD、Allplan Architecture、Vectorworks Architect和Digital Project。

2014年，为增进中国建筑股份有限公司（以下简称"中建"）工程技术人员对BIM产品的了解，减少企业和项目在选择BIM产品过程中的重复工作和资源浪费，本书作者编写了《BIM软硬件产品评估研究报告》，书中对市场上部分主流BIM软硬件产品及与BIM相关的软硬件产品（以下简称BIM产品）作了介绍。这是一份中建内部资料，以软件开发商为主线，介绍了部分国外软件开发商的BIM产品，包括Autodesk公司系列产品（包括：Revit、NavisWorks、Ecotect等），Trimble公司及部分Open BIM联盟系列产品（包括：SketchUp、ArchiCAD、Tekla Structures、MagiCAD等），Bentley Systems公司系列产品（包括：AECOsim Building Designer、ProjectWise、Navigator），DassaultSystem公司系列产品（包括：CATIA、SolidWorks），按照设计和施工的不同，介绍了国内设计类BIM相关软件（包括：PKPM结构设计软件、盈建科结构设计软件、CSI ETABS、鸿业HYMEP for Revit等），以及造价及施工管理BIM相关软件（包括：广联达造价管理软件、清华大学4D施工管理软件等）。此外，还介绍了部分相关硬件产品（包括：天宝全站仪、徕卡全站仪、徕卡扫描仪、法如扫描仪、天宝扫描仪等）。

近几年来，国内外 BIM 技术研究与应用发展迅速，BIM 产品及其功能不断推陈出新，BIM 技术工程应用更加深入、广泛，工程人员也积累了更多经验。为促进行业 BIM 技术推广和应用，我们在第一版工作基础上编制了本书，并公开出版发行。

相比于第一版，第二版做了比较多的调整和补充完善。首先，重新研究和梳理了 BIM 应用相关产品的分类，从第一版的按厂商分类，改变为现在的按功能分类；其次，为使本书资料更能反映实际应用情况，作者在中建内部开展了一次 BIM 软硬件应用情况调研，将调研结果融入本书内容中；最后，扩大了介绍 BIM 产品的范围，将更多产品纳入第二版的编写范围。

书中从产品概述，以及主要功能、性能和信息共享能力等几个方面介绍各款 BIM 产品，并基于调研反馈信息和部分专家意见给出了评论：有些 BIM 产品调研反馈信息较多，书中给出了综合的调研反馈结论；有些 BIM 产品调研反馈信息较少，仅给出了部分代表性的调研反馈意见；还有些 BIM 产品还没有调研反馈信息，但作者认为有较好的应用价值和发展潜力，也纳入了本书，但未作评论。虽然中建自 2012 年开始，在企业内部全面推进 BIM 应用，取得一定成效，已有近 3000 个项目在不同程度上应用了 BIM 技术，但应用的深度和广度还有很大发展空间，我们的调研也仅仅在中建内部开展，调研范围有一定局限性，有些 BIM 产品的调研样本数量也不足够多，而且国内 BIM 技术应用还处于快速发展期，BIM 产品发展和变化很快，书中有些观点和描述可能存在偏差或片面性，有些结论和描述也仅仅是针对当前使用的版本，并不代表未来的发展。特别是限于作者能力、经验和水平，本书内容可能还存在不能令人满意之处，也不一定完全正确，期待同行批评指正，以期下一版有所改进和提高。

本书编写工作得到中建各子企业同事和众多 BIM 软件和相关设备厂商的鼎力支持和热情帮助，他们提供了大量宝贵的技术资料和编写意见，这里一并致以衷心感谢！

2017 年 10 月

# 免责声明

本书是基于作者认为可靠的且目前已公开的信息撰写的,力求但不保证相关信息的准确性和完整性。同时,作者不保证文中观点或陈述不会发生任何变更,作者会根据行业需求,不定期修订本书,修订版的资料可能与当前版本所载资料、意见及评述不一致。在任何情况下,本书中的信息或所表述的意见并不构成任何 BIM 产品投资建议,本书也没有考虑个别特殊的 BIM 技术应用需求。读者可根据本书资料,研究确定是否符合自身特定状况,若有必要还应寻求专家意见。本书中给出的产品价值,以及产品可能带来的效益可能会有波动。在任何情况下,作者不对任何人因使用本书中的内容所引致的损失负责任,读者需自行承担风险。

本书由中国建筑工业出版社出版发行,未经出版社事先书面授权,任何机构或个人不得以任何形式复制、转发或公开传播本书的全部或部分内容,不得将本书内容作为诉讼、仲裁、传媒所引用之证明或依据,不得用于营利或用于未经允许的其他用途。

如需引用、刊发或转载本书内容,需注明出处,且不得对本书内容进行任何有悖原意的引用、删节和修改。

# 目　录

# 第1章 概述

## 1.1 BIM 软件和相关设备

BIM 产品（包括 BIM 软件和相关设备）在 BIM 应用体系里处于非常重要的地位，如图 1-1 所示。BIM 产品是 BIM 理论体系落地和 BIM 应用实现不可或缺的工具，没有 BIM 产品 BIM 相关标准也难于贯彻实施。

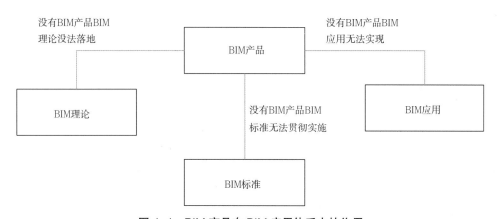

图 1-1 BIM 产品在 BIM 应用体系中的作用

国家标准《建筑信息模型应用统一标准》GB/T 51212-2017 给出了 BIM 软件的术语定义："对建筑信息模型进行创建、使用、管理的软件。简称 BIM 软件。"同样，BIM 相关设备可理解为："建筑信息模型创建、使用、管理需要的设备。"需要说明的是，由于桌面电脑、便携式电脑以及服务器等硬件已经普及应用，没有必要专门进行介绍，因此本书的"设备"不包括此类计算机硬件。

本书涉及的 BIM 软件与相关设备包括：以建筑信息模型应用为主要目的，具有信息交换和共享能力，已经有一定应用范围和市场影响力，在中建及相关单位有一定应用基础的软件和设备。由于 BIM 应用处于快速发展期，新的软件和设备不断出现，所以，对于有一定应用价值和发展前景，但目前还没有普及的软件和设备，也纳入到本书的编写范围。本书涉及的软件和设备侧重于房屋建筑领域的 BIM 应用，基础设施和工业设施领域的 BIM 应用软件和设备没有完全纳入本书。

## 1.2 BIM 软件与相关设备分类方法和主要产品

1. BIM 软件的分类方法和主要产品

目前常用 BIM 软件数量已有几十个，很多专家和组织期望通过设计一个科学的、系统的、准确的分类，方便工程技术和管理人员能更清晰了解和选择 BIM 软件。这里介绍几个常用的分类方法，最后说明本书采用的分类方法。

（1）《那个叫 BIM 的东西究竟是什么》的分类方法

2011 年出版的《那个叫 BIM 的东西究竟是什么》一书中，作者对全球具有一定市场占有率，且在国内市场具有一定影响力和知名度的 BIM 软件（包括能发挥 BIM 价值的相关软件），进行了梳理和归纳，提出了各类型 BIM 软件总体相互关系如图 1-2 所示。

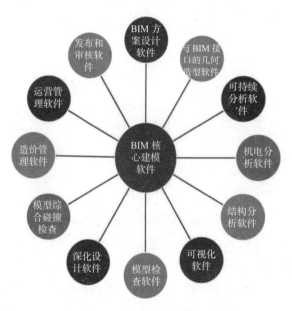

图 1-2 BIM 软件类型及其相互关系

各类软件和主要产品如下：

1）BIM 核心建模软件主要包括：Autodesk 公司建筑、结构和机电系列软件；Bentley 公司的建筑、结构和设备系列；Nemetschek/Graphisoft 公司的 ArchiCAD/AllPLAN/VectorWorks 产品；Dassault 公司的 CATIA 产品以及 Gery Technology 公司的 Digital Project 产品；

2）BIM 方案设计软件，如 Trimble Sketchup、McNeel Rhino 等；

3）与 BIM 接口的几何造型软件，如 Autodesk 3DS Max、Act-3D Lumion 等；

4）BIM 可持续（绿色）分析软件是指对项目进行日照、风环境、热工、景观可视度、噪声等方面分析和模拟的软件，主要软件有国外的 Echotect、IES、Green Building Studio 以及国内的 PKPM 等；

5）BIM 机电分析软件是指水暖电或电气分析软件，国外产品如 Designmaster、IES Virtual Environment、Trane Trace 等，国内产品如鸿业、博超等；

6）BIM 结构分析软件，国外软件如 ETABS、STAAD、Robot 等，国内如 PKPM、YJK 等；

7）BIM 深化设计软件，如钢结构深化设计软件 Xsteel，机电深化设计软件 MagiCAD 等；

8）BIM 模型综合碰撞检查软件基本功能包括集成各种三维软件（包括 BIM 软件、三维工厂设计软件、三维机械设计软件等）创建的模型，并进行 3D 协调、4D 计划、可视化、动态模拟等，其实也属于一种项目评估、审核软件。常见模型综合碰撞检查软件有 Autodesk Navisworks、Bentley Projectwise Navigator 和 SolibriModel Checker 等；

9）BIM 造价管理软件 BIM 模型提供的信息进行工程量统计和造价分析数据，亦即所谓 BIM 5D 应用软件，国外软件如 Innovaya 和 Solibri，国内软件如广联达造价管理软件等；

10）BIM 运营管理软件为建筑物运营管理阶段提供服务，国外软件如 ArchiBUS、FacilityONE 等；

11）BIM 发布审核软件，如 Autodesk Design Review、Adobe PDF 和 Adobe 3D PDF。
各类软件之间的信息交互关系如图 1-3 所示。

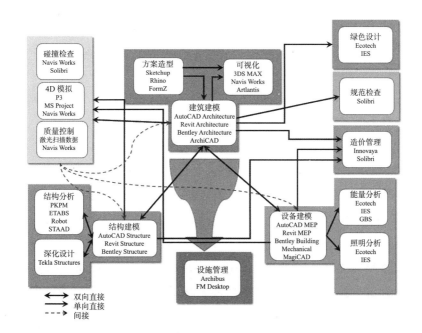

图 1-3　各类 BIM 软件之间的信息交互关系

（2）AGC 分类法

美国总承包商协会（Associated General Contractors of American，AGC）把 BIM 软件（含 BIM 相关软件）分成八大类：

1）概念设计和可行性研究软件（Preliminary Design and Feasibility Tools），如 Autodesk Revit、Beck DProfiler、Bentley Architecture、Trimble SketchUp、Nemetchek Vectorworks Designer、Tekla Structures、Trelligence Affinity、Vico Office 等；

2）BIM 核心建模软件（BIM Authoring Tools），如 Autodesk Revit 系列、Autodesk AutoCAD 系列、Bentley 系统、Gehry Ditigal Project、Trimble SketchUp、Graphisoft ArchiCAD、Nemetschek Vectorworks、Tekla Structures 等；

3）BIM 分析软件（BIM Analysis Tools），如 Autodesk Robot、Autodesk Green Building Studio、Autodesk Ecotect、Bentley Structural Analysis/Detailing、Solibri Model Check、IES VE-Pro、RISA、Gehry Digital Project 等；

4）加工图和预制加工软件（Shop Drawing and Fabrication Tools），如 AEC Design CADPIPE、AEC Design Commercial Pipe、Autodesk Revit MEP、QuickPen PipeDesigner 3D、QuickPen DuctDesigner 3D、Tekla Structures 等；

5）施工管理软件（Construction Management Tools），如 Autodesk Navisworks、Bentley ProjectWise Navigator、Gehry Digital Project Designer、Solobri Model Checker、Synchro Professional、Tekla Structures、Vico Office 等；

6）算量和预算软件（Quantity Takeoff and Estimating Tools），如 Autodesk QTO、Beck DProfiler、Innovaya Visual Applications、Vico Takeoff Manager 等；

7）计划软件（Scheduling Tools），如 Autodesk Navisworks Simulate、Bentley ProjectWise Navigator、Synchro Professional、Tekla Structures、Vico Control 等；

8）文件共享和协同软件（File Sharing and Collaboration Tools），如 ADAPT Digital Exchange Server、Autodesk Buzzaw、Autodesk Constructware、Microsoft SharePoint、Vico Doc Set Manager 等。

（3）本书采用的分类方法

从上述几个分类方法可以看出，给出一个让所有人都认可的分类是不太现实的，且 BIM 软件在不断变化中（新的软件可能出现，已有软件可能组合、分裂）。所以，本书综合已有分类方法，从现有产品和实际应用的角度，将 BIM 软件分为如下几种：

1）模型创建与建筑 BIM 软件，如 Autodesk Revit、Bentley AECOsim、GRAPHISOFT ArchiCAD、Dassault CATIA、Trimble SketchUp、天正建筑软件 TR、McNeel Rhino 等，以建筑专业为主，通过这些软件能够完成单专业或多专业模型创建，以及分析、模拟、比选和出图等应用；

2）结构 BIM 软件，如构力 PKPM-BIM、盈建科 YJK、广厦 GSRevit、探索者

TSRS、中建技术中心 ISSS、Tekla Structures、Autodesk Advance Steel、Nemetschek AllPLAN PLANBAR，通过这些软件能够完成结构模型创建、结构分析和出图等应用；

3）机电 BIM 软件，如鸿业 BIMSpace、广联达 MagiCAD、Autodesk MEP Fabrication 等，通知这些软件能够完成机电设计、深化设计、分析等应用；

4）建筑性能分析软件，如 Autodesk Ecotect、IES VE、ANSYS Fluent、LBNL EnergyPlus 等，通过这些软件可完成建筑的声、光、热等建筑性能分析；

5）BIM 集成应用与可视化软件，如 Autodesk Navisworks、Synchro Pro 4D、Dassault DELMIA、Trimble Connect、Act-3D Lumion、优比基于 BIM 机电设备管线应急管理系统等，通过这些软件可完成模型集成、专业协调、模型渲染、成果制作等应用；

6）BIM 集成管理软件，如广联达 BIM5D、云建信 4D-BIM、Autodesk BIM 360、Bentley Projectwise、Trimble Vico Office、Dassault ENOVIA，通过这些软件可完成进度、成本、质量、安全等过程应用，以及工程文档管理等；

7）其他 BIM 软件，如广联达模架设计软件和场地布置软件、品茗模板脚手架工程设计软件和塔吊安全监控软件、鸿业综合管廊设计软件、优比 BIM 铝模板软件、云建信 BIM-FIM、Autodesk AutoCAD Civil 3D 等，通过这些软件可完成一些特定的 BIM 应用，如模架设计、施工场地布置、施工设备监控、三维地形处理、土方计算、场地规划、道路和铁路设计、地下管网设计、综合管廊设计等。

2. BIM 相关设备的分类方法和主要产品

BIM 相关设备的分类主要依据其应用领域。

（1）三维扫描设备及相关软件

通过三维扫描设备及相关软件采集、处理工程数字化模型。三维扫描设备包括如激光扫描仪、徕卡三维扫描仪，相关软件如中建技术中心基于 BIM 的工程测控系统集成、Autodesk Recap 等。

（2）测量机器人

通过测量机器人将 BIM 模型带到施工现场，实现精准放样和测绘。测量机器人包括徕卡全站仪、拓普康放样机器人等。

（3）虚拟现实（VR/AR/MR）设备及相关软件

通过虚拟现实设备更加逼真体验、感受 BIM 模型。虚拟现实设备包括 Oculus Rift、曼恒 G-Motion、HTC Vive 等，以及 BIM 模型处理软件 Autodesk Revit Live 等。

（4）二维码和 RFID 设备

通过二维码和 RFID 设备唯一标识 BIM 模型元素（构件、部品部件、设备等），将 BIM 与物联网深度集成。二维码和 RFID 设备包括摩托罗拉产品、沃极科技产品等。

## 1.3　BIM 软件与相关设备调研

为能够掌握 BIM 软件及相关设备的实际应用情况，本书作者在 2017 年 5 月，对中建二、三级单位应用 BIM 软件和相关设备情况展开了调研。

（1）BIM 软件的主要调研内容

1）易用性：指界面友好、操作简单、易学易用等特性。

2）稳定性：指软件纠错能力，以及是否容易出现死机现象。

3）对硬件要求：指为流畅使用而对硬件（如内存、显卡、计算能力等）的要求程度。

4）建模能力：指系统对参数化建模的支持程度，以及应用中建模的效率。

5）数据交换与集成能力：指软件对模型及有关信息的输入、输出及集成的支持程度。

6）大模型处理能力：指能够处理、浏览大模型的能力。

7）对国家规范的支持程度：指是否能方便地生成、处理和输出符合国家规范的分析结果。

8）专业功能：指软件对各类专业任务所需的分析、模拟、统计、优化等的支持程度。

9）高级应用功能：指软件对二次开发、客户化定制的支持程度。

10）应用效果：指应用软件应用为项目和企业带来经济、社会效益的情况。

（2）BIM 相关设备的主要调研内容

1）易用性：指设备操作简单、易学易用等特性。

2）耐用性：指设备是否耐用。

3）对环境要求：指设备正常使用过程中对湿度、温度、防水等的要求程度。

4）便携容易程度：指设备是否容易便携。

5）电池续航能力：指设备电池支持连续工作能力。

6）数据交换能力：指产品对模型及有关信息的输入、输出能力。

7）应用效果：指应用设备应用为项目和企业带来经济、社会效益的情况。

（3）调研指标的分级

每项调研指标都设定 5 个档次的预设值，如："易用性"可选的预设值为"非常好、好、一般、不太好、不好"；"对硬件要求"可选的预设值为"非常高、高、一般、不太高、不高"。如遇到某项指标不适用于软件或设备，也可以不填写。

（4）数据处理情况

作者用 IBM SPSS Statistics 软件对调研反馈信息进行了处理，文中的调研图表都是软件自动生成的调研结果。

# 第 2 章　模型创建与建筑 BIM 软件

## 2.1　Autodesk Revit

### 2.1.1　产品概述

Autodesk Revit 最早是一家名为 Revit Technology 公司于 1997 年开发的三维参数化建筑设计软件。Revit 的原意为：Revise immediately，意为"所见即所得"。2002年，美国 Autodesk 公司收购了 Revit Technology，从此 Revit 正式成为 Autodesk 三维解决方案产品线中的一部分，Revit 系列产品在 2003 年投入中国市场。Autodesk Revit 原为分开的建筑、结构、机电三个专业建模软件，2013 版本后合在一起。现阶段，Autodesk Revit 2015，Autodesk Revit 2016，Autodesk Revit 2017 是常用的主要版本，最新版本为 2017 年发布的 Autodesk Revit 2018 版。

目前以 Revit 技术平台为基础推出的专业版模块包括：Revit Architecture（Revit 建筑模块）、Revit Structure（Revit 结构模块）和 Revit MEP（Revit 设备模块—暖通、电气、给排水）三个专业设计工具模块，以满足设计中各专业的应用需求。在 Revit 模型中，所有的图纸、二维视图和三维视图以及明细表都是同一个基本建筑模型数据库的信息表现形式，Revit 参数化修改引擎可自动协调在任何位置（模型视图、图纸、明细表、剖面和平面中）进行的修改。

Autodesk Revit 主要特点：

（1）三维参数化的建模功能，能自动生成平立剖面图纸、室内外透视漫游动画等；

（2）对模型的任意修改，自动地体现在建筑的平、立、剖面图，以及构件明细表等相关图纸上，避免信息不一致错误；

（3）在统一的环境中，完成从方案推敲到施工图设计，直至生成室内外透视效果图和三维漫游动画全部工作，避免了数据流失和重复工作；

（4）可以根据需要，实时输出任意建筑构件的明细表，适用于概预算工作时工程量的统计，以及施工图设计时的门窗统计表；

（5）通过项目样板，在满足设计标准的同时，大大提高设计师的效率。基于样板的任意新项目均继承来自样板的所有族、设置（如单位、填充样式、线样式、线宽和视图比例）以及几何图形。使用合适的样板，有助于快速开展项目。国内比较通用的Revit 样板文件，例如 Revit 中国本地化样板，有集合国家规范化标准和常用族等优势；

（6）通过族参数化构件（亦称族），Revit 提供了一个开放的图形式系统，支持自由地构思设计、创建外形，并以逐步细化的方式来表达设计意图。族即包括复杂的组件（例如家具和设备），也包括基础的建筑构件（例如墙和柱）；

（7）Revit 族库把大量 Revit 族按照 CSI Master Format 分类体系进行归类（如图 2-1 所示），便于相关行业企业或组织随着项目的开展和深入，积累自己独有的族库，形成自己的核心竞争力；

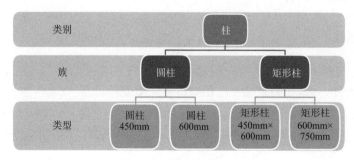

图 2-1　Revit 族分类示意

（8）通过 Revit Server 可以更好地实现基于数据共享的异地协同，实现不同区域工作人员在同一个 Revit 中央模型上协同工作。

统计结果显示，16% 和 67% 调研样本分别认为 Revit 应用效果"非常好"和"好"，说明 Revit 总体应用效果较好，调研数据如图 2-2 所示。

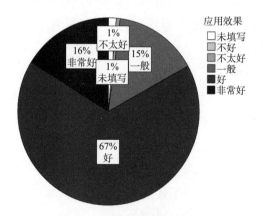

图 2-2　Revit 应用效果评估

### 2.1.2　软件主要功能及评估

1. 软件主要功能

（1）Revit 建筑专业功能

Revit Architecture 是针对广大建筑设计师和工程师的三维参数化建筑设计模块。

Revit Architecture 可以让建筑师在三维设计模式下创建三维 BIM 模型，并以 BIM 模型为基础方便地推敲设计方案、快速表达设计意图、自动生成所需的建筑施工图档，最终完成整个建筑设计过程。

除民用建筑外，Revit Architecture 已在石油石化、水利电力、冶金等多个行业得到应用，辅助完成各行业内的土建专业各阶段设计内容。图 2-3 和图 2-4 所示为应用 Revit Architecture 设计的工业厂房 BIM 模型和发电厂房 BIM 模型。

图 2-3　工业厂房模型示意

图 2-4　发电厂房模型示意

（2）Revit 结构专业功能

Revit Structure 为结构工程师提供了分析模型及结构受力分析工具，允许结构工程师灵活处理各结构构件受力关系、受力类型等，可与流行的结构分析软件（如 Robot Structural Analysis、Etabs、Midas、PKPM、YJK 等）双向关联。Revit Structure 结构分析模型中包含有荷载、荷载组合、构件大小以及约束条件等信息，以便在其他行业领先的第三方的结构计算分析应用程序当中使用。Autodesk 公司已与国内及世界领先的建筑结构计算和分析软件厂商达成战略合作，Revit Structure 中的结构模型，可以直接导入到其他结构计算软件中，并且可以读取计算程序的计算结果，修正 Revit Structure 模型，如图 2-5 所示。

Revit Structure 为结构工程师提供了钢筋绘制工具，可以绘制平面钢筋、截面钢筋以及处理各种钢筋折弯、统计等信息。在 2010 版本中，提供了快速生成梁、柱、板等结构构件的钢筋生成向导，高效建立构件的钢筋信息模型。2017 版本的 Revit 让用户可直接按有效长度的钢筋进行设计，可以在路径钢筋系统中指定主筋和分布筋的钢筋形状，可为楼板和墙边缘定义更精确的钢筋，以更准确地统计钢筋清单，如图 2-6 所示。

（3）Revit 机电专业功能

Revit MEP（MEP: Mechanical Electrical Plumbing）提供了暖通通风设备和管道系统建模、给排水设备和管道系统建模、电力电路及照明计算等一系列专业工具，并提供智能的管道系统分析和计算工具，可以让机电工程师快速完成机电 BIM 三维模型，并可将系统模型导入 Ecotect Analysis、IES 等能耗分析和计算工具中进行模拟和分析。如图 2-7 所示，为使用 Revit MEP 建立的供水系统模型。

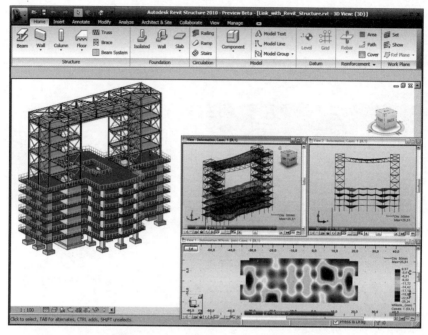

图 2-5　Revit Structure 模块功能示意

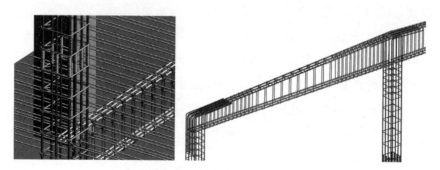

图 2-6　Revit 钢筋模型示意

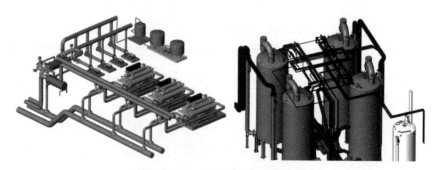

图 2-7　Revit 供水系统模型示意

在工厂设计领域，利用 Revit MEP 可以建立工厂中各类设备、连接管线的 BIM 模型。利用 Revit 的协调与冲突检测功能，可以在设计阶段协调各专业间可能存在的冲突与干涉，如图 2-8 所示。

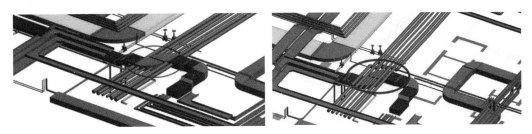

图 2-8　模型检查和调整示意

（4）Advance Steel 插件功能

Revit 集成了 Advance Steel 各种钢结构节点库，可供设计人员在 Revit 中直接使用。通过该插件，让 Revit 与 Advance Steel 可直接进行互导及同步，支持在 Advance Steel 中进行钢结构深化设计，如图 2-9 所示。

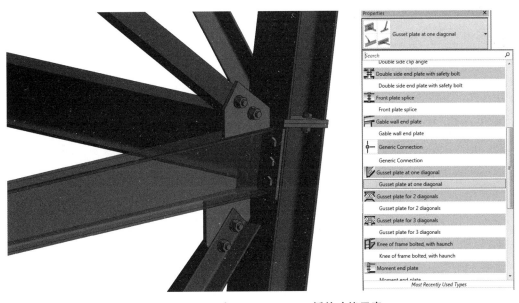

图 2-9　Revit 中 Advance Steel 插件功能示意

（5）Fabrication 插件功能

Fabrication for Revit 插件提供包括石油、化工、电力等领域 300 多种规格的管道，并能自动连接楼板的支吊架，让用户在 Revit 的 3D 界面中直接快速及便利地进行管道设计。通过将机电管道模型导出到 "Fabrication Design Suite" 相关产品中，可直接生成管道的平面展开图、数控机床控制文件（可直接发送给数控机床进行材料切割、生产），如图 2-10 所示。

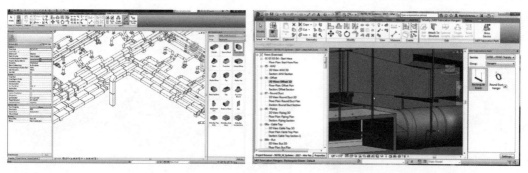

图 2-10　Revit 中 Fabrication 插件功能示意

（6）多专业协同功能

Revit 提供了统一的工程建设行业三维设计 BIM 数据平台，使建筑、结构、水暖电等专业的设计人员能够共同参与设计，并协作完成项目，如图 2-11 所示。"链接"功能是 Revit 中最简单的协同工作方式，土建、结构、水暖电的工程师都基于同一个轴网文件进行建模，水暖电专业的模型可以通过"链接"工具，以外部参照的形式参考到土建设计师的模型中，从而进行碰撞分析和设计调整。"工作集"的协作模式，将所有人的修改成果通过网络共享文件夹的方式保存在中央服务器上，并将他人修改的成果实时反馈给参与设计的用户，以便在设计时可以及时地了解他人的修改和变更结果。

2. 软件功能评估

统计结果显示（如图 2-12 所示）：

（1）专业功能：23% 和 59% 调研样本分别认为 Revit 专业功能"非常好"和"好"，说明 Revit 提供的专业功能较好地支持了工程应用；

（2）建模能力：29% 和 53% 调研样本分别认为 Revit 建模能力"非常好"和"好"，说明 Revit 作为主要建模工具之一得到了工程技术人员的认可；

（3）对国家规范的支持程度：43% 和 14% 调研样本分别认为 Revit 对国家规范的支持程度"一般"和"不太好"，说明 Revit 本土化落

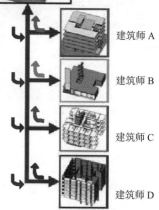

设计中心文件：
Revit 设计中心文件，自动集成并管理所有设计师的设计总成，同时在整个设计过程中，与所有建筑师互动。

建筑师 A

建筑师 B

建筑师 C

建筑师 D

图 2-11　Revit 多专业协同示意

地功能还需要加强；

（4）高级应用功能：13% 和 49% 调研样本分别认为 Revit 高级应用功能"非常好"和"好"，也有 30% 调研样本认为"一般"，说明 Revit 对二次开发、客户化定制的支持得到部分用户的认可，同时也还存在较大的局限。

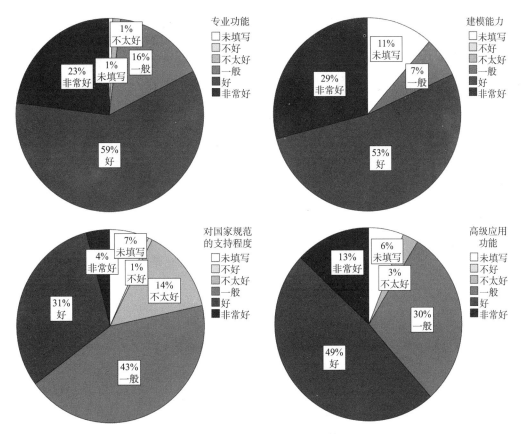

图 2-12　Revit 软件功能评估

### 2.1.3　软件性能及评估

1. 软件性能

（1）快速参数化建模

在创建新项目时，Autodesk Revit 支持直接选择建筑、结构、机电对应的样板文件，整个建模过程支持参数化，三维模型与平面视图、材料表实时关联，任何一方的参数发生变化，其他地方都可以体现出来，实现了"一处修改，处处更新"。

（2）丰富族库支持自动化建模

Revit 将族（Family）作为建模基本单位，提升了建模自动化程度，有较为丰富的自带族库和第三方族库可供用户使用，同时也提供了族编辑器，支持用户对族库文件进行编辑和扩充，如图 2-13 所示。

图 2-13　Revit 族库示意

（3）支持多核处理器

Revit 可通过对多核处理器的支持，提高模型显示速度和大模型的处理能力。

2. 软件性能评估

统计结果显示（如图 2-14 所示）：

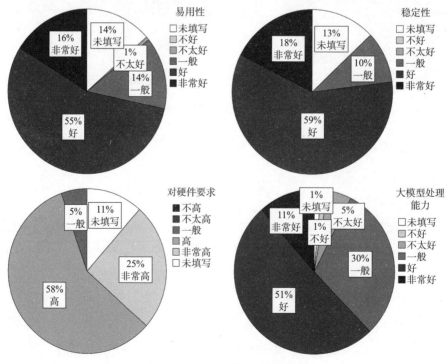

图 2-14　Revit 软件性能评估

（1）易用性：16% 和 55% 调研样本分别认为 Revit 的易用性"非常好"和"好"，说明 Revit 界面友好、操作简单、易学易用等特性得到用户认可；

（2）系统稳定性：18% 和 59% 调研样本分别认为 Revit 系统稳定性"非常好"和"好"；

（3）对硬件要求：25% 和 58% 调研样本分别认为 Revit 对硬件要求"非常高"和"高"，没有调研样本认为 Revit 对硬件要求"不高"或"不太高"，说明用户一致认为流畅使用 Revit，对硬件（如内存、显卡等）还有较高要求；

（4）大模型处理能力：11% 和 51% 调研样本分别认为 Revit 的大模型处理能力"非常好"和"好"，也有 30% 调研样本认为 Revit 的大模型处理能力"一般"。

## 2.1.4　软件信息共享能力及评估

1. 软件信息共享能力

（1）存储格式和主要输出格式

Revit 项目文件格式为 rvt，样板格式为 rte，族文件格式为 rtf。Revit 本身支持多种文件格式的导出，比如 DWG、FBX、NWC、IFC、ODBC 等。

（2）基于 NavisWorks 的数据集成

因为 NavisWorks 支持更多的数据格式，与其他软件或更多专业进行协同，可将 Revit 项目文件导出成 NWC 格式，在 NavisWorks 中进行合并和协调检查，也可将 NavisWorks 文件导入到 Revit 中进行多专业间的协同。

（3）扩展编程接口

从 2005 年 Revit 8.0 开始，Revit 提供应用程序编程接口（Application Programming Interface，API），第三方软件可通过 API 操纵和访问 Revit。通过 API 可操作文档、访问和过滤文档中的对象、提升用户界面操作、创建族等。

2. 软件信息共享能力评估

统计结果显示（如图 2-15 所示），16% 和 55% 调研样本分别认为 Revit 的信息共享能力"非常好"和"好"。

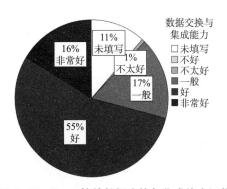

**图 2-15　Revit 软件数据交换与集成能力评估**

## 2.2 Bentley AECOsim Building Designer

### 2.2.1 产品概述

Bentley 公司于 2012 年 3 月份正式推出其建筑行业一体化解决方案 AECOsim Building Designer（简称"ABD"）及相应的能耗计算系统 AECOsim Energy Simulator（简称"AES"），软件整体架构，如图 2-16 所示。2013 年 7 月正式发布包含中国标准库和工作环境的、具有全中文界面的中国版 ABD。

图 2-16　AECOsim Building Designer 整体架构

AECOsim 的含义是 Architecture Engineering Construction Operation simulator，建筑设计（Building Designer）是基础设施行业不可缺少的一部分，任何项目都需要建筑专业参与，例如，在工厂领域以管道专业为主，但也需要建筑专业与之配合，为其提供管道的支撑、厂房及附属的配套设施。Bentley 希望借助这个产品，在项目生命期中（如图 2-17 所示），所有参与者减少数据的错误，增强各方协作，以降低成本，提高效率。

图 2-17　ABD 全生命期应用

Bentley AECOsim Building Designer 涵盖了建筑、结构、建筑设备及建筑电气四个专业设计模块。其中的建筑设备又涵盖了暖通、给排水及其他低压管道的设计功能。AECOsim Building Designer 将三维设计平台 MicroStation 纳入其中，是一个整合、集中、统一的设计环境，可以完成四个专业从模型创建、图纸输出、统计报表、碰撞检测、数据输出等整个工作流程的工作。

统计结果显示，83% 调研样本认为 ABD 应用效果"好"，说明 ABD 总体应用效果较好，调研数据如图 2-18 所示。

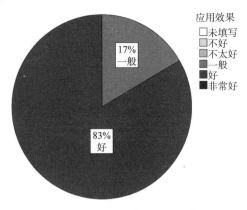

图 2-18　ABD 应用效果评估

## 2.2.2　软件主要功能及评估

1. 软件主要功能

（1）建筑设计

Architecture 是 ABD 的建筑设计模块,贯穿建筑设计各个阶段（概念设计、方案设计、初步设计、建筑表现、施工图深化设计等）,可支持依照已有标准或者设计师自订标准,自动协调 3D 模型与 2D 施工图纸,产生报表,并提供建筑表现、工程模拟等进一步的工程应用环境。施工图能依照业界标准及制图惯例自动绘制,而工量统计、空间规划分析、门窗等各式报表和项目技术性规范及说明文件都可以自动产生,让工程数据更加完备。

Architecture 支持设计师用参数化的方式创建 BIM 模型,并从这个模型中自动地提取出所需要的工程内容,包括：符合施工图深度要求的平、立、剖等符号化的 2D 图面、建筑表现渲染图片与动画、详尽的工量统计报表等,如图 2-19 所示。

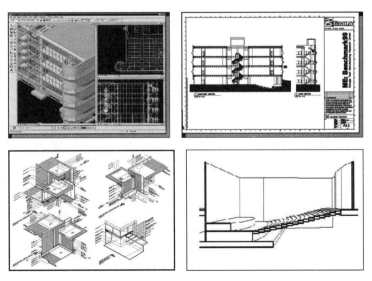

图 2-19　ABD 建筑设计成果示意

（2）结构设计

Structure 是 ABD 的结构设计模块，支持与其他专业模型进行整合，可以与 Staad、RAM、Madis、SAP200 等计算软件进行接口，实现实体分析模型与计算模型的整合。Structure 支持自动生成平、立、剖面图，支持自动生成材料表。Structure 构建的三维模型可以与 Xsteel 进行数据交换，完成后期的详图绘制工作，如图 2-20 所示。

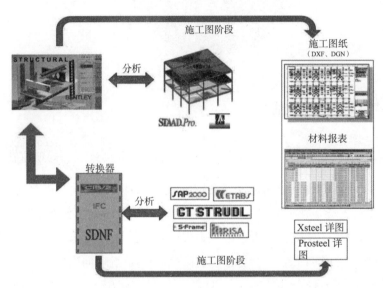

图 2-20　ABD 结构设计流程

（3）建筑设备设计

BBMS（Bentley Building Mechanical System）支持在三维空间内布置暖通、给排水管线系统，支持从三维建筑设备模型中生成二维的平面图、立面图、剖面图，并自动标注管线参数，如图 2-21 所示。BBMS 的构件支持参数化控制，具有开放的构件定义功能，方便快捷的定义异形件。BBMS 能够自动输出材料报表，便于进行工程量的统计、计价。

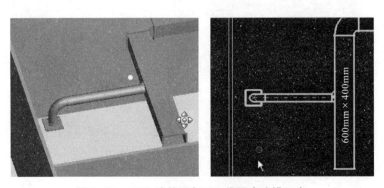

图 2-21　ABD 建筑设备二三维同步建模示意

（4）电气专业设计

Bentley Building Electrical Systems（简称 BBES）提供全面、专业的电气设计解决方案，支持动力照明系统、火灾报警系统、通信系统、安保系统以及电缆附设的设计和负荷分配平衡计算，支持 2D、3D 同步建模和碰撞检查，如图 2-22 所示。

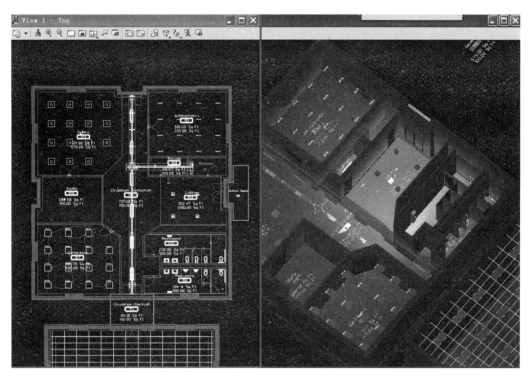

**图 2-22 ABD 电器设计功能功能示意**

2. 软件功能评估

统计结果显示（如图 2-23 所示）：

（1）专业功能：17% 和 67% 调研样本分别认为 ABD 专业功能"非常好"和"好"，说明 ABD 提供的专业功能较好地支持了工程应用；

（2）建模能力：17% 和 67% 调研样本分别认为 ABD 建模能力"非常好"和"好"，说明 ABD 作为主要建模工具之一得到了工程技术人员的认可；

（3）对国家规范的支持程度：33% 和 50% 调研样本分别认为 ABD 对国家规范的支持程度"好"和"一般"，说明 ABD 本土化落地功能还有较大的空间需要加强；

（4）高级应用功能：67% 调研样本分别认为 ABD 高级应用功能"好"，说明 ABD 的高级应用功能得到较多用户的认可。

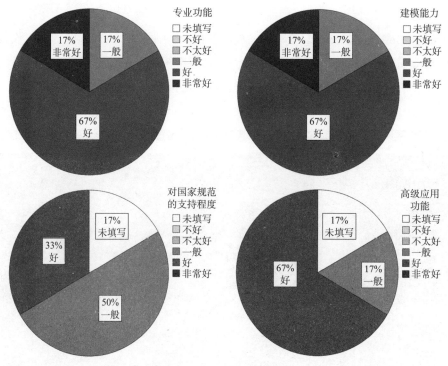

图 2-23　ABD 软件功能评估

### 2.2.3　软件性能及评估

1. 软件性能

（1）支持参数化建模

在 ABD 中，各专业最终会形成一个相互参考的多专业的建筑信息模型，而各个专业在形成各自专业模型时，都采用参数化的创建方式。这就方便了模型的创建与修改。提高了工作效率。例如：建筑行业的墙体、门窗、楼梯、家具、幕墙都构件可以采用参数的创建方式，如图 2-24 和图 2-25 所示。

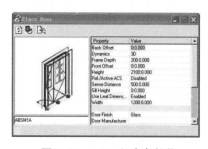

图 2-24　ABD 门窗参数化

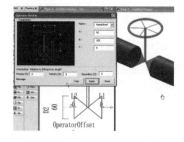

图 2-25　ABD 阀门参数化

（2）支持管线综合与碰撞点自动侦测

在 ABD 中，内置了碰撞检测模块 Clash Detection，可以在设计过程中，针对专业内部及专业之间进行及时的碰撞检测校验，及时发现设计过程中的问题，如图 2-26 和图 2-27 所示。

（3）支持交互式全信息 3D 浏览

利用 ABD 可视化功能，可以对 BIM 模型整体或者建筑物内部场景进行实时自由浏览，如图 2-28 所示。功能包括：相机视角设置，视图保存；消隐，线框，光滑渲染等显示模式下的动态浏览；推进，拉出，旋转，仰视，俯视，平移等视角操作；行走，飞行漫游。

（4）支持工程量概预算自动统计

ABD 支持将相应的施工量定额标准以编码的形式定制到施工构件上，可对整个模型的施工工程量进行概预算自动统计。在此基础上还可以进一步统计出构件的造价、密度、重量、面积、长度、个数等材料报表信息。设计方案和施工方案的调整，能够忠于原貌地反映到 BIM 模型的调整中，帮助决策者快速精确地评估方案调整对工程量的影响性质和影响量。

（5）支持 3D PDF、Google Earth 等电子发布功能

ABD 具备 3D PDF 模型发布能力，并能对模型进行数字签名。可以对特定对象赋予相应的数字权限，如：只读，读写，不可打印，不可导出等。ABD 用户可以将

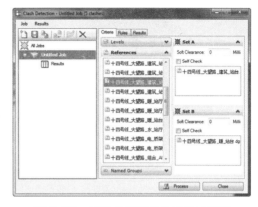

图 2-26　ABD 检查任务的设置对话框

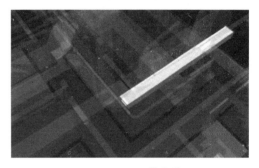

图 2-27　ABD 检查结果

图 2-28　ABD 交互式全信息 3D 浏览功能示意

DGN 或 DWG 模型文件直接输入到 Google Earth 中（KML、KMZ 格式），以在实际的地理环境中查看和浏览工程效果。

2. 软件性能评估

统计结果显示（如图 2-29 所示）：

（1）易用性：17% 和 67% 调研样本分别认为 ABD 的易用性"非常好"和"好"，说明 ABD 界面友好、操作简单、易学易用等特性得到大部分用户认可；

（2）系统稳定性：17% 和 67% 调研样本分别认为 ABD 系统稳定性"非常好"和"好"；

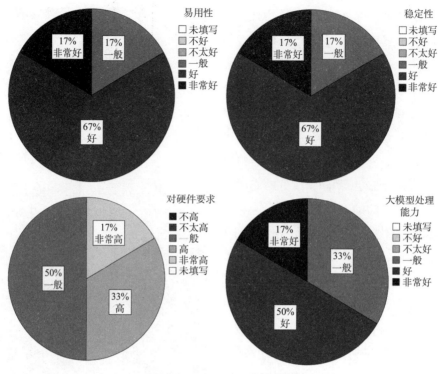

图 2-29 ABD 软件性能评估

（3）对硬件要求：17% 和 33% 调研样本分别认为 ABD 对硬件要求"非常高"和"高"，50% 调研样本认为"一般"，说明流畅使用 ABD，对硬件（如内存、显卡等）还有较高要求；

（4）大模型处理能力：17% 和 50% 调研样本分别认为 ABD 的大模型处理能力"非常好"和"好"，也有 33% 调研样本认为 ABD 的大模型处理能力"一般"。

### 2.2.4　软件信息共享能力及评估

1. 软件信息共享能力

ABD 的数据兼容性较好，可以直接打开多种文件格式，同时可以导入、导出多种业界通用的文件格式。

直接打开的文件格式：DWG/DWF、3DS、FBX、3DM、SKP、SHP、MIF、TAB、TIF、JPG、PNG、CIT、TG4、OBJ。

导入的文件格式：GBXML、IGES、Parasolids、ACIS SAT、CGM、STEP AP203/AP214、STL、CAD Files、TerrainModel LandXML、Image、Text。

导出的文件格式：DGN、DWG、DXF、GBXML、IGES、Parasolids、ACIS SAT、CGM、Step AP203/AP214、VRML、STL、SVG、Luxology、OBJ、FBX、SketchUp、Google Earth、Collada、U3D、JT、Visible Edges。

2. 软件信息共享能力评估

统计结果显示（如图 2-30 所示），17% 和 67% 调研样本分别认为 ABD 的信息共享能力"非常好"和"好"。

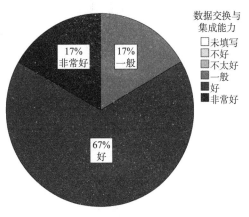

数据交换与
集成能力
□ 未填写
▨ 不好
▨ 不太好
▨ 一般
▨ 好
■ 非常好

图 2-30　ABD 软件数据交换与集成能力评估

## 2.3　GRAPHISOFT ArchiCAD

### 2.3.1　产品概述

ArchiCAD 是 GRAPHISOFT 公司的旗舰产品，是一款由建筑师开发设计，专门针对建筑师的三维设计软件。ArchiCAD 第一版发布于 1987 年，是建筑行业最早的建筑三维设计软件之一，也是最早应用面向对象建模的软件产品之一。在早期的 ArchiCAD 软件中，就开始用几何实体表达设计方案，同时将建筑元素属性也附在实体上，支持 IFC 等开放数据交换标准，所以 BIM 概念出现（2002 年）前，ArchiCAD 就是一款具备 BIM 能力的软件产品。早期标志性 BIM 项目"澳大利亚墨尔本尤里卡大厦"就是用 ArchiCAD 完成的。

通过应用 ArchiCAD，设计公司可实现图模一体化，提高设计质量以及协同工作效率，为业主提供更好、更方便的设计服务。目前国内应用的主要版本有：ARCHICAD19、ARCHICAD20。

### 2.3.2　软件主要功能、性能及信息共享能力

1. 软件主要功能

（1）设计建模

ArchiCAD 将自由设计的创造性与 BIM 技术的高效性有机地结合起来，支持建筑师在设计全过程自由地展示设计思路。通过不同视图，设计师可轻松创建形体，并可轻松修改复杂的元素（如图 2-31 所示）。ArchiCAD 通过 MORPH™（变形体）工具增强了建模的灵活性，通过整合云服务可帮助用户创建和查找自定义对象、组件和建筑构件，快速完成建模。

（2）创建文档

利用 ArchiCAD 在创建 3D 建筑信息模型的同时，可创建相应的图纸和图像等文档。ArchiCAD 的 3D 文档功能支持更好地展示、交流设计意图（如图 2-32 所示），可将任意视点的 3D 模型作为创建图纸文档的基础，并可添加标注尺寸和其他的 2D 绘图元素。ArchiCAD 为改造和翻新项目提供了内置的 BIM 文档创建功能和新的工作方式。ARCHICAD 视图设置能力、图形处理能力以及整合的发布功能，可提升项目图纸的管

理和绘制效率。

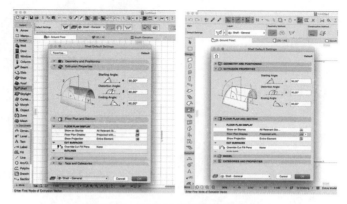

图 2-31　ArchiCAD 建模功能示意

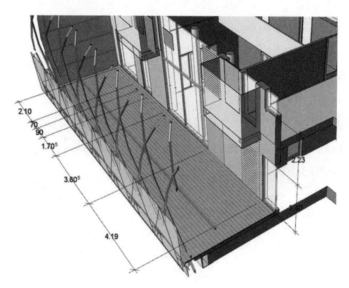

图 2-32　ArchiCAD 3D 文档示意

（3）机电建模及计算

MEP Modeler 是 GRAPHISOFT ARCHICAD 的一个扩展功能（通过插件形式），可以用来创建、编辑或者导入 3D MEP 管网，并通过 ARCHICAD 进行碰撞检测和专业协调。使用这个工具，建筑师和工程师们可以在设计和建造过程中得到更多的预知结果，达到了缩短时间，减少浪费，控制成本的目的，更好地协调建筑项目。

MEP Modeler 工具箱提供了一系列精细的工具，可以辅助创建各种 MEP 系统的组件，例如：直、弯、灵活的 HVAC 风管、水管、电缆桥；转接头、连接头、同轴元素连接 MEP 构件；MEP 系统进出口的自动连接设备等。MEP 元素是参数化的，允许调整和定制尺寸。

MEP Modeler 搭载丰富的 MEP 对象图库，包含专门设置的 MEP 对象，这些对象自带连接点，以便在架设 MEP 系统时能自动连接。

同时，可以使用标准的 ARCHICAD 工具（例如墙、板、变形体和 GDL 对象）来创建与保存自定义的 MEP 元素。这些自定义的 MEP 图库对象会被自动加入现有图库中。自定义的 MEP 对象同自带图库中的元素一样，也具有相同的智能反应功能。

2. 软件性能

（1）协同工作

GRAPHISOFT 的 BIM Server 通过 Delta 服务器技术（一种增量保存的专利技术），可大大降低网络流量，使得团队成员可以在 BIM 模型上进行实时的协同工作，特别是在大型项目中，可解决建筑师经常会遇到模型访问能力和工作流程管理的瓶颈。

（2）自定义对象

ArchiCAD 的 GDL（几何描述语言）工具支持用户自定义对象，例如：2D CAD 符号、3D 模型和文本说明等，可应用于图纸创建、模型展示和工程量计算等方面，如图 2-33 所示。

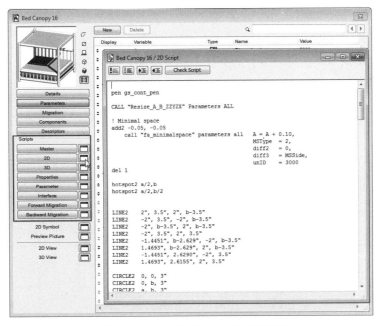

图 2-33 ArchiCAD 自定义对象示意

（3）直观易用

ArchiCAD 提供了即时可见的直观工具，用户界面符合建筑师工作习惯，选项和命令都真实反映建筑设计实践应用，所有的更改都自动同步到所有相应视图中。

ArchiCAD 内置的草图渲染和 MAXON 的 CineRender 渲染快速且易于使用，可以生成专业的效果图，便于向客户演示。通过使用一个相机路径链接渲染图，可生成更为逼真的动画形式的演示文件，支持在移动设备所有参与方之间的相互交流。

（4）支持大模型创建

通过优化的 OpenGL 图形引擎，以及支持自由参数化设计的 Grasshopper-ArchiCAD 双向连接插件，可实现超大型和复杂的模型创建和平滑浏览。同时，ArchiCAD 可高效地利用计算机的所有内存，ArchiCAD 的后台预测处理功能可利用闲置计算机能力在后台提前准备。

3. 软件信息共享能力

GRAPHISOFT 推行、提倡开放的协同设计理念，GRAPHISOFT 是 IFC 标准的积极推动者和支持者。通过对 IFC 的支持，ArchiCAD 提供了基于 API 接口进行应用开发以外的另一个广阔的应用集成途径，无论是对于结构、设备专业的设计，还是能量、安全分析，都可以有效地集成在一起。

ArchiCAD 通过完善与各专业的协同工作流（例如：改善模型修改的监测，以及对基于 IFC 数据交换的性能优化），支持众多的数据交付成果和形式（从单一的 .DWG 格式到包含多种数据信息的 .IFC 格式）。

### 2.3.3 调研反馈结果

本产品的调研反馈数量较少，部分代表性意见见表 2-1 所示。

ArchiCAD 部分调研样本数据 表 2-1

| 序号 | 易用性 | 稳定性 | 对硬件要求 | 建模能力 | 数据交换与集成能力 | 大模型处理能力 | 对国家规范的支持程度 | 专业功能 | 应用效果 | 高级应用功能 |
|---|---|---|---|---|---|---|---|---|---|---|
| 1 | 好 | 好 | 高 | 好 | 一般 | 一般 | 一般 | 好 | 一般 | 一般 |
| 2 | 好 | 好 | 高 | 好 | 好 | 好 | 好 | 一般 | 好 | 好 |
| 3 | 好 | 好 | 一般 | 好 | 一般 | 好 | 一般 | 好 | 好 | 好 |

## 2.4  Dassault CATIA

### 2.4.1  产品概述

CATIA 是达索系统的 CAD/CAE/CAM 一体化集成解决方案，覆盖了众多产品设计与制造领域，被广泛应用于航空航天、汽车制造、船舶、机械制造、消费品等诸多行业。

在建筑工程行业，CATIA 适合于复杂造型、超大体量、预制装配式等项目的概念设计、详细设计及加工图设计等，其曲面建模功能及参数化能力，为设计师提供了丰富的设计手段，能够实现空间线路设计、结构分析、骨架驱动模块化设计、工程量统计等多种设计功能，帮助设计师提高设计效率和质量。达索目前已经推出了建筑工程包和土木工程设计包，专门针对建筑和土木工程的深入应用。

CATIA 现已整合到"3D 体验"平台 3DEXPERIENCE 中。3DEXPERIENCE 是基于服务器的云应用架构，并且支持公共云和私有云两种方式。

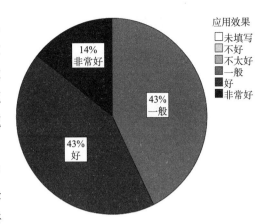

**图 2-34　CATIA 应用效果评估**

统计结果显示，14% 和 43% 调研样本分别认为 CATIA 应用效果"非常好"和"好"，也有 43% 调研样本认为应用效果"一般"，调研数据如图 2-34 所示。

### 2.4.2　软件主要功能及评估

1. 软件主要功能

（1）建筑立面设计与建造

达索系统于 2014 年发布了建筑立面设计与建造解决方案，面向高端、复杂的建筑立面及幕墙的设计和预制加工。其中，建筑方案设计（BDP）通过体量创建建筑概念，对建筑内部空间进行规划，并自动统计空间信息，快速建立设计方案用于探讨和优化，如图 2-35 所示。

CATIA 结构方案设计（BDS）通过预定义的梁、柱、基础等结构构件模板，高效生成结构模型，并可将结构模型导出到分析软件，如图 2-36 所示。

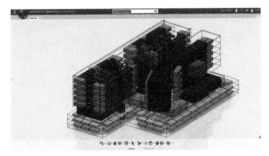

**图 2-35　CATIA 建筑方案设计功能示意**

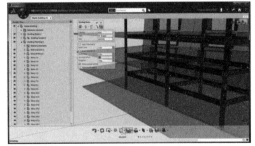

**图 2-36　CATIA 结构方案设计功能示意**

CATIA 建筑精细化设计（ADL）包括 CATIA 的常用 3D 建模与曲面造型功能、2D 草图功能，以及 3D 设计浏览及批注、碰撞检查等。其中专业的钣金设计功能，可用于金属幕墙设计，如图 2-37 所示。

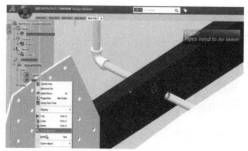

图 2-37　CATIA 建筑精细化设计功能示意

（2）土木工程设计与建造

通过与上海市政工程设计研究总院、中国电建集团成都勘察设计研究院等企业合作，达索系统于 2015 年发布了 CATIA 土木工程专用版（CIV）。

CIV 包括多方面功能，其中数字地形模型支持大地测量坐标系，通过测量点或等高线等原始数据生成数字地形模型和地形的纵／横断面，可用于完成土方计算，如图 2-38 所示。

CATIA 土木工程建模包括常用 3D 建模与曲面造型功能、2D 草图功能，以及专为土木工程提供的参数化建模工具，适合于桥梁、隧道等工程设计，如图 2-39 所示。通过上百种预定义的土木工程构件模板，可实现快速、准确建模，并可增加自定义模板实现扩展。

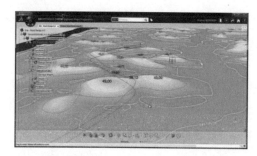

图 2-38　CATIA 数字地形模型示意　　　图 2-39　CATIA 土木工程建模功能示意

在 2017 版中，还包括了新的道路中心线设计功能，钢筋混凝土构件设计（智能式钢筋建模，如图 2-40 所示）。

CATIA 支持手绘 3D 电子草图（支持数字手写板，如图 2-41 所示），以及 3D 设计浏览及批注、碰撞检查等设计校审功能。

2. 软件功能评估

统计结果显示（如图 2-42 所示）：

（1）专业功能：43% 和 57% 调研样本分别认为 CATIA 专业功能"非常好"和"好"，说明 CATIA 提供的专业功能较好地支持了工程应用；

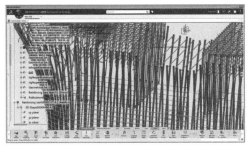

图 2-40　CATIA 智能式钢筋建模功能示意

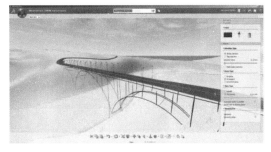

图 2-41　CATIA 手绘电子草图功能示意

（2）建模能力：14% 和 57% 调研样本分别认为 CATIA 建模能力"非常好"和"好"，说明 CATIA 作为主要建模工具之一得到了工程技术人员的认可；

（3）对国家规范的支持程度：只有 14% 和 14% 调研样本分别认为 CATIA 对国家规范的支持程度"非常好"和"好"，71% 调研样本认为"一般"，说明 CATIA 本土化落地功能还需要大大加强；

（4）高级应用功能：29% 和 57% 调研样本分别认为 CATIA 高级应用功能"非常好"和"好"，说明 CATIA 对高级应用功能得到大部分用户的认可。

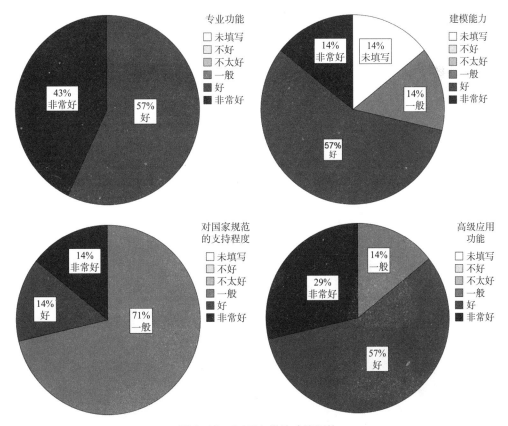

图 2-42　CATIA 软件功能评估

### 2.4.3　软件性能及评估

1. 软件性能

（1）支持从 LOD 100 到 LOD 400 全过程建模

多数 3D/BIM 软件只侧重于项目的某一阶段，例如概念设计阶段（LOD 100）或者详细设计阶段（LOD 300）。而 CATIA 不仅能从概念设计无缝过渡到详细设计，还可深入到面向加工制造级别的深化设计（LOD 400），例如钢结构的节点设计、钣金设计等各种细节，设计成果可满足制造加工需求，并可输出到数控机床进行生产，如图 2-43 所示。

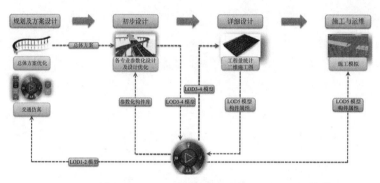

图 2-43　CATIA 支持 LOD 100 到 LOD 400 全过程建模

（2）支持参数化建模

CATIA 具有较强的参数化设计能力，以及"骨架线＋模板"的设计方法学，如图 2-44 所示。设计师只需要通过骨架线定义模型的基本形态，再通过构件模板和逻辑关系来生成模型细节。一旦调整骨架线，所有构件的尺寸可自动重新计算生成，提高建模效率。因此，CATIA 具有在整个项目生命期内的较强修改能力，即使是在设计的最后阶段进行重大变更也能顺利进行。

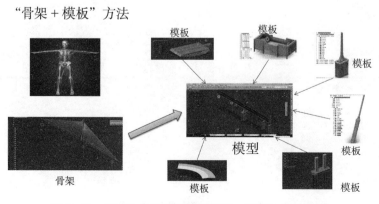

图 2-44　CATIA 参数化建模"骨架＋模板"方法示意

（3）支持标准化、模块化的知识重用体系

在 CATIA 应用的前期，往往要建立一定数量的参数化模板库和逻辑脚本，用于把企业的专业知识固化下来，如图 2-45 所示。此后，在规模化的项目设计中，设计师只需要调用现成的模板和脚本，就可按照企业的设计规范和质量完成高速高效的设计。设计变更也能够快速进行。

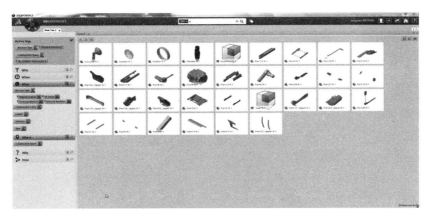

图 2-45　CATIA 参数化模板库示意

（4）支持全生命期的数据集成

借助于"3D 体验"平台的集成功能，CATIA 的数据能够直接在生命期下游各个模块中使用，例如施工仿真、数控加工、项目管理、计算分析等流程，如图 2-46 所示。此外，CATIA 也支持通过激光扫描数据获取现场的真实三维信息，并进行逆向工程分析。

图 2-46　CATIA 全生命期数据集成示意

（5）支持二次开发和扩展

用户可在 CATIA 中定义各种参数化设计模板和脚本，从而进行智能化设计。同时，CATIA 提供多种二次开发方式，包括宏命令、Automation 方式（可通过 EKL 脚本语言开发）、CAA 方式（可通过 C++ 开发）等，可支持用户开发自动化设计功能。

2. 软件性能评估

统计结果显示（如图 2-47 所示）：

（1）易用性：43% 调研样本分别认为 CATIA 的易用性"好"，也有 43% 调研样本认为"一般"；

（2）系统稳定性：14% 和 57% 调研样本分别认为 CATIA 系统稳定性"非常好"和"好"；

（3）对硬件要求：43% 调研样本认为 CATIA 对硬件要求"高"，29% 调研样本认为"一般"，说明流畅使用 CATIA，对硬件（如内存、显卡等）还有较高要求；

（4）大模型处理能力：29% 和 43% 调研样本分别认为 CATIA 的大模型处理能力"非常好"和"好"，也有 29% 调研样本认为 CATIA 的大模型处理能力"一般"，说明 CATIA 大模型处理能力得到了较多用户认可。

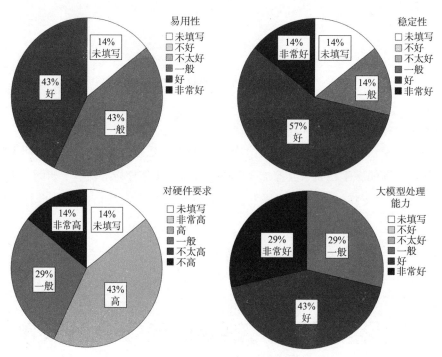

图 2-47　CATIA 软件性能评估

### 2.4.4　软件信息共享能力及评估

1. 软件信息共享能力

CATIA 支持多种数据格式输出与导入，特别是在进入建筑工程和土木工程领域后，积极与 BuildingSmart 组织合作，基于 IFC 标准，接口导入、导出 BIM 数据。在中国，达索系统受邀参与中铁 BIM 联盟，并积极参与中铁 BIM 数据标准（CR-IFC）的编制工作。表 2-2 包含 CATIA 支持的数据交换文件格式。

**CATIA 支持数据交换文件格式表** 　　　　　　　　　　　　　　　表 2-2

| 格式 | 备注 |
|---|---|
| IFC | 支持 IFC 属性扩展，可以创建 BIM 属性集 |
| step、STEP、stp 和 STP | 产品模型数据交换标准 |
| 3dxml | 允许以 3D XML 格式打开文件。打开 3D XML 文档时，将在内存中生成 V5 产品结构。如果打开的 3D XML 文档包含精确几何图形，则该几何图形将自动转换为镶嵌几何图形格式。打开 3D XML 文档后，它可以保存成 .CATProduct 或 .3dxml 文件。有关更多信息，请参考其他格式保存文档。3D XML 选项卡中还提供了一些专用于 3D XML 的设置，用于定义导出精确性或可视化格式等选项 |
| dxf/dwg | Autocad DXF 和 DWG 格式 |
| 所有位图文件 | 允许从会话中浏览光栅格式（支持 70 多种格式），而不必使用其他应用程序 |
| 所有 CATIA V4 文件 | 允许打开 V4 文档，例如 .model、.session 或 .library 文件 |
| 所有 CATIA V5 文件 | 允许打开 V5 文档，例如 .catalog 或 .CATAnalysis 文件 |
| 所有 CATIA CAA 文件 | 允许浏览 CAA 文件，例如 .CAABsk 或 .CAADoc 文件 |
| 所有标准文件 | 允许浏览诸如 .igs、.wrl、.step 或 .stp 之类的文件 |
| 所有向量文件 | 允许浏览诸如 .cgm、.gl、.gl2 或 .hpgl 之类的文件 |
| 3dmap | 允许浏览 3dmap（即空间图展示）文件。在 AIX 平台上无法打开这些文件 |
| act | 允许浏览流程库，其中包含许多由用户以交互方式定义的不同类别或类型的活动 |
| asm | 另存为装配设计文档（即 CATProduct）的 V4 装配建模文档 |
| bdf | Allegro 专用格式 |
| brd | Mentor 图形专用格式 |
| 目录 | 目录文档 |
| CATAnalysis | 分析文档 |
| CATDrawing | 创成式工程制图或交互式工程制图文档 |
| CATfct | 特征库和业务知识模板文件 |
| CATMaterial | 材料库 |
| CATPart | 零件设计文档 |
| CATProcess | 进程文档 |
| CATProduct | 装配设计文档 |
| CATShape | 零件的物理外形，CATShape 文件可以导出为 STEP 或 3D IGES |
| CATSystem | 功能系统管理文件 |
| cdd | CATIA-CADAM 文件 |
| cgm | ANSI/ISO 标准化平台独立格式，用于交换向量数据和位图数据 |
| idf | 由 IDF 应用程序生成的文档 |
| ig2 | 保存为 CATDrawing 文档的 2D IGES 文件 |
| igs | 保存为零件设计文档（即 CATPart 文档）的 IGES 文件 |

| 格式 | 备注 |
| --- | --- |
| jpg | 允许从会话中浏览 JPEG 文件,而不必使用其他应用程序 |
| 库(library) | V4 库文档,存储诸如详细信息、符号、数控车削工具以及束部分等对象 |
| 模型(model) | V4 模型文档 |
| pdb | PDB 文件 |
| 图片(picture) | 允许从第 5 版会话中浏览 CATIA 第 4 版图片文件 |
| ps | 允许浏览 PS(PostScript)和 EPS(Encapsulated PostScript)文档。打开 .eps 文档前,需要用扩展名 ".ps" 将它重命名。需要使用 "工具(Tools)"->"导入外部格式(Import External Format)"命令将 .ps 文档导入 "工程制图(Drafting)"工作台后才能修改:这会将文档转换为工程绘图对象,然后您就可以编辑该对象并将它另存为 .CATDrawing 文档 |
| rgb | 像素图像的 SGI 格式 |
| 会话(session) | V4 会话文档,包含转换为 CATProduct 文档的多个 CATIA V4 模型 |
| stbom | 在第 5 版中导入 SmartBOM(物料清单)公文包 |
| stl | 允许您浏览 stereolithography 文档 |
| svg | 允许以 SVG(可缩放矢量图形)格式打开文档。默认情况下,.svg 文档在 DMU 2D 查看器工作台中打开,但您可以通过 "插入(Insert)" > "图片(Picture)"命令将它们作为图像导入工程绘图页,或通过 "工具(Tools)" > "导入外部格式(Import External Format)"命令将它们作为工程绘图实体导入工程绘图页 |
| tdg 和 TDG | STRIM/STYLER 文件 |
| jpg | 允许从第 5 版会话中浏览 TIFF 文件,而不必使用其他应用程序 |
| wrl | 允许浏览 VRML(虚拟现实建模语言)文件。在 AIX 平台上无法打开这些文件 |

**2. 软件信息共享能力评估**

统计结果显示(如图 2-48 所示),14% 和 29% 调研样本分别认为 CATIA 的信息共享能力 "非常好" 和 "好",43% 调研样本认为 "一般"。

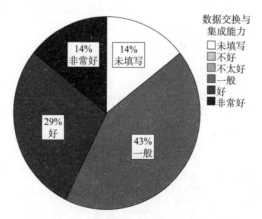

图 2-48　CATIA 软件数据交换与集成能力评估

## 2.5 Trimble SketchUp

### 2.5.1 产品概述

Trimble SketchUp 中文俗称为"草图大师",是一款面向建筑师、景观设计师、城市规划师、室内设计师、家具设计师、电影制片人、游戏开发者以及相关专业人员的 3D 建模程序,适合表达工程从方案到施工到室内装修各个阶段的三维模型。其建模特点是直观、灵活以及易于使用,模型的三维展示表达清晰,同时模型量轻,非常适合沟通交流,可以广泛应用在建筑、规划、园林、景观、室内以及工业设计等领域。

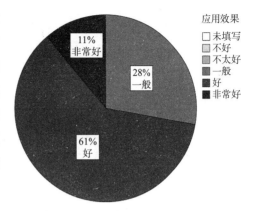

图 2-49　SketchUp 应用效果评估

统计结果显示,11% 和 61% 调研样本分别认为 SketchUp 应用效果"非常好"和"好",说明 SketchUp 总体应用效果较好,调研数据如图 2-49 所示。

### 2.5.2 软件主要功能及评估

1. 软件主要功能

（1）建模

SketchUp 支持推拉建模功能,设计师通过一个图形就可以方便地生成 3D 几何体,无须进行复杂的三维建模。SketchUp 具有草稿、线稿、透视、渲染等不同显示模式,支持简便直观的空间尺寸和文字的标注。SketchUp 可以直接导入 Digital Globe 的地理位置信息、卫图及地形数据,可准确定位阴影和日照,设计师可以获得更多的当地信息,并根据建筑物所在地区和时间进行阴影和日照分析。

（2）剖面图和视频动画

SketchUp 支持快速生成任何位置的剖面,使设计者清楚地了解建筑的内部结构,也可导入 AutoCAD 进行处理。SketchUp Pro 的 LayOut 功能支持模型视图,可设定图纸比例、调整线路的权重、添加尺寸标注等,如图 2-50 所示。当 SketchUp 模型发生改变,相关变化可自动反映在 LayOut 视图中。SketchUp 支持导出 PDF 文件、图像和 CAD 文件,也可制作方案演示视频动画,支持设计师表达创作思路。

2. 软件功能评估

统计结果显示（如图 2-51 所示）:

（1）专业功能:11% 和 44% 调研样本分别认为 SketchUp 专业功能"非常好"和"好",39% 调研样本认为"一般",说明 SketchUp 提供的专业功能基本能够支持了工

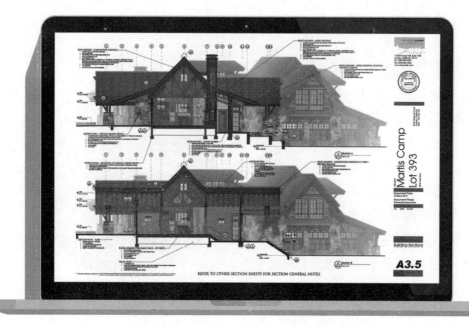

图 2-50　SketchUp LayOut 视图功能示意

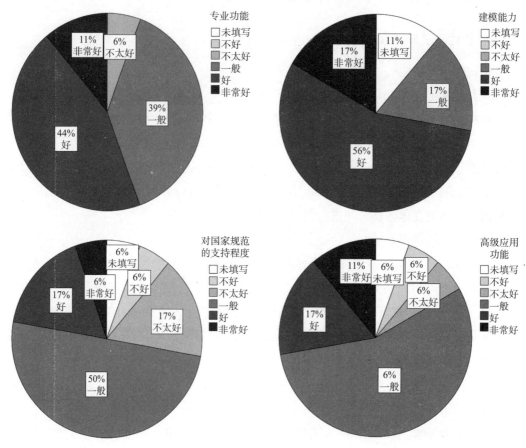

图 2-51　SketchUp 软件功能评估

程应用，但需要改进的空间也不小；

（2）建模能力：17% 和 56% 调研样本分别认为 SketchUp 建模能力"非常好"和"好"，说明 SketchUp 作为主要建模工具之一得到了工程技术人员的认可；

（3）对国家规范的支持程度：50% 调研样本认为 SketchUp 对国家规范的支持程度"一般"，17% 调研样本认为"不太好"，这与 SketchUp 作为通用建模工具有一定关系；

（4）高级应用功能：56% 调研样本认为 SketchUp 高级应用功能"一般"，说明 SketchUp 二次开发、插件的还需要提升。

### 2.5.3 软件性能及评估

1. 软件性能

（1）操作界面简明

SketchUp 独特简洁的界面，方便设计师短期内掌握，如图 2-52 所示。SketchUp 支持类似自由绘画的方式，支持参数化建模，建模自动化程度高，且处理大尺寸模型能力强。通过不同插件，可扩展软件功能，辅助建模和设计。

（2）设计表达方式丰富

SketchUp 多元化设计表达方式，支持建筑师把抽象的设计转化为具体的图像，且在特定场景下的设计形态展现形式丰富，如图 2-53 所示。

（3）具有丰富的组件库

SketchUp 的 3D Warehouse 组件库带有大量门、窗、柱、家具等组件，以及建筑肌理边线需要的材质库，如图 2-54 所示。组件库可以用于上传创建的模型，也可以浏览其他的组件和模型。

图 2-52　SketchUp 界面示意

图 2-53　SketchUp 设计表达方式示意

图 2-54　SketchUp 3D Warehouse 组件库

（4）支持大型复杂模型处理

SketchUp 可利用 Trimble Connect 进行协同操作，有利于大型复杂项目的处理和信息共享，如图 2-55 所示。

图 2-55　SketchUp 与 Trimble Connect 协同支持大模型处理和信息共享

2. 软件性能评估

统计结果显示（如图 2-56 所示）：

（1）易用性：56% 和 28% 调研样本分别认为 SketchUp 的易用性"非常好"和"好"，说明 SketchUp 界面友好、操作简单、易学易用等特性得到大部分用户认可；

（2）系统稳定性：17% 和 44% 调研样本分别认为 SketchUp 系统稳定性"非常好"和"好"，28% 调研样本认为"一般"，说明 SketchUp 的整体稳定性较好；

（3）对硬件要求：17% 和 39% 调研样本分别认为 SketchUp 对硬件要求"不太高"和"一般"，17% 和 17% 调研样本分别认为"高"和"非常高"，相比于其他软件的统计结果，说明一般的硬件条件（如内存、显卡等）就可流畅使用 SketchUp；

（4）大模型处理能力：11% 和 17% 调研样本分别认为 SketchUp 的大模型处理能力"非常好"和"好"，也有 67% 调研样本认为"一般"。

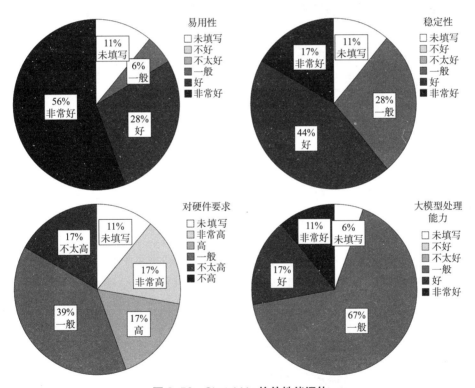

图 2-56　SketchUp 软件性能评估

## 2.5.4　软件信息共享能力及评估

1. 软件信息共享能力

SketchUp 可与 AutoCAD、Revit、3DSMAX 等软件结合使用，快速导入和导出多种数据文件，实现方案构思、效果图与施工图绘制。

SketchUp 支持多种输出格式，包括：3ds、dae、dwg、dxf、fbx、obj、xsi、wrl、

bmp、png、jpg、tif、pdf、eps、epx 等。其中，3ds 为通用的三维模型中间转换格式，应用最广。

基于天宝公司自身在定位和测量方面的优势，SketchUp 具有与天宝很多硬件进行信息共享的能力，比如天宝三维扫描仪和放线机器人，因此 SketchUp 具有与项目现场真实数据结合的能力（如图 2-57 所示）。

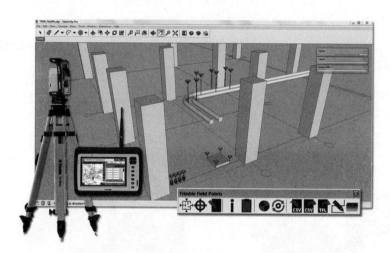

图 2-57　SketchUP 与天宝放样机器人综合应用

SketchUp 支持公开的 API 扩展程序功能，也支持使用 Ruby 脚本语言进行二次开发，目前已有上千种插件工具，很多公司在 SketchUp 基础上开发了大型专业插件，支持 SketchUp 在专业领域的发展。

2. 软件信息共享能力评估

统计结果显示（如图 2-58 所示），33% 和 39% 调研样本分别认为 SketchUp 的信息共享能力"好"和"一般"，说明 SketchUp 的信息共享能力有待提高。

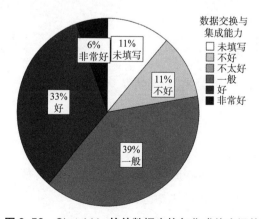

图 2-58　SketchUp 软件数据交换与集成能力评估

## 2.6 天正 TR

### 2.6.1 产品概述

天正 TR 是一款基于 Autodesk 公司 Revit 的辅助设计软件，支持建筑、给排水、暖通、电气、日照、节能等专业设计。TR 是二三维一体化的协同设计系统，兼容现有设计模式，降低设计师应用新平台的学习成本。TR 最新版本是 V3.0。

### 2.6.2 软件主要功能、性能和信息共享能力

1. 软件主要功能

（1）建筑设计

TR-Arch 建筑辅助设计软件（如图 2-59 所示），主要功能包括：

1）创建楼层、轴网：定义建筑楼层信息，以及轴网的绘制及标注；

2）创建墙体、门、窗：绘制建筑墙体，建筑柱，门和窗构件的命令；

3）创建房间、楼梯：绘制坡道、楼梯，生成房间对象，绘制屋顶和楼板等一系列命令；

4）标注工具：提供了快速标注门窗墙厚等构件尺寸的相关命令，以及符号注释命令；

**图 2-59　天正 TR-Arch 主要功能示意**

5）数据交换工具：提供"导入天正"和"导出天正"命令，用于和基于 AutoCAD 平台开发的 T20 天正建筑软件进行图纸转换；

6）协同开洞工具：用于与设备专业之间协同对墙体、楼板进行开洞及标注、示意等功能；

7）建筑防火设计工具：基于《建筑设计防火规范》GB 50016-2014，用于自动划分校验防火分区，并导出防火分区面积表；判定走道及房间内疏散距离路径是否正确，并导出疏散距离表。

（2）电气设计

TR 电气设计软件主要包括：设备设置、平面布置、标注、统计计算等工具。主要功能包括：

1）电气、桥架、过滤器等设置：对 Revit 配电系统、配电类型与线管尺寸进行扩充和改善，如图 2-60 所示；

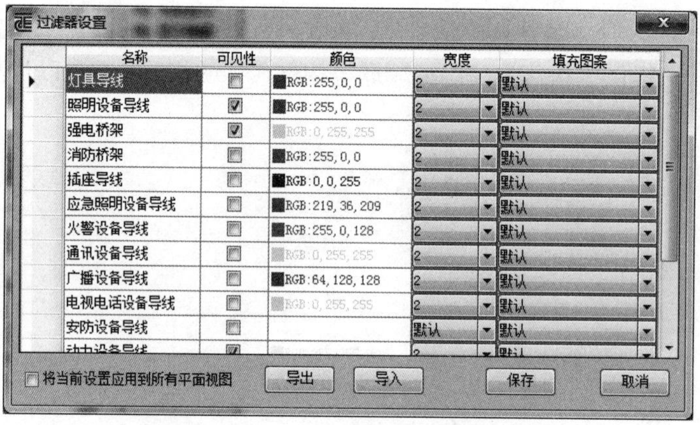

| 名称 | 可见性 | 颜色 | 宽度 | 填充图案 |
|---|---|---|---|---|
| 灯具导线 | ☐ | RGB:255, 0, 0 | 2 | 默认 |
| 照明设备导线 | ☑ | RGB:255, 0, 0 | 2 | 默认 |
| 强电桥架 | ☑ | RGB:0, 255, 255 | 2 | 默认 |
| 消防桥架 | ☐ | RGB:255, 0, 0 | 2 | 默认 |
| 插座导线 | ☐ | RGB:0, 0, 255 | 2 | 默认 |
| 应急照明设备导线 | ☐ | RGB:219, 36, 209 | 2 | 默认 |
| 火警设备导线 | ☐ | RGB:255, 0, 128 | 2 | 默认 |
| 通讯设备导线 | ☐ | RGB:0, 255, 255 | 2 | 默认 |
| 广播设备导线 | ☐ | RGB:64, 128, 128 | 2 | 默认 |
| 电视电话设备导线 | ☐ | RGB:0, 255, 255 | 2 | 默认 |
| 安防设备导线 | ☐ | | 默认 | 默认 |
| 动力设备导线 | ☑ | | | 默认 |

☐ 将当前设置应用到所有平面视图　　导出　　导入　　保存　　取消

图 2-60　TR 过滤器设置功能示意

2）设备布置：支持设备替换、旋转、翻转等功能，还可快速布置按钮，对当前视图的过滤器进行设置，如图 2-61 所示；

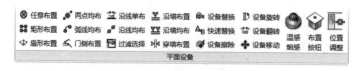

图 2-61　TR 多种设备布置方式

3）导线、避雷线、接地线、光缆等建模：可进行导线连接、设备之间连线、配电引出以及插入引线和导线属性编辑，导线属性编辑与设备连线可分别设置火、中、地，如图 2-62 所示；

4）线管以及平行线管建模：可完成线管与线管以及线管和设备之间的连接，支持导线生成线管且可脱离墙将导线生成线管，可自动生成线管弯通、线管三通、线管四通等线管配件，如图 2-63 所示；

图 2-62　TR 导线建模功能示意　　　　图 2-63　TR 线管连接功能示意

5）桥架、竖直桥架、支架、吊架、桥架配件建模：可实现桥架的精确连接，桥架的局部升降与异径连接，支持生成多层桥架，建模过程中自动生成弯通、三通、四通、变径等构件，桥架各部分构件相互关联，拖动一部分其余相关联部分随之联动，如图 2-64 所示；

6）变压器及配电柜建模：支持桥架生成电缆沟，如图 2-65 所示；

图 2-64　TR 桥架建模功能示意

图 2-65　TR 插入变压器功能示意

7）导线信息、导线根数以及导线回路编号标注和统计：支持对电气设备的统计，包括桥架、管线、设备等材料，也可以将其导出到 Excel 表格，如图 2-66 所示。

8）照度、多行照度、电流、负荷、电压损失、无功补偿、电力变压器保护、3 ~ 10kV 电动机继电保护、发电机继电保护、3 ~ 20kV 电力电容器、6 ~ 110kV 母线及分段断路器保护整定、6 ~ 20kV 线路的继电保护、桥架、防雷击数等计算功能，计算结果可导出 Word 或 Excel，如图 2-67 所示；

图 2-66　TR 标注统计功能示意　　　　图 2-67　TR 电气计算功能示意

9）族库管理及升级、视图观察、天正数据联通命令和版本信息命令等工具。数据联通可以实现与基于 AutoCAD 平台开发的 T20 天正电气软件模型的互导功能，如图 2-68 所示。

图 2-68　TR 电气设计辅助工具示意

（3）给排水系统设计

天正给排水设计模块分为天正给排水系统、天正消防水系统两大模块，按照专业的设计流程分为设置、绘制管线、布置、连接、编辑、标注、计算工具、材料统计等子功能模块。主要功能包括：

1）专业水管布置工具：提供专业化水管设功能，立管设计、平行管道布置、沿墙不管等专业工具，如图 2-69 所示；

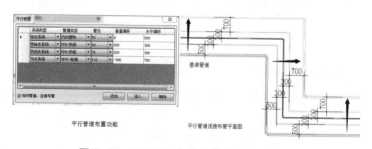

图 2-69　天正 TR 专业水管布置功能示意

2）管连洁具工具：提供基本卫生洁具族库，可快速进行洁具布置，提供管连洁具功能，只需绘制干管，软件自动将所框选洁具中所有与之管道类型相同的接口进行连接，并根据用户设置添加附件，如图 2-70 所示；

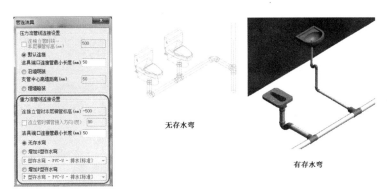

图 2-70　天正 TR 管连接洁具功能示意

3）设备布置功能：提供布置洁具、布置设备、布置附件、阀门仪表等给排水设计基本族库，所有设备都能与管线连接，并支持材料统计，如图 2-71 所示；

图 2-71　天正 TR 设备布置功能示意

4）消火栓设计：根据消火栓接口系统类型，将接口连接到与之最近的相同系统类型的消防管道上，如图 2-72 所示；

5）喷淋设计：支持项目中喷头族的检索、布置工具。提供多种喷头布置方式，通过参数快速完成喷头布置，并可根据所选管道系统类型，将相同类型接口的喷头与之相连。喷淋管径可根据连接喷头的数量，自动调整自喷系统中各管道的管径规格。支持侧喷头形式及沿边墙自动布置。如图 2-73 所示；

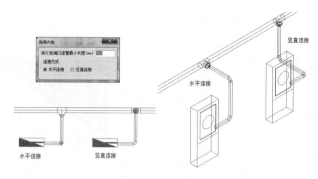

图 2-72　天正 TR 消火栓设计功能示意

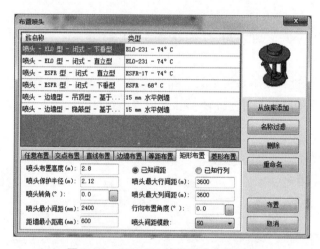

图 2-73　天正 TR 喷淋设计功能示意

## 2. 软件性能

（1）兼容 CAD 操作，提升建模效率

TR 具有与 CAD 平台天正建筑软件相一致的操作界面，因此降低了学习成本，提高建模效率，如图2-74所示。提供的天正族库，保障了与CAD平台天正图例的对应关系，实现了双向互导与信息的完整。

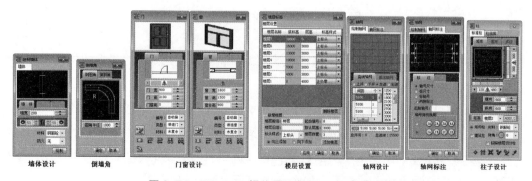

图 2-74　TR-Arch 操作界面与 CAD 平台兼容

（2）标注、注释功能更符合出图需求

TR 提供符合建筑制图规范的标注功能，专门针对建筑行业图纸开发了专业化的尺寸和符号标注系统，轴号、尺寸标注、符号标注等，操作简单，精度准确，如图 2-75 所示。

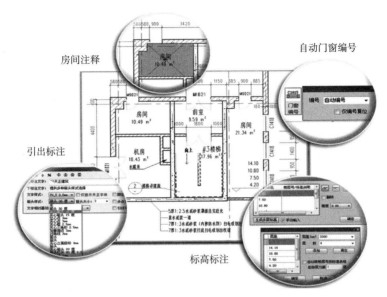

图 2-75　TR-Arch 标注、注释功能示意

（3）协同开洞功能，提升专业协调效率

TR 支持建筑师与水暖电设备工程师在实际 BIM 项目设计过程中遇到的专业碰撞预留洞口需求，开发出协同开洞功能，各专业工程师在 BIM 设计过程中均可实时提交专业条件，解决预留洞口，减少专业碰撞问题，如图 2-76 所示。

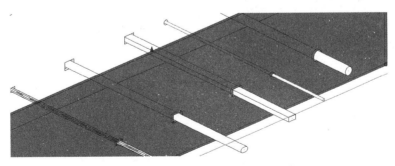

图 2-76　TR-Arch 墙体开洞功能示意

（4）提供丰富的族库

TR 自带丰富的族库系统，包含卫生洁具、墙体、家具、楼板、柱子、楼梯坡道、注释符号、门、窗等类型族，且支持自定义编辑族参数，如图 2-77 所示。

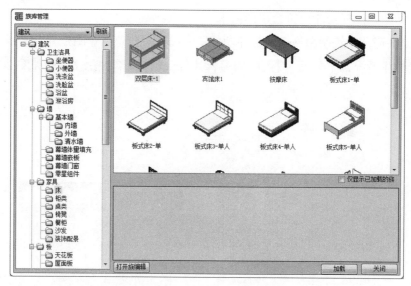

图 2-77　TR-Arch 族库示意

### 3. 软件信息共享能力

TR 支持 IFC 和 GBXML 格式的导入导出。与天正建筑 T20 CAD 软件可以双向接口导入导出，实现数据无缝对接。TR-Arch 与 T20 天正建筑均可互导轴网、墙体、门窗、标注等建筑图元信息，实现了二维与三维之间高效的图元数据传输，减少设计师重新搭建 BIM 模型或绘制 CAD 二维平面等工作任务，提高了工作效果，如图 2-78 所示。

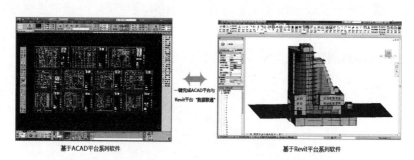

图 2-78　TR-Arch 与 T20 之间的数据交换功能示意

## 2.6.3　调研反馈结果

本产品的调研反馈数量较少，部分代表性意见如表 2-3 所示。

TR-Arch 部分调研样本数据　　　　　　　　　　　　表 2-3

| 序号 | 易用性 | 稳定性 | 对硬件要求 | 建模能力 | 数据交换与集成能力 | 大模型处理能力 | 对国家规范的支持程度 | 专业功能 | 应用效果 | 高级应用功能 |
|---|---|---|---|---|---|---|---|---|---|---|
| 1 | 好 | 好 | 一般 | 好 | 好 | 一般 | 好 | 好 | 好 | 好 |

## 2.7 McNeel Rhino

### 2.7.1 产品概述

Rhino 是 美 国 Robert McNeel & Assoc 开发的 3D 造型软件,用于创建精细、弹性 和 复 杂 的 3D NURBS(Non-Uniform Rational B-Splines,非均匀有理 B 样条)模型,可广泛应用于三维动画制作、工业制造、科学研究以及机械设计等领域。

Rhino 从 4.0 开 始 被 广 大 用 户 熟 知,4.0SR9 为当前系列中最稳定版本,目前最新版本为 5.0SR13。

统计结果显示,23% 和 46% 调研样本分别认为 Revit 应用效果"非常好"和"好",31% 调研样本认为"一般",说明 Rhino 总体应用效果较好,调研数据如图 2-79 所示。

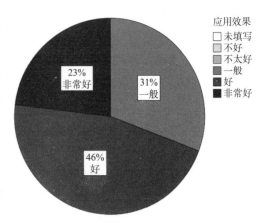

图 2-79 Rhino 应用效果评估

### 2.7.2 软件主要功能及评估

1. 软件主要功能

(1)曲面建模

Rhino 具有较强的曲面建模功能,可通过指定基础元素生成相应的曲面,如图 2-80 所示。Rhino 的曲面编辑命令很灵活,可用不同的曲面命令通过相同的基础元素生成不同的曲面,而且曲线的属性会直接影响曲面的属性。Rhino 曲面编辑命令支持修剪、混接、衔接等操作。

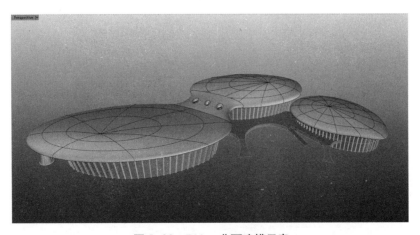

图 2-80 Rhino 曲面建模示意

（2）参数化建模

Grasshopper 是基于 Rhino 平台的插件，具有较强的参数化设计能力。Grasshopper 通过简单基础元素和逻辑关系来生成模型，调整基础元素，所有模型的尺寸可自动重新计算，如图 2-81 所示。

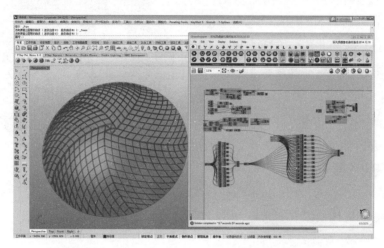

图 2-81　Rhino Grasshoppe 参数化建模功能示意

2. 软件功能评估

统计结果显示（如图 2-82 所示）：

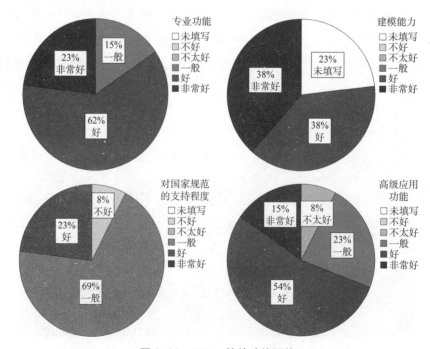

图 2-82　Rhino 软件功能评估

（1）专业功能：23% 和 62% 调研样本分别认为 Rhino 专业功能"非常好"和"好"，说明 Rhino 提供的专业功能较好地支持了工程应用；

（2）建模能力：38% 和 38% 调研样本分别认为 Rhino 建模能力"非常好"和"好"，说明 Rhino 作为建模工具得到了工程技术人员的认可；

（3）对国家规范的支持程度：23% 和 69% 调研样本分别认为 Rhino 对国家规范的支持程度"好"和"一般"；

（4）高级应用功能：15% 和 54% 调研样本分别认为 Rhino 高级应用功能"非常好"和"好"，也有 23% 调研样本认为"一般"，说明 Rhino 对二次开发、客户化定制的支持得到部分用户的认可。

### 2.7.3　软件性能及评估

#### 1. 软件性能

通过建立参数化逻辑脚本，Rhino 支持把项目的专业知识固化下来。此后，在规模化的项目设计中，设计师只需要调用现成的模型参数化逻辑脚本，就可按照基础元素高速高效地完成设计，设计变更也能够可视化地快速进行，如图 2-83 所示。

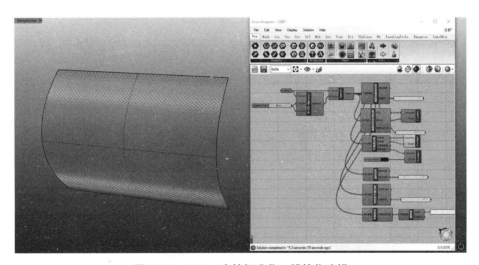

**图 2-83　Rhino 支持标准化、模块化建模**

#### 2. 软件性能评估

统计结果显示（如图 2-84 所示）：

（1）易用性：69% 调研样本认为 Rhino 的易用性"好"，说明 Rhino 界面友好、操作简单、易学易用等特性得到用户认可；

（2）系统稳定性：15% 和 54% 调研样本分别认为 Rhino 系统稳定性"非常好"和"好"；

（3）对硬件要求：54% 调研样本认为 Rhino 对硬件要求"高"，说明流畅使用

Rhino，对硬件（如内存、显卡等）还有较高要求；

（4）大模型处理能力：31% 和 46% 调研样本分别认为 Rhino 的大模型处理能力"非常好"和"好"。

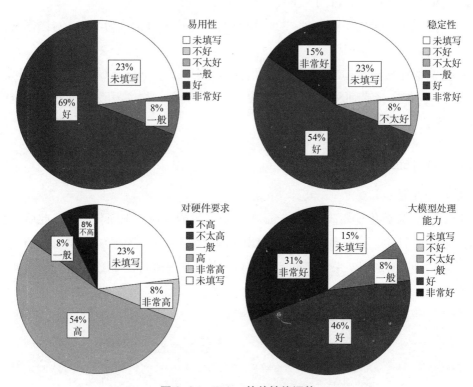

图 2-84　Rhino 软件性能评估

### 2.7.4　软件信息共享能力及评估

1. 软件信息共享能力

Rhino 的存储格式是 .3dm 文件。

支持的输入格式包括：.3ds、.dwg、.dxf、.igs、.iges、.fbx、.obj、.pdf、.skp、.stp、.step、.stl、.csv、.txt、.asc、.xyz。

支持的输出格式包括：.dae、.sat、.3ds、.dwg、.dxf、.igs、.iges、.fbx、.obj、.pdf、.skp、.stp、.step、.stl、.xaml、.txt。

2. 软件信息共享能力评价

统计结果显示（如图 2-85 所示），8% 和 54% 调研样本分别认为 Rhino 的信息共享能力"非常好"和"好"。

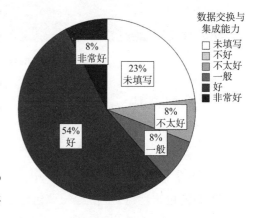

图 2-85　Rhino 软件数据交换与集成能力评估

# 第3章 结构 BIM 软件

## 3.1 构力 PKPM-BIM

### 3.1.1 产品概述

PKPM-BIM 建筑工程协同设计系统（简称"PKPM-BIM 系统"），基于信息数据化、数据模型化、模型通用化的 BIM 理念，利用 PKPM 建筑、结构、设备、绿色建筑、概预算、施工管理与施工技术等方面的集成优势，探索 BIM 技术在项目全生命周期的综合应用。通过统一的三维数据模型架构，建立了 PKPM-BIM 建筑工程协同设计专业平台及全专业设计软件，为建筑企业提供更符合中国建筑规范和工作流程的 BIM 整体解决方案。

PKPM-BIM 系统按照中国 BIM 标准建立专业信息存储平台。公司团队在编制中国 BIM 存储标准的同时，同步建立了与之配套的建筑工程专业信息存储平台，解决建筑工程全专业和全流程数据的标准化存储问题。PKPM 与 Bentley 公司深度合作，将 Bentley 公司的数据库及图形技术与 PKPM 的专业技术紧密结合，发挥各自优势，共同打造出适应中国 BIM 应用需求的基础平台。PKPM 与 GPAPHISOFT 公司战略合作，ARCHICAD 作为 PKPM BIM 系统的建筑专业模块，内嵌到平台中。

PKPM-BIM 系统作为全专业协同设计系统，集成国内外最佳应用，提供建筑、结构、给排水、暖通、电气全专业协同设计功能，并与 PKPM 现有结构软件和绿色建筑软件无缝连接。各专业间均可共享模型数据，互相引用参考、碰撞检查，实现专业内和专业间的高度协同。

PKPM-BIM 系统采用统一的数据交换标准，解决了不同专业软件之间的数据交换问题，为中国设计行业提供最佳本土化和专业化集成解决方案。PKPM-BIM 系统通过一种开源的数据方式，可与多种 BIM 软件进行数据交互，实现平台开放性。

PKPM-BIM 平台已集成多专业建模及自动化成图、结构分析设计、装配式建筑、绿色建筑分析、铝模板设计、装修设计、构件厂生产管理、施工项目管理等多种应用和管理软件，如图 3-1 所示。

为适应装配式建筑的设计需求，构力公司与中建科技集团有限公司、上海中森建筑与工程设计顾问有限公司、长沙远大住工集团等国内大型装配式企业共同研发了装配式建筑设计软件 PKPM-PC，为装配式建筑提供简便的设计工具，提高设计效率，减小设计错误，推动建筑工业化的进程。

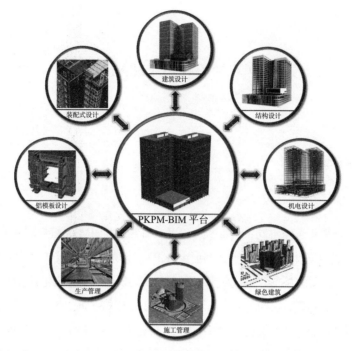

图 3-1　PKPM-BIM 平台和应用软件系统示意

PKPM-PC 包含三部分内容：第一部分为结构分析，即通过 PKPM 结构分析设计系统，实现装配式结构的整体分析、相关内力调整及连接设计；第二部分是基于 PKPM-BIM 平台实现装配式建筑方案设计、预制构件库的建立、构件拆分与拼装以及预制率统计，并自动生成满足审图要求的计算书及施工图；第三部分是基于 BIM 模型进行模型深化、专业间协同、工艺预留预埋处理以及自动生成对应工艺详图、BIM 数据直接接力到生产加工设备等。

### 3.1.2　软件主要功能、性能和信息共享能力

1.软件主要功能

（1）结构设计

软件支持基于图形的交互式建模，支持平面简化操作，可快速布置结构基本构件（如梁、柱、墙、板等），完成空间复杂模型的建立，如图 3-2 所示。软件支持将多个自然层相同部分组成一个标准层，差异化部分可通过局部调整自然层实现，简化了模型创建。PKPM-BIM 建筑模型中的承重构件可直接转换为结构模型构件、非承重构件和功能用房等，并自动转换相应的荷载，减少结构工程师的工作量。

PKPM-BIM 提供偏心调整功能，较好地实现了建筑和结构专业模型的一致性。通过 PMCAD 数据导出模型，接力现有结构分析软件进行结构设计，并能将计算内力及设计配筋结果返回到模型中。

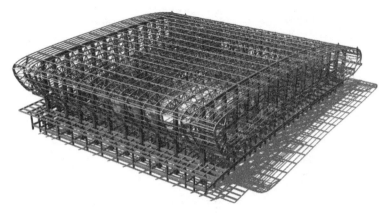

图 3-2　PKPM-BIM 系统复杂模型建模示意

（2）装配式预制构件库

PKPM-PC 提供预制构件库，包括各种结构体系的墙、板、楼梯、阳台、梁、柱等，如图 3-3 所示。预制构件库为装配式结构的拆分、三维预拼装、碰撞检查与生产加工提供基础单元，推动模数化与标准化，简化设计工作，使设计单位前期就能主动参与到装配式结构的方案设计，在设计阶段减少冲突或安装不上的问题。

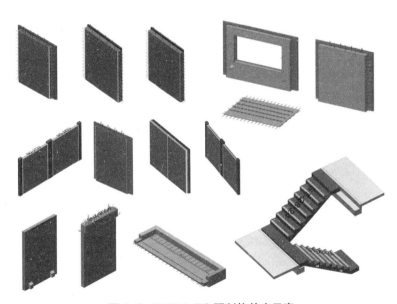

图 3-3　PKPM-PC 预制构件库示意

（3）装配式模型建模

软件可以通过导入 PKPM 结构设计模型、建筑转结构、直接建模三种方式，完成装配式模型建立。通过在三维模型下预拆分、自动设计、交互布置等功能完成装配式拆分方案确定，如图 3-4 所示。

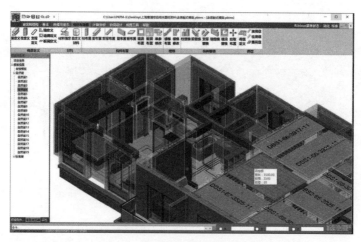

图 3-4　PKPM-PC 建模功能示意

（4）结构整体分析与设计

与 PKPM SATWE 集成（如图 3-5 所示），在 SATWE 结构体系中增加 4 类装配式结构体系：装配整体式框架结构、装配整体式剪力墙结构、装配整体式部分框支剪力墙结构、装配整体式预制框架 - 现浇剪力墙结构。装配式结构采用等同现浇的设计方法，在实现现浇结构所有分析、调整及相关设计的基础上，针对装配式，SATWE 软件增加以下功能：

1）现浇部分地震内力放大；

2）现浇部分、预制部分承担的规定水平力地震剪力百分比统计；

3）叠合梁纵向抗剪计算；

4）预制梁端竖向接缝的受剪承载力计算；

5）预制柱底水平连接缝的受剪承载力计算；

6）预制剪力墙水平接缝的受剪承载力计算。

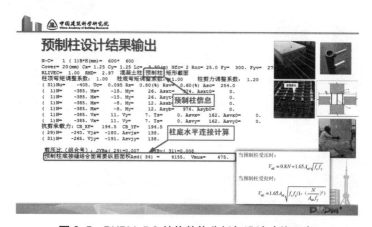

图 3-5　PKPM-PC 结构整体分析与设计功能示意

（5）生成设计阶段的施工图和计算书

软件可根据计算结果自动生成符合审图要求的施工图和计算书，并针对各类构件完成覆盖合理性检查以及短暂工况验算，自动生成校核说明书，如图 3-6 所示。

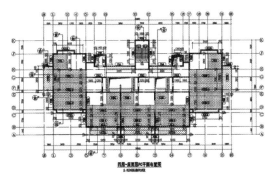

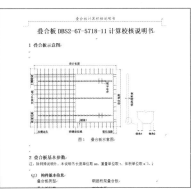

图 3-6　PKPM-PC 装配式施工图及计算书功能示意

（6）装配式深化设计及构件详图绘制

软件可根据计算结果进行配筋设计、构件验算和施工验算，通过 BIM 协同平台将各专业模型集成，完成构件深化设计和碰撞检查，如图 3-7 所示。同时自动生成详图图纸，保证模型与图纸的一致性。

（7）装配率计算与材料统计

提供材料统计，并自动计算预制率与装配率，满足各地指标要求，如图 3-8 所示。

2. 软件性能

（1）采用高效数据库技术，支持多专业模型存储

PKPM-BIM 系统采用高效数据库技术，解决大型工程多专业集成信息模型的存储问题，适应大体量工程信息的存储。

（2）采用基于 GPU 的高性能计算，支持大模型处理

通过研发基于 GPU 的高性能计算模块，解决了大模型浏览、编辑、应用等问题，如图 3-9 所示。

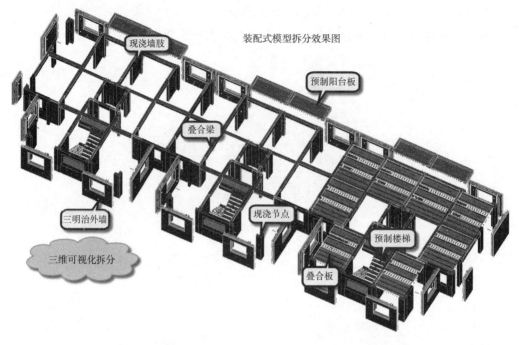

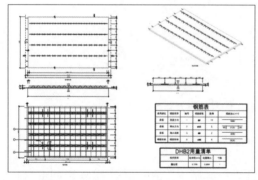

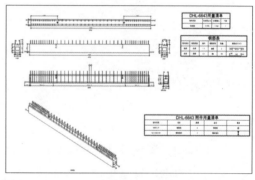

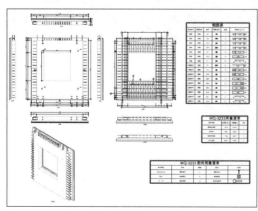

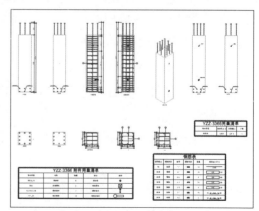

图 3-7 PKPM-PC 装配式深化设计及构件详图绘制功能示意

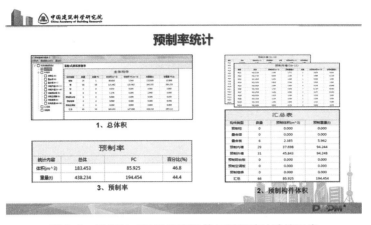

图 3-8 PKPM-PC 装配率计算与材料统计功能示意

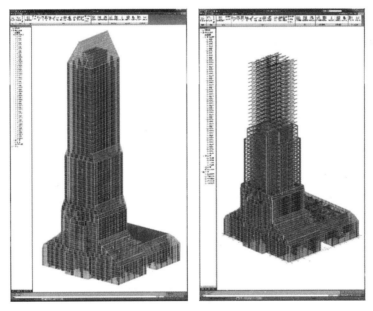

图 3-9 PKPM-BIM 系统大模型处理示意

（3）可扩展的构件库，支持标准图纸的输出

PKPM-PC 软件提供丰富的构件库，可满足国标图纸出图要求，同时支持用户自定义构件扩展数据库。

3. 软件信息共享能力

PKPM-BIM 系统采用全面开放的数据交换平台和统一的数据交换标准，解决不同专业设计软件之间的数据交换问题。PKPM-BIM 系统通过开源的数据格式或 IFC、FBX 格式，可与多种 BIM 软件进行数据交互，如 Revit、Navisworks、ArchiCAD、Bentley、Tekla、天正等，模型导出 I-MODEL，实现数据在市政、建筑、路桥行业间流动，移动端导出 BIMX 进行轻量化浏览和信息查看。

PKPM-PC 软件支持将装配式结构 BIM 模型数据直接接力工厂加工生产信息化管理系统，预制构件模型信息直接接力数控加工设备，自动化进行钢筋分类、钢筋机械加工、构件边模自动摆放、管线开孔信息的自动化画线定位、浇筑混凝土量的自动计算与智能化浇筑，达到无纸化加工，也避免了加工时人工二次录入可能带来的错误，提高了工厂生产的效率，如图 3-10 所示。

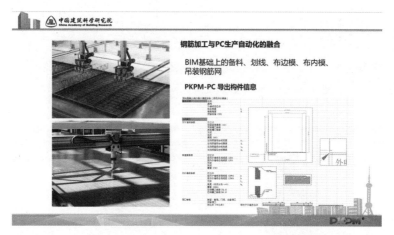

图 3-10　PKPM-PC 与工厂加工生产信息化管理系统集成示意

## 3.2　盈建科 YJK

### 3.2.1　产品概述

YJK 建筑结构设计软件是集成化、基于 BIM 的建筑结构设计软件系统，既有中国规范版，也有国际规范版。功能主要包括结构建模、上部结构计算、基础设计、砌体结构设计、钢结构设计、施工图设计、弹塑性分析、隔震减震结构设计、鉴定加固设计、装配式结构设计、外部软件数据接口等。

YJK 软件立足于解决当前设计中的难点、热点问题，填补需求空白，并与规范执行相配套。YJK 软件广泛应用先进技术，实现建模、计算、设计、出图一体化，辅助工程技术人员优化结构设计，提高结构设计的专业性和智能化水平，提升施工图设计的质量和效率。

### 3.2.2　软件主要功能、性能和信息共享能力

1. 软件主要功能

（1）建筑结构计算 YJK-A

YJK-A 包括建筑结构模型建立与荷载输入、上部结构计算两大部分功能，如图 3-11 所示。YJK-A 采用人机交互方式引导用户逐层布置建筑结构构件并输入荷载，通过楼

层组装完成全楼模型的建立，并对各层楼板荷载自动完成向房间周边梁墙的导算。该模型是后续功能包括结构计算、砌体计算、基础设计、施工图设计等模块的主要依据。

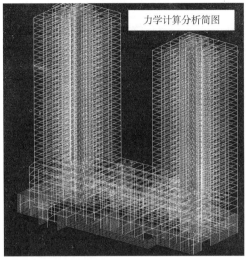

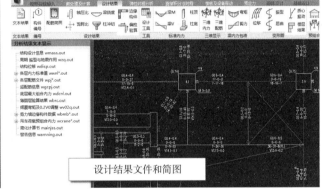

图 3-11　YJK-A 建模和计算功能示意

　　YJK-A 采用有限元的计算分析方法，用空间框架单元模拟梁、柱等支撑构件，用壳元凝聚成墙元模拟剪力墙。YJK-A 引入实体单元可模拟梁、柱、墙、基础等构件，同时提供阻尼器、屈曲约束支撑、隔震支座、弹性连接等连接单元，满足多样化的计算需求。此外，该软件还可以实现弹性时程分析、隔震减震分析、楼板舒适度和工业建筑设备振动分析、预应力结构设计等功能。

　　YJK-A 贯入 2010 系列结构设计新规范的要求，并新增多模型联合串行计算模式、包络取值算法等功能，同时 YJK-A 可以提供全面系统的优化设计手段，可以对梁、柱、剪力墙提供合理、有效的优化方案。

　　（2）基础设计 YJK-F

　　YJK-F 主要应用于独基、条基、弹性地梁、桩基承台、筏板、桩筏等各种类型的基础设计，以及上述多类基础组合的混合基础设计，如图 3-12 所示。

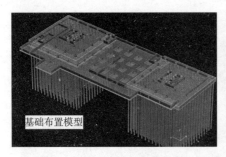
基础布置模型

基础沉降变形分析

图 3-12　YJK-F 基础建模和分析计算功能示意

YJK-F 可直接接力上部结构模型，实现如下功能：读取上部计算荷载；采用二维和三维结合方式进行基础布置；自动生成独基、条基、承台、板桩、地基梁翼缘等；通过有限元计算分析，自动完成规范要求的各项计算和验算内容。

YJK-F 采用迭代的非线性分析方法，可以对包含水浮力、人防的荷载组合进行准确、合理的计算，以避免因局部抗浮无法准确计算而带来的建筑不安全因素。采用高质量的自动单元划分方法，实现计算稳定、速度快、容量大。

YJK-F 采用基础沉降迭代计算，考虑上部结构、基础、地基的综合因素及多基础间的协调工作，减少最终的位移值和沉降值之间的差额，更加符合实际情况，解决传统基础软件由于计算原理不同导致有限元计算的位移值和沉降值产生较大差异问题。

对于基础承受水浮力、人防荷载等情况，YJK-F 采用模拟桩土性质的迭代非线性分析方法，使基础抗浮、抗人防荷载的计算结果更加接近实际情况。相关计算功能也可应用于抗浮锚杆、抗拔桩等方面的设计计算。

（3）砌体结构设计 YJK-M

YJK-M 可完成多层砌体结构、底框抗震墙结构等的设计计算。包括但不限于多层砌体结构抗震验算、墙体受压计算、墙体高厚比计算、墙体局部承压计算、风荷载计算、上部竖向荷载导算、底框抗震墙结构地震计算、砌体墙梁计算等，如图 3-13 所示。

YJK-M 包括建模、计算和结果输出三大部分，建模方式与公司其他模块相同，按标准层方式建立各层模型，并提供多层同时显示、同时修改、构造柱布置等功能。YJK-M 还可以根据《建筑抗震设计规范》《砌体结构设计规范》对砌体结构模型进行合理性检查。

在砌体抗震计算过程中 YJK-M 为地震剪力分配和底框抗震墙结构的层刚度计算提供了有限元大片墙、小片墙刚度计算方法，该方法可以准确地满足规范的基本要求。

对于有结构缝、伸缩缝分开的砌体结构或地下室连接，上部结构由多塔组成的结构，YJK-M 可按照多塔自动划分为多个模型，对每个模型作为一个计算单元分别计算，结果更加合理准确。

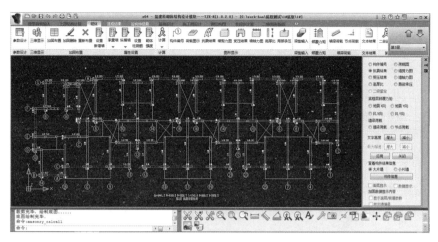

图 3-13　YJK-M 砌体设计功能示意

（4）抗震鉴定和加固设计 YJK-JDJG

YJK-JDJG 将鉴定加固相关功能嵌入整个设计软件系统中，不仅支持钢筋混凝土结构的鉴定加固，也支持砌体结构的鉴定加固，如图 3-14 所示。YJK-JDJG 依据《建筑抗震鉴定标准》GB 50023-2009、《建筑抗震加固技术规程》JGJ 116-2009、《混凝土结构加固设计规范》GB 50367-2013 开发，提供四种鉴定标准供选择：《建筑抗震鉴定标准》GB 50023-2009：A 类（适用后续使用年限 30 年建筑）；1989 系列规范：B 类（适

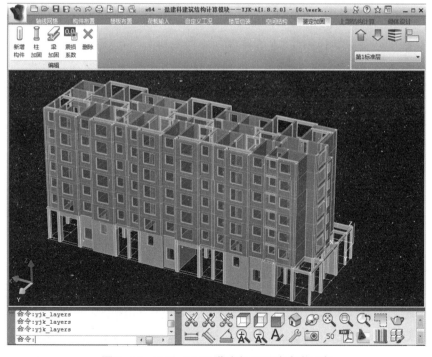

图 3-14　YJK-JDJG 鉴定加固设计功能示意

用后续使用年限 40 年建筑）；2001 系列规范：C 类（适用后续使用年限 50 年建筑），按 2001 系列规范采用设计内力调整系数；2010 系列规范：C 类（适用后续使用年限 50 年建筑），按 2010 系列规范采用设计内力调整系数。

YJK-JDJG 根据《建筑抗震加固技术规程》JGJ 116-2009 和《混凝土结构加固设计规范》GB 50367-2013，提供如下加固方法进行建筑加固设计：

1）对混凝土构件的加固方法有：增大截面加固法、置换混凝土加固法、外粘型钢加固法、粘贴纤维复合材加固法、粘贴钢板加固法、钢绞线网 - 聚合物砂浆面层加固法。

2）对砌体结构的加固方法有：多层砌体房屋面层或板墙加固法，即在墙体的一侧或两侧采用水泥砂浆面层、钢筋网砂浆面层、钢绞线网 - 聚合物砂浆面层、现浇钢筋混凝土板墙加固的方法。

无论是在鉴定阶段还是加固设计阶段，YJK-JDJG 都同时完成两方面的计算。一是按照《建筑抗震鉴定标准》GB 50023-2009 进行第二级抗震鉴定计算，给出楼层综合抗震能力指数，对砌体结构还给出墙段综合抗震能力指数、楼层平均抗震能力指数；二是按照抗震设计系列规范进行抗震承载力验算、截面配筋设计计算。对承载力抗震调整系数的折减系数可由用户调整。

（5）装配式结构设计 YJK-AMCS

YJK-AMCS 基于 YJK-BIM 平台，在 YJK 的上部结构建模、计算模块功能的基础上编制而成，是一款集计算、绘图及深化设计为一体的独立装配式设计模块。YJK-AMCS 按照 2014 年 10 月发布实施的《装配式混凝土结构技术规程》JGJ 1-2014、2015 年 5 月发布的国家标准图《装配式混凝土结构连接节点构造》G310-1 ~ 2 和《PK 预应力混凝土叠合板》13BGZ2-1 等开发，支持众多类型的预制构件，包括钢筋混凝土预制叠合楼板、预制柱、预制梁、预制剪力墙、预制楼梯以及预制阳台，并能提供钢筋混凝土预制构件指定、预制构件相关计算、预制构件的布置图和大样详图的绘制、预制率装配率的统计等功能，还可以绘制带保温板和外页板的预制外墙、带凸窗预制墙、带拐角的预制墙等特殊情况。

YJK-AMCS 可以自动完成预制构件的钢筋构造设计并绘制构件详图，提供详细的计算书，如图 3-15 所示。YJK-AMCS 可以对预制构件进行钢筋用量、混凝土用户进行汇总统计，并计算出结构的预制率、装配率等指标，方便用户掌握工程的经济指标与造价。YJK-AMCS 可以自动校审检查修改钢筋后的施工图是否满足规范要求，相关数据可以全部导入 Revit。此外，YJK-AMCS 还提供了构件、钢筋的空间碰撞检查，预制构件安装动画模拟等功能，方便用户在施工安装阶段使用。

（6）施工图设计 YJK-D

YJK-D 可进行钢筋混凝土结构的梁、柱、楼板、剪力墙和基础的结构施工图辅助设计，如图 3-16 所示。YJK-D 可以接力盈建科其他软件的建模和计算结果，自动选配钢筋和进行施工图设计。YJK-D 按照 2016 年 9 月发布的国家建筑标准设计图集《混凝土结构施工图平面整体表示方法制图规则和构造详图》16G101 自动绘制施工图纸，钢筋修改、标注换位、钢筋拷贝等操作均可在平法图上进行。

　　YJK-D 具有结构平面施工图、梁施工图、柱施工图、剪力墙施工图、梁柱施工图、楼梯施工图、基础施工图等各类施工图设计功能。

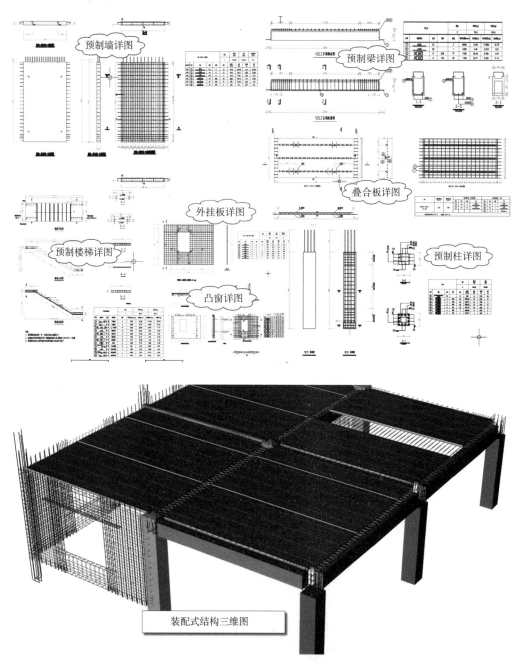

**图 3-15　YJK-AMCS 装配式设计详图及建模功能示意**

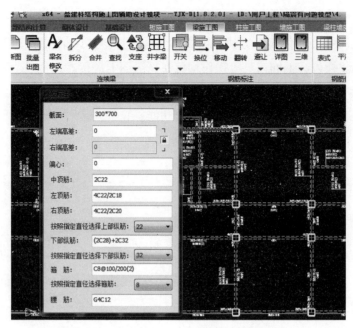

**图 3-16　YJK-D 施工图设计功能示意**

YJK-D 采用自主的图形平台，施工图标注自动避让，保证图面效果清晰有序，提升自动化成图效率。YJK-D 提供了大量专业特色功能，如：井字梁平面表达、优选钢筋的设置、智能的钢筋修改、钢筋用量和单方指标的统计、规范自动较审及专项验算等，并支持多种二维、三维详图。

此外，盈建科公司还有结构施工图设计软件 AutoCAD 平台版（YKSD）、钢结构施工图设计软件（YJK-STS）、混凝土结构施工图设计软件（YJK-DE 英文版）等多个产品。这样 YJK-D 可以在多平台下完成各种结构施工图的设计，施工图深度不但满足行业制图标准的要求，同时还满足 BIM 设计的要求。

（7）弹塑性动力时程分析 YJK-EP

YJK-EP 可以提供能量谱分析的图形曲线，给出基于弹塑性分析的结构性能量化设计，对不屈服构件进行大震的配筋计算，把大震不倒的设计落到实处，如图 3-17 所示。YJK-EP 引入的 FEMA 破坏状态的判别和变形验算方法，进行不同性能水准的变形验算，比常规损伤判断概念更加明确。

YJK-EP 可以实现与 YJK-A 上部结构的无缝转换，自动读取施工图中的实配钢筋。YJK-EP 内置丰富的天然地震波和人工波库，可以自动生成人工地震波并自动筛选符合国家规范要求的地震波组合。

YJK-EP 可通过接口转入 ABAQUS 中进行计算对比。后处理菜单可以输出弹塑性分析主要指标（如节点或楼层时程曲线、位移角、层剪力曲线等），可以输出整个地震持时的结构损伤（变形）动画，查看各构件损伤发展情况等，也可以自动生成送审报告。

大震下损伤易坏部位分析

图 3-17 YJK-EP 弹塑性动力时程分析功能示意

（8）REVIT-YJK 结构设计软件 REVIT-YJKS

为了更好地实现 Revit 平台的结构设计功能，实现建筑、结构、机电专业的信息共享，YJK 利用自身在结构设计的建模、计算及施工图设计方面的软件优势，提出了从模型建立、平面标注到平法施工图、三维钢筋的 BIM 全套解决方案 Revit-YJKS 软件系统，有效解决了 Revit 平台下建模效率低、出图难，结构专业应用的数据孤岛问题，最大程度上实现了结构模型信息和 Revit 三维模型信息的实时共享。

对于上部结构，Revit-YJKS 实现 YJK 上部结构模型和 Revit 模型的双向互导，程序可以对墙、梁、板、柱、洞口、加腋、柱帽、楼梯、荷载等多种结构类型进行准确的转换，并且提供了灵活的模型参数设置和模型增量更新的功能。

对于基础结构，Revit-YJKS 实现 YJK 基础的全模型导入到 Revit 当中，基础模型和上部模型共同转换时候可以实现上部模型的自动延伸于基础构件相接。

对于装配式结构，Revit-YJKS 可以自动读取 YJK 软件生成的装配式构件的超文本信息，一键式的将 YJK 装配式三维模型和施工图转入到 Revit 当中。

Revit-YJKS 产品可以将 YJK 中的墙、梁、板、柱平法施工图转入到 Revit 当中生成钢筋平法施工图，如图 3-18 所示。也可以将 YJK 的钢筋信息动态生成 Revit 中的实体三维钢筋，钢筋中还绑定了钢筋类型、长度、直径等信息作为钢筋量统计的数据基础。

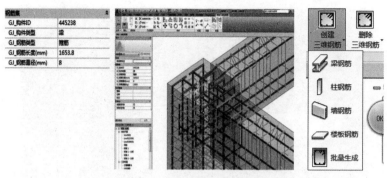

图 3-18  Revit-YJKS 三维钢筋功能示意

2. 软件性能

YJK 软件的建模程序建立在自主开发的三维图形平台上，采用统一的三维数据模型及数据交换标准，应用目前先进的图形用户界面（包括先进的 Direct3d 图形技术和 Ribbon 菜单管理），并广泛吸收了当今 BIM 相关软件（比如 Revit 和 AutoCAD）美观紧凑的菜单特点，实现各模块的高度集成及无缝切换，操作简洁流畅。

YJK 自主图形平台可完成图形的绘制、编辑、打印等工作。输出的图形均采用通用的 DWG 文件格式，既做到与通用图形平台兼容，又大大减少对国外图形平台的依赖。

3. 软件信息共享能力

YJK 软件开放数据，与国内外主要建筑结构设计软件广泛合作。

（1）YJK 和 Revit 接口软件 YJK-REVIT

盈建科开发的 YJK 与 Revit 数据转换接口程序 YJK-REVIT，实现了 YJK 模型和 Revit 模型数据双向互通。接口在 Revit 下以插件形式调用，支持 Revit Structure 2012。程序内置与结构计算模型截面一致的 Revit 参数族，自动匹配族类型，智能处理连接关系。自动识别结构模型中各种梁、墙、板、柱、洞口等复杂结构构件。

（2）YJK 和 ETABS 接口软件 YJK-ETABS

YJK-ETABS 不仅转换基本力学参数，如材料密度、弹性模量、截面属性等，而且规范规定的模型属性调整均能一并转换。

（3）YJK 和 MIDAS 接口软件 YJK-MIDAS

接口软件提供 MIDAS 到 YJK，YJK 到 MIDAS 模型的相互转化，内容涵盖：材料、截面、工况、荷载、边界条件等。

（4）YJK 和 STAAD 接口软件 YJK-STAAD

YJK-STAAD 程序是基于 STAAD 自带格式文件（.std）开发的转换接口软件。目前接口程序可以对 YJK 支持的轴线、墙、梁、板、柱、洞等模型及计算信息进行准确的转换。

（5）YJK 和 SAP2000 接口软件 YJK-SAP2000

YJK 和 SAP2000 的双向接口，实现了 YJK 模型与 SAP2000 模型的互导。模型分为基本模型、连梁刚度折减模型、强制刚性楼板模型三类。

（6）YJK 和广厦结构 CAD 接口软件 YJK-GSCAD

接口软件提供 GSCAD 到 YJK，YJK 到 GSCAD 模型的相互转化，内容涵盖：材料、截面、工况、荷载、边界条件及各种计算参数等。

（7）YJK 和 TEKLA 接口软件 YJK-TEKLA

YJK 和 Tekla 的数据转换接口在 Tekla 平台下开发，以 Tekla Structures 的插件形式调用，支持 Tekla Structures 17.0 和 Tekla Strucutres 20.0。可实现 YJK 建筑结构模型和 Tekla Structures 三维模型的转换，在 Tekla 中完成模型细化和施工图处理。

（8）YJK 和 ABAQUS 接口软件 YJK-ABAQUS

YJK 与 ABAQUS 接口软件支持工程师将 YJK 模型快速导入到 ABAQUS 中，使用 ABAQUS 的单元 / 自定义单元，本构模型进行非线性求解，并将结果输出。

（9）YJK 和 PDS 接口软件 YJK-PDS

YJK-PDS 是基于 PML（Parametric Modeling Language）编写的数据转换软件，针对 PDS 软件中的 FrameWork 模块（结构模块），实现 YJK 三维结构模型到 PDS 三维模型的快速转换。

（10）YJK 和 PDMS 接口软件 YJK-PDMS

YJK-PDMS 是基于 PDMS 文本格式开发的转换接口软件。软件采用人机交互的方式实现了三维结构模型从 YJK 到 PDMS 的一键式转换。

（11）YJK 和 BENTLEY 接口软件 YJK-BENTLEY

YJK 到 Bentley 的接口，能将 YJK 模型中的各种构件，转换到 AECOsim Building Designer 中。

（12）YJK 和 SP3D 接口软件 YJK-SP3D

接口软件提供 YJK 到 SP3D、SP3D 到 YJK 模型的双向转化和更新。

### 3.2.3 调研反馈结果

本产品的调研反馈数量较少，部分代表性意见如表 3-1 所示。

YJK 部分调研样本数据 　　　　　　　　　　　　　　　　　　　表 3-1

| 序号 | 易用性 | 稳定性 | 对硬件要求 | 建模能力 | 数据交换与集成能力 | 大模型处理能力 | 对国家规范的支持程度 | 专业功能 | 应用效果 | 高级应用功能 |
|---|---|---|---|---|---|---|---|---|---|---|
| 1 | 好 | 好 | 一般 | 好 | 一般 | 好 | 非常好 | 非常好 | 好 | 非常好 |
| 2 | 非常好 | 非常好 | 高 | 非常好 | 好 | 好 | 非常好 | 好 | 好 | 非常好 |

| 序号 | 易用性 | 稳定性 | 对硬件要求 | 建模能力 | 数据交换与集成能力 | 大模型处理能力 | 对国家规范的支持程度 | 专业功能 | 应用效果 | 高级应用功能 |
|---|---|---|---|---|---|---|---|---|---|---|
| 3 | 非常好 | 非常好 | 高 | 非常好 | 好 | 好 | 非常好 | 好 | 好 | 非常好 |
| 4 | 非常好 | 非常好 | 高 | 非常好 | 好 | 好 | 非常好 | 好 | 好 | 非常好 |
| 5 | 非常好 | 非常好 | 高 | 非常好 | 好 | 好 | 非常好 | 好 | 好 | 非常好 |

## 3.3 广厦 GSRevit

### 3.3.1 产品概述

广厦 GSRevit 软件是广厦在 Revit 平台上开发的结构 BIM 系统，在 Revit 上完成墙柱梁板及其荷载和设计属性的输入，直接采用通用分析程序 GSSAP 计算，在 Revit 上自动生成墙柱梁板施工图，并完成装配式结构的计算和设计。

### 3.3.2 软件主要功能、性能和信息共享能力

1. 软件主要功能

（1）输入各层信息和总体信息；

（2）完成正交轴网和圆弧轴网的输入；

（3）按轴线布置和按两点布置墙、柱和梁，以梁墙为边自动形成板；

（4）输入墙柱梁板上的 10 种常用荷载工况、16 种荷载类型和 6 个荷载方向；

（5）指定叠合板、叠合梁、预制柱和预制墙编号，用于结构计算；

（6）导出计算模型用于广厦 GSSAP 计算；

（7）根据计算结果自动生成施工图；

（8）在 Revit 上编辑和修改施工图；

（9）生成广联达算量接口。

2. 软件性能

（1）快速建模

在 Revit 上快速输入墙柱梁板及其荷载和设计属性，软件操作和显示方式符合设计人员传统习惯。

（2）直接计算

Revit 上的结构模型可直接进行结构计算。

（3）快速生成施工图

支持快速生成模型的施工图，对大模型（例如：数万平方米的地下室）施工图生

成也有很好支持。

（4）简单易用

简单易用，自动化程度高，自动生成的施工图基本可用。

（5）可定制功能

软件支持定制功能，用户可定义自己的施工图生成策略，存为施工图习惯，通过施工图习惯可统一单位的施工图生成风格。

3. 软件信息共享能力

广厦结构 BIM 系统 GSRevit 中模型可在如图 3-19 所示部分循环，在结构设计环节实现一个 Revit 结构模型用于计算、施工图绘制和碰撞检查。同时通过广厦 / 广联达钢筋算量接口软件，可实现结构数据向算量部门传递。钢筋算量数据格式为 xml 格式，该格式实现了由结构施工图数据向钢筋算量数据转换。

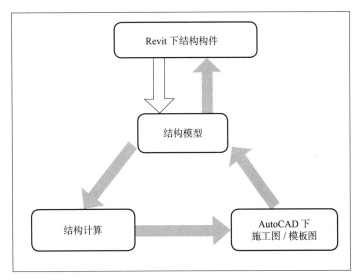

图 3-19　数据交换流程

## 3.4　探索者 TSRS

### 3.4.1　产品概述

TSRS 软件是基于 Autodesk 公司的 Revit 软件平台研发的一款针对结构专业的三维设计软件。通过该软件，结构专业设计师可以非常方便地开展 BIM 结构模型的设计工作，提高设计工作效率。

TSRS 软件的研发工作起步于 2008 年，2012 年发布了第一个正式版本。此后，每一工作年度，公司均会在上一年度版本的基础上，通过优化既有功能和添加新的实用功能，及时推出当年的新版本，以满足用户的使用需求。截至目前，软件已经推出了包括最新版本 TSRS2017 在内的多个版本（TSRS2012、TSRS2013、TSRS2014、TSRS2015、TSRS2016）。

随着软件版本的不断更新和升级，目前，TSRS 软件的功能已经覆盖了结构专业主要的 BIM 设计工作领域，包括：结构构件的建模、专业间的协同设计以及模型检查等。

### 3.4.2 软件主要功能、性能和信息共享能力

1. 软件主要功能

（1）创建结构楼层标高和轴网

作为 BIM 结构模型设计的第一步，用户可以通过软件的楼层模块功能，按照熟悉的定义"自然层"和"标准层"的设计习惯，快速完成竖向结构楼层标高的定义和创建，如图 3-20 所示。当完成某一楼层的建模设计后，还可进一步通过软件的"层间复制"功能非常方便地将当前层的指定构件复制到其他的楼层中，从而提高整个项目的建模工作效率。而对于平面内轴网的创建和编辑功能，软件也延续了设计师较为熟悉的二维操作习惯，从而保证了轴网部分系列功能的简单易用性。

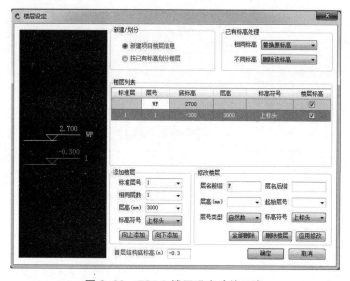

图 3-20　TSRS 楼层设定功能示意

（2）布置结构模型主体构件

TSRS 软件主要结构构件提供创建和编辑工具功能，主要包括墙、梁、柱、板、基础、洞口等。其中，对于基础构件，由于 Revit 本身并未提供足够的构件定义（如挡土墙、桩基、承台等），或者所提供的基础构件定义不能满足实际设计工作的需要。所以，TSRS 构造了多种形式的基础构件族，如图 3-21 所示，以满足实际设计工作需要。

所有基础构件也同样纳入了族库管理系统，供用户选取使用。

（3）专业协同设计功能

该功能主要用于解决设备专业布置的各类管线等在结构模型主体构件中的留洞设计，同样体现在与设备专业的协同配合方面。

软件提供的协同工作方式，首先是由设备专业工程师根据本专业的要求，对洞口大小、位置等提出技术要求，即提资操作，并形成中间提资文件。结构工程师可根据提资文件的要求，对结构构件内的洞口进行预览，并做出是否进行实际开洞处理的判断和操作。这样的功能设计，在符合实际设计的专业间协同配合流程基础上，保证了不同专业模型间关联构件的正确对应关系，减少了人为操作可能造成的误差，并省去了结构设计师烦琐的开洞操作，提高了设计效率，如图 3-22 所示。

（4）丰富的通用设计工具

与二维设计平台不同，三维设计环境

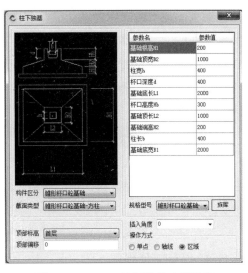

图 3-21 TSRS 柱下独基功能示意

图 3-22 TSRS 洞口提资功能示意

中对于各类构件的操作需求更加多样，也更加复杂，而 Revit 本身提供的操作工具较少，且难以满足多样化的需求。因此，TSRS 开发了一系列较为实用的辅助工具命令，对于解决用户在快速查找、定位、构件显示隐藏和隔离，以及批量修改等方面的效率低下问题。

2. 软件性能

（1）参数化建模

对于结构模型设计中的各类主体构件，TSRS 软件同样采用了参数化建模方式，免去了用户需按照 Revit 建模方式，自己建族造类的烦琐工作。在此基础上，再配合软件提供的各种来源于实际设计工作的构件布置方式，就可以大大提高结构模型设计工作的效率。

（2）族库管理

由于实际设计项目中所使用的构件族种类和类型较多，Revit 提供的构件族管理功能（项目浏览器）不能满足用户的实际工作需要。所以，为了满足这一实际设计需求，软件提供了专门的族库管理功能。这样，一方面可以在族库中的结构构件分类目录中预置丰富的常见构件族，以满足常规工程项目的设计需要；另一方面，也支持将用户针对个例项目定制的专有构件族上传至族库中进行分类管理，并同时可通过软件的相应布置方式完成构件的快速创建。

（3）规范设计

TSRS 注重将结构设计所需依据的相关专业规范，抽象为具体的软件操作方式供用户选择，如构造柱、圈梁、过梁等多个功能。如此，在保证软件支持结构专业设计，也进一步提升了软件建模处理的自动化和智能化水平，大幅提升设计工作的效率。

（4）模型检查

为保证整个结构设计模型的正确性，软件同样提供了一套模型自动检查功能，主要包括：结构主体构件（墙、梁、柱、板）的碰撞检查。通过这些智能检查工具，可以按照用户确定的检查范围，自动检查模型构件间的空间碰撞设计错误，并实现准确的错误位置定位和实时 修正处理。

3. 软件信息共享能力

通过 TSRS 软件创建的工程项目，可单独保存为 Revit 的项目文件格式（.rvt 文件），并可借助 Revit 的导出和导入功能，实现与其他软件的信息交互和共享，如表 3-2 所示。

TSRS 交互软件及使用的文件格式 表 3-2

| 软件名称 | 文件格式 | 备注 |
| --- | --- | --- |
| AutoCAD | DWG、DXF | 可提供导入和导出 |
| MicroStation | DGN | 可提供导入和导出 |
| — | IFC | 可提供导入和导出 |
| Sketchup | skp | 仅提供导入 |
| Rhino | 3dm | 仅提供导入 |

## 3.5 中建技术中心 ISSS

### 3.5.1 产品概述

随着国内超高层和大跨结构日益增多，数值仿真在建筑工程越来越重要，例如：地震作用下结构弹塑性时程分析、结构连续性倒塌模拟、施工过程模拟与监控等。对于上诉问题，国内常用设计软件（如 PKPM、MIDAS、YJK 等）已经无法满足需求，而国外通用有限元软件（如 ABAQUS、ANSYS 等）虽然具有强大的分析功能，但其前后处理模块不适用于建筑结构，因此不方便在结构设计和施工中直接应用。为解决上述问题，中国建筑股份有限公司技术中心对国内设计软件和国外通用软件进行整合，并辅以二次开发，形成一套适用于建筑工程的集成系统"建筑工程仿真集成系统"（Integrated Simulation System for Structures，简称 ISSS），该软件系统于2014 年发布 1.0 版。

### 3.5.2 软件主要功能、性能和信息共享能力

1. 软件主要功能

ISSS 实现了结构设计软件与通用有限元软件的无缝对接，其工作流程如图 3-23 所示。ISSS 核心是数据处理中心（含模型处理和结果处理），然后通过接口模式集成国内外常用结构设计软件（比如 PKPM、YJK、Midas、Etabs 等）和大型有限元商业软件（比如 ANSYS、ABAQUS 等），并对结果进行规范整理得到适用于工程人员的计算报告书。ISSS 兼顾结构设计软件的专业性和商业有限元软件的通用性，能够为超高层和大跨等复杂结构设计提供仿真支持，适用于各种复杂混凝土结构、钢结构以及钢－混凝土混合结构的弹性和弹塑性动力时程分析，为复杂结构设计的安全性和舒适性提供计算保证，必要时还可提供结构优化方案。

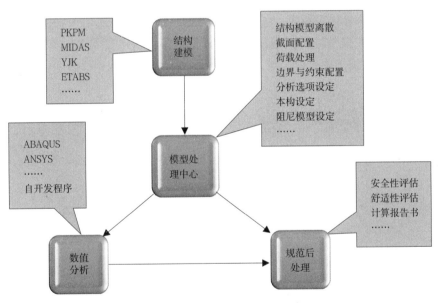

图 3-23　ISSS 的工作流程示意

基于 ISSS 集成系统，用户可采用 PKPM、YJK、Etabs 等软件进行结构常规设计（含建模、计算、配筋等），所得到的设计模型（包括结构模型和配筋信息）通过 ISSS的"模型处理中心"自动转换为通用有限元模型，可直接导入大型商业软件（ANSYS、ABAQUS 等）进行各种复杂有限元分析。然后 ISSS 的"规范后处理模块"自动提取其有限元计算结果，与原有结构模型信息集成，并根据相关规范进行各项指标评估（包括安全性和舒适性等），最终生成适用于工程设计的计算报告书。

ISSS 软件主要功能如下：

（1）结构设计软件的接口

从国内外主流设计软件（比如 PKPM、MIDAS、YJK 等）自动导出设计模型数据（含结构模型和配筋信息等）。

（2）有限元计算模型的转换

将结构模型自动转换为有限元计算模型，含网格划分、截面配置、荷载导算、约束与连接处理等。

（3）通用有限元软件的接口

将计算模型自动导入国外通用有限元软件（比如 ABAQUS、ANSYS 等）进行有限元分析并提取有限元计算结果。

（4）设计指标的统计和整理功能

将有限元计算结果整理为结构设计所需的各项性能指标参数，据此评估结构的损伤和安全性，并自动生成计算报告书。

2. 软件性能

（1）自动提取设计模型数据

自动读取用户定义的结构模型以及配筋设计结果，用户只需在选项面板中设置相关参数，然后全程不再干预。以 YJK 为例（如图 3-24 所示），ISSS 可输入如下用户参数：

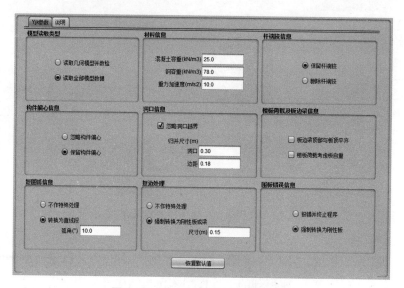

图 3-24　ISSS 输入 YJK 模型示意

1）模型信息：几何模型或完整模型；

2）材料信息：混凝土容重、钢容重、重力加速度等；

3）杆端铰信息：可保留杆端铰，或删除杆端铰；

4）构件偏心信息：可忽略构件偏心，或保留构件偏心；

5）洞口信息：可忽略洞口越界，即不考虑越界部分的洞口，同时设置洞口和洞边距归并尺寸；

6）楼板荷载及板边梁信息：设置板边梁顶部是否与板顶平齐，设置楼板荷载是否已考虑其自重；

7）短圆弧信息：选择是否将短圆弧转换为直线段，并设置弧度角容差；

8）短边处理信息：选择是否短边板转换为刚性板（短边梁转换为刚性梁），并设置边长容差；

9）围板错误信息：设置程序围板错误时的处理方式，是直接报错并终止还是将错误围板转换为刚性板。

（2）智能转换通用有限元计算模型

目前，国内现有的各种接口软件均采用结构设计软件（PKPM、YJK 等）的原始计算模型直接导入商业软件（ANSYS、ABAQUS 等）的方式。但大型复杂结构的仿真分析通常需要比常规设计更精细、更合理的计算模型，常规设计软件（PKPM、YJK 等）已经不能满足这种精细化的计算模型要求，而如果直接采用商业软件进行模型转换则将耗费大量的人力和时间，同时也会对工程人员提出更高的软件操作和理论要求。基于上述原因，ISSS 针对复杂结构非线性分析的特殊性自主研发了"模型处理中心"，以完成结构设计模型到有限元计算模型的智能转换，这是 ISSS 相比其他接口软件的主要优势。

有限元计算模型智能转换的选项如图 3-25 所示，ISSS 将设置结构设计模型转换为有限元计算模型的全部参数，主要包括如下几项：

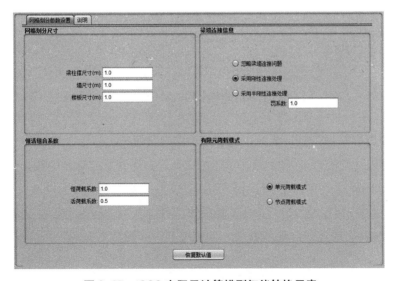

**图 3-25　ISSS 有限元计算模型智能转换示意**

1）网格划分尺寸：设置梁柱撑尺寸、墙尺寸、楼板尺寸；

2）梁墙连接信息：设置梁墙连接的有限元处理方式，共有三种方式：忽略梁墙连接问题（即梁单元转角自由度不传递给相邻壳元）、采用刚性连接处理（即采用约束方程的模式传递转角自由度）、采用半刚性连接处理（即采用罚单元的模式传递转角自由度并设置罚系数）；

3）恒活组合系数：设置恒活载和活荷载的组合系数；

4）有限元荷载模式：设置有限元荷载模式，包括单元荷载模式（将荷载全部转换为单元分布）和节点荷载模式（将荷载全部转换为节点集中荷载）。

（3）自动实现通用有限元软件力学分析过程

ISSS 对通用有限元软件进行完全封装，自动处理有限元计算中的本构模型、非线性控制等复杂因素。用户只需通过交互界面简单设置相关参数，即可进行力学分析过程，可大幅降低实施难度，提高实施效率。

以 ABAQUS 为例（如图 3-26 所示），用户参数包括如下几项：

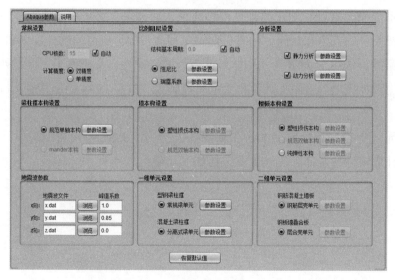

图 3-26　ISSS 自动处理 ABAQUS 模型示意

1）常规设置：包括 CPU 核数设置和计算精度设置；

2）比例阻尼设置：比例阻尼可采用阻尼比模式，也可采用瑞雷阻尼模式，如果采用阻尼比模式，则需利用结构基本周期，可由用户定义，也可由程序自动从设计模型读取；

3）分析设置：包括静力分析设置（几何非线性和材料非线性）和动力分析设置（几何非线性、材料非线性、特征值方法、计算振型数、加载延时、分析总时间、每秒输出步数）；

4）梁柱撑本构设置：包括规范单轴本构和 mander 本构，对于前者可设置约束箍筋效应系数；

5）墙本构设置：包括塑性损伤本构（ABAQUS 自带）和规范双轴本构；

6）楼板本构设置：包括塑性损伤本构（ABAQUS 自带）、规范双轴本构、纯弹性本构，默认选择塑性损伤本构；

7）地震波参数：包括 x、y、z 三个方向的地震波文件和峰值系数，可通过"浏览"按钮从本地计算机选择地震波文件；

8）一维单元设置：包括用于型钢梁柱撑的常规梁单元和用于混凝土梁柱撑的分离式梁单元，均可针对孤立梁柱撑构件采用二次单元，其余框架构件采用一次单元；

9）二维单元设置：包括用于钢筋混凝土的钢筋层壳单元和用于钢板墙叠合板的层合壳单元。

（4）自动提取通用有限元分析结果，基于规范自动后处理

ISSS 对 ABAQUS 结果采用多个进程同时访问，高效提取计算数据并按规范进行数据整理，用户只需在交互界面定义简单参数（如图 3-27 所示），然后由 ISSS 软件系统自动完成结果整理并生成报告书。

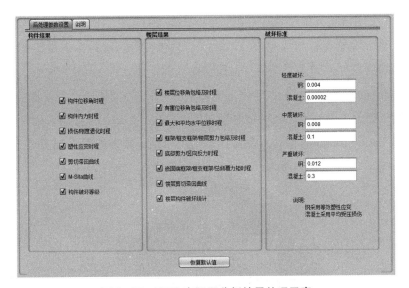

图 3-27 ISSS 有限元分析结果处理示意

（5）支持大模型分析、计算和处理

ISSS 对结构模型以及有限元模型的均采用了动态内存分配机制，支持大模型分析、计算和处理，处理容量只受限于计算机硬件配置。

3. 软件信息共享能力

（1）自动读取结构设计软件的模型信息

ISSS 能自动读取部分结构设计软件（比如 YJK，MIDAS，ETABS，SAP2000 等）

的常规设计模型（包括结构模型和配筋信息等），然后通过软件系统的"模型处理中心"将其自动转换为通用有限元模型，包括网格、约束、荷载等信息。

（2）将模型导入商业有限元软件并提取计算结果

ISSS 能将软件系统内部生成的通用有限元模型自动导入部分商业有限元软件（比如 ABAQUS、SAP2000 等）进行有限元分析并自动提取计算结果，进而整理得到计算报告书。

## 3.6　Tekla Structures

### 3.6.1　产品概述

Tekla Structures 是 Trimble Solutions 公司出品的结构 BIM 软件，面向施工、结构和土木工程行业，可用于体育场、海上结构、厂房和工厂、住宅大楼、桥梁和超高层建筑等大型、复杂项目。Tekla Structures 的功能包括 3D 实体结构模型建模、3D 钢结构细部设计、3D 钢筋混凝土设计、模型管理、自动生成图纸和报表、数控设备及其他专业软件接口。3D 模型包含了设计、制造、安装等方面的信息，支持 LOD400 施工精确模型，将相关图纸与统计整合在一起，支持建筑设计师、结构工程师、详图深化人员、工程加工人员、现场安装与管理人员、业主、总包方等工程技术人员工作，相关人员可以将自己的信息加入到这个模型，也能从中获取信息。

Tekla Structures 支持 30 个本地化环境和 14 种用户界面语言，主要优点包括：

统计结果显示，24% 和 69% 调研样本认为 Tekla Structures 应用效果"非常好"和"好"，说明 Tekla Structures 总体应用效果较好[①]，调研数据如图 3-28 所示。

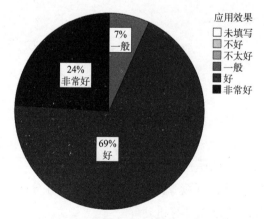

图 3-28　Tekla Structures 应用效果评估

---

① Tekla Structures 的钢结构部分在国内应用较多，相关调研数据更多反映这部分的应用情况，以下同。

### 3.6.2 软件主要功能及评估

1. 软件主要功能

（1）Steel Detailing 钢结构模块

Tekla Structures 的 Steel Detailing 钢结构模块，支持钢结构深化设计相关功能，支持用户创建钢结构的三维深化模型，然后生成相应的制造和安装信息，供所有项目参与者共享。其主要功能包括：

1）建模：创建柱、梁、连接节点（螺栓和焊缝）、构件零件层次、自动快速连接、安装顺序、4D 进度模拟、自动标记和编号；

2）输出：自定义图纸标题栏和报表、创建整体布置图（平面、剖面和立面）、创建零件和构件图纸、输出数控文件、打印 PDF 和 DWG 图纸、创建报表清单；

3）协作：多用户操作同一模型，和其他专业软件对接，输出网页、PDF 或 IFC 模型，支持数据交换（CIS/2 格式，MIS 系统），通过链接（FEM、SDNF 和 XML）导入和导出外部数据，通过 IFC 和 Tekla Open API 导入和导出数据、导入和导出图形的二维和三维数据（DXF、DGN 和 DWG）。

（2）Precast Detailing，Rebar Detailing 混凝土模块

Tekla Structures 的 Precast Detailing，Rebar Detailing 混凝土模块支持预制混凝土深化设计相关功，支持用户创建混凝土结构的三维深化模型，然后生成相应的制造和安装信息，供所有项目参与者共享。其主要功能包括：

1）建模：创建柱、梁、墙、板、叠合梁、叠合板、空心楼板、三明治墙、楼梯、预制剪力墙节点板和梁的连接节点、主次梁、梁柱等连接节点的搭接等、钢筋拆分与连接、预埋件和自定义节点配筋等、钢筋编号；

2）输出：创建带有钢筋弯曲表的现浇混凝土钢筋图纸、自定义图纸标题栏和报表、创建整体布置图（平面、剖面和立面）、创建浇铸件图纸（预制混凝土）、打印和标示图纸与报告、创建报表（构件清单和零件清单）、创建钢筋报告（钢筋弯曲表、重量和数量）；

3）协作：多用户操作同一模型，和其他专业软件对接，输出网页、PDF 或 IFC 模型，与生产管理系统（ELiPLAN 和 Betsy）交换数据，导出数据到自动化生产系统（Unitechnik 和 BVBS），通过链接（FEM、SDNF 和 XML）导入和导出外部数据、通过 IFC 和 Tekla Open API 导入和导出数据，导入和导出图形的二维和三维数据（DXF、DGN 和 DWG）。

（3）Engineering 工程设计

Tekla Structures 的 Engineering 工程设计支持同步工程设计的相关功能，结构工程和设计专业人员可以使用同一共享模型与其他工程参与者和利益相关方协作。主要功

能包括：

1）建模：创建柱、梁、连接节点（螺栓和焊缝）、构件零件层次、自动快速连接、安装顺序、4D 进度模拟、自动标记和编号、板、叠合梁、叠合板、空心楼板、三明治墙、楼梯、预制剪力墙节点板和梁的连接节点、主次梁、梁柱等连接节点的搭接等、钢筋拆分与连接、预埋件和自定义节点配筋等、钢筋编号。

2）输出：自定义图纸标题栏和报表、创建整体布置图（平面、剖面和立面）、绘制和打印图纸、报表、创建报表（构件清单和零件清单）

3）协作：和其他专业软件对接，输出网页、PDF 或 IFC 模型，交换数据（CIS/2 格式，MIS 系统），通过链接（FEM、SDNF 和 XML）导入和导出外部数据，通过 IFC 和 Tekla Open API 导入和导出数据，导入和导出图形的二维和三维数据（DXF、DGN 和 DWG）。

（4）Construction Modelling 工程管理模块

Tekla Structures 的 Construction Modelling 工程管理支持工程管理和跟踪整个工程状态的相关功能，支持管理从供应到吊装的相关信息，可作为独立软件模块来使用。通过这个模块可浏览其他人所创建的工程数据，通过定制的视图允许用户创建或修改附在建筑对象上的信息。主要功能包括：

1）建模：查看 Tekla 模型（包括材质和截面），创建吊装次序，用 4D 工具浏览模型信息（模拟时间表），分配和管理建筑状态列表，在模型中设定对象的任务列表，与其他设计模型的整合（IFC、DWG、DXF、DGN 等），做碰撞校核，统计输出模型信息；

2）输出：打印或输出图纸和报告，创建报告（构件清单、零件清单和零件数量），创建钢筋报告（弯曲计划、重量、数量等）；

3）协作：多个用户操作同一模型，与其他项目或工具整合，在浏览器里查看 Tekla 模型，输出 CNC、DSTV 与 MIS 系统交换数据、通过 Tekla Open API 输入或输出数据。

（5）Tekla Model Sharing 模型共享

Tekla Model Sharing 模型共享模块是一个 BIM 团队协作工具，支持建模、生产和安装等流程，支持用户本地工作、云端共享信息（Microsoft Azure 云共享服务），用于提升 Tekla Structures 用户的工作效率。模型共享的主要功能包括：

1）管理模型共享环境，如邀请其他人加入模型创建，或加入其他人模型；

2）模型共享及变更通知，只需要共享变更，而不是整个模型；

3）模型共享权限管理，如给予其他人适应的权限（编辑或浏览等）；

4）模型上传、下载，只需要在上传下载模型时联网，其他时间可以脱网建模。

2. 软件功能评估

统计结果显示（如图 3-29 所示）：

（1）专业功能：38% 和 59% 调研样本认为 Tekla Structures 专业功能"非常好"和"好"，说明 Tekla Structures 提供的专业功能较好地支持了工程应用；

（2）建模能力：24% 和 59% 调研样本认为 Tekla Structures 建模能力"非常好"和"好"，说明 Tekla Structures 作为主要建模工具之一得到了工程技术人员的认可；

（3）对国家规范的支持程度：52% 调研样本认为 Tekla Structures 对国家规范的支持程度"好"，31% 调研样本认为"一般"；

（4）高级应用功能：10% 和 52% 调研样本认为 Tekla Structures 高级应用功能"非常好"和"好"，也有 34% 调研样本认为"一般"，说明 Tekla Structures 对二次开发、客户化定制的支持得到部分用户的认可。

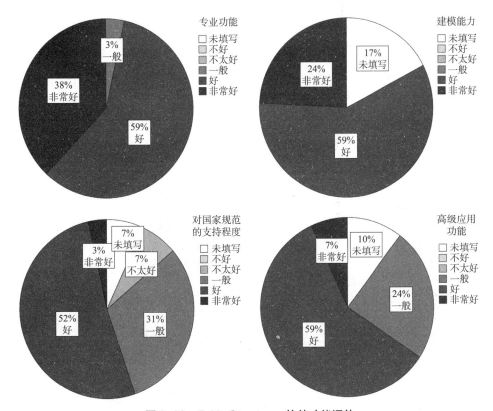

图 3-29　Tekla Structures 软件功能评估

### 3.6.3　软件性能及评估

1. 软件性能

（1）用户界面易学易用

Tekla Structures 的用户界面易学易用，建模精确快捷，输出方便准确。

（2）支持团队协作

Tekla Structures 通过云计算系统，支持多用户在同一模型中工作。支持整合不同专业到一个完整模型进行校核，如果有冲突碰撞，可以提前解决，为将来施工减少麻烦，避免返工和浪费。

（3）组件库支持众多节点

Tekla Structures 提供组件库，有用于钢结构模型的端板、角钢夹板、钢管支撑以及扶手和楼梯，也有用于混凝土模型的梁、柱、基础配筋节点。

（4）模型轻量化

Tekla Structures 模型存储大量信息，但占用空间小。模型精度支持 LOD400，模型中组件具有精确的数量、形状、方向、位置、尺寸等信息，并且有细部的组装、施工作业信息，可以产出施工图及精确的计算数量、楼地板面积计算等。

（5）支持 4D 管理

Tekla Structures 通过使用任务管理器，可以创建、存储和管理计划任务，并将任务链接到与其相对应的模型对象。可以将对时间敏感的数据并入 3D Tekla Structures 模型中，并且可以在整个项目过程中不同的阶段和细节层次上控制计划。根据这些任务，可以创建展示项目进展情况的自定义模型视图，也可完成较全面的 4D 模拟。

2. 软件性能评估

统计结果显示（如图 3-30 所示）：

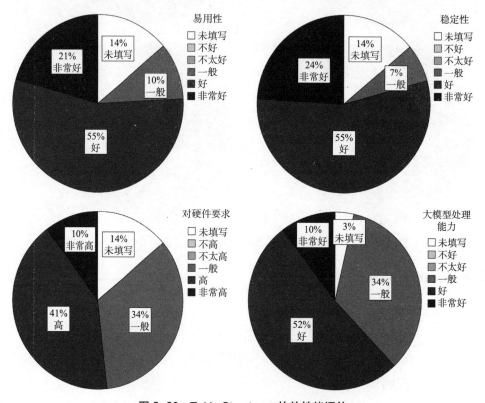

图 3-30　Tekla Structures 软件性能评估

（1）易用性：21% 和 55% 调研样本认为 Tekla Structures 的易用性"非常好"和"好"，说明 Tekla Structures 界面友好、操作简单、易学易用等特性得到用户认可；

（2）系统稳定性：24% 和 55% 调研样本认为 Tekla Structures 系统稳定性"非常好"和"好"；

（3）对硬件要求：10% 和 41% 调研样本认为 Tekla Structures 对硬件要求"非常高"和"高"，34% 调研样本认为"一般"，说明流畅使用 Tekla Structures，对硬件（如内存、显卡等）还有较高要求；

（4）大模型处理能力：10% 和 52% 调研样本认为 Tekla Structures 的大模型处理能力"非常好"和"好"，也有 34% 调研样本认为 Tekla Structures 的大模型处理能力"一般"。

### 3.6.4　软件信息共享能力及评估

#### 1. 信息共享能力

Tekla Structures 是一个开放的软件解决方案，具有丰富的软件接口，可较好地保证数据的完整性和准确性。Tekla 与分析和设计、管理信息系统（MIS）、加工机械、项目管理、建筑及工业整合、成本估算行业内广泛的软件有接口，如 Robot、STAAD Pro、SAP2000、SketchUp、ArchiCad、Revit、MagiCAD 等。Tekla Structures 支持的标准格式包括 IFC、CIS/2、SDNF 和 DSTV。Tekla Structures 支持的专有格式包括：DWG、DXF 和 DGN。

Tekla Structures 可与其他现有应用程序配合使用，也可单独作为开发定制内部解决方案的平台。Tekla Structures 提供基于 Microsoft .NET 技术的 Tekla Open API 应用编程接口，可以开发其他开放的存储标准，链接到多种不同系统。

#### 2. 软件信息共享能力评价

统计结果显示（如图 3-31 所示），52% 调研样本认为 Tekla Structures 的信息共享能力"好"，28% 调研样本认为"一般"。

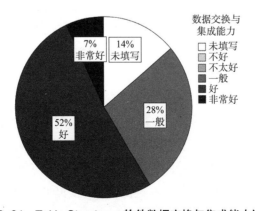

**图 3-31　Tekla Structures 软件数据交换与集成能力评估**

## 3.7 Autodesk Advance Steel

### 3.7.1 产品概述

Advance Steel 是欧特克公司一款钢结构深化设计软件，以设计人员最熟悉的 AutoCAD 平台为基础，通过简单易懂的交互界面，支持结构工程师钢结构深化设计、钢结构预制及钢结构施工等工作。

最新版本是 Advance Steel 2017，包含中文版，其中增加了中国本地化内容及设置。

### 3.7.2 软件主要功能、性能和信息共享能力

1. 软件主要功能

（1）钢结构 3D 建模

Advance Steel 支持三维建模和设计，并提供丰富的结构构件库（各种型钢、屋面体系等）、钢制件（楼梯，扶手，爬梯等）、钣金构件（能自动生成钣金展开图和 CNC 文件）、梁（焊接梁、变截面梁和曲梁）、柱、桁架、檩条、支撑等，以及完整的参数化节点库（包括 AISC 和 EC3 标准，250 种以上的连接节点）和节点设计引擎（让用户可定制节点）。用户直接在 3D 界面中，即可进行快速建模，运用自动命名为各构件分配编码。Advance Steel 同时支持三方软件创建的构件，如储液罐，储气罐等，如图 3-32 所示。

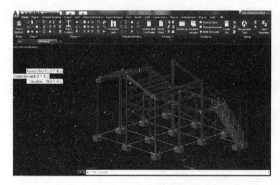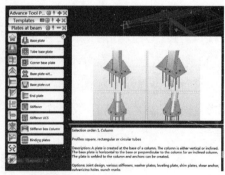

图 3-32　Advance Steel 建模功能示意

（2）设计出图及图纸管理

Advance Steel 提供自动生成图纸的功能，通过调用 Advance Steel 内定义好的样板文件，即可自动生成包括总布置图、加工图、材料表、切割清单、NC 文件、焊接机器使用的 XML 文件等在内的各种文件。用户也可直接使用图形化的模板定制功能，定制自己的模板文件。Advance Steel 支持图纸和 3D 模型实时关联，模型上有任何的变化都会在图纸上反应。Advance Steel 支持图纸的版本控制，修改处可以显示云线标注，

图框中能显示版本信息，如图 3-33 所示。

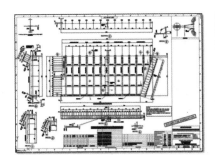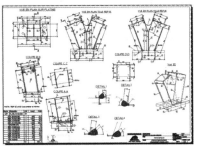

**图 3-33　Advance Steel 设计出图及图纸管理功能示意**

（3）与其他 BIM 软件的协作

Advance Steel 支持与其他 BIM 软件的协作，如 Revit、Navisworks、Inventor 等。以 Revit 为例，Advance Steel 与 Revit 网格、模型可直接互相导入，在导入一次后，可通过同步的功能进行增量更新，如图 3-34 所示。

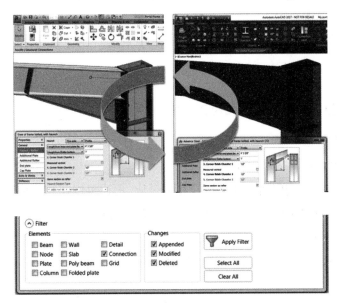

**图 3-34　Advance Steel 与 Revit 协作示意**

2. 软件性能

Advance Steel 采用 AutoCAD 平台，界面操作为工程人员所熟悉。Advance Steel 丰富的结构构件库、钢制件、钣金构件、梁、柱、桁架、檩条、支撑等，以及完整的可参变节点库和节点设计引擎，为用户快速建模提供了保障。

3. 软件信息共享能力

Advance Steel 文件存储格式为 DWG。同时支持的格式有 DWS、DXF 和 DWT，

以及支持 PDF、DGN、FBX 等格式的导入和导出。

### 3.7.3 调研反馈结果

本产品的调研反馈数量较少，部分代表性意见如表 3-3 所示。

Autodesk Advance Steel 部分调研样本数据　　　表 3-3

| 序号 | 易用性 | 稳定性 | 对硬件要求 | 建模能力 | 数据交换与集成能力 | 大模型处理能力 | 对国家规范的支持程度 | 专业功能 | 应用效果 | 高级应用功能 |
|------|--------|--------|-----------|----------|-------------------|----------------|--------------------|----------|----------|--------------|
| 1 | 好 | 一般 | 高 | 好 | 好 | 好 | 好 | 好 | 一般 | 一般 |
| 2 | 一般 | 好 | 一般 | 好 | 一般 | 一般 | 一般 | 一般 | 一般 | 未填写 |

## 3.8　Nemetschek AllPLAN PLANBAR

### 3.8.1　产品概述

1997 年，内梅切克集团收购了 Aniedter Industrie Automation（AIA），开始了基于 ALLPLAN 的预制构件设计软件 PLANBAR 的开发，主要针对叠合楼板、实心楼板、双层墙板、实心墙板，可实现预制构件的自动拆分和深化，应用范围涵盖简单标准化到复杂专业化的预制件设计。PLANBAR 系列软件主要经过 2008，2010，2012，2015，2016 以及 2017 版本。目前最新版本为 2017-1-2。

### 3.8.2　软件主要功能、性能和信息共享能力

1. 软件主要功能

（1）支持 2D/3D 同平台工作

在 PLANBAR 中，同时含有 2D 和 3D 相关模块。用户可以在 PLANBAR 一款软件中，实现 2D 信息和 3D 模型的创建和修改，将三维与二维充分结合。

（2）支持一体化设计

PLANBAR 中包含了建筑、工程、预制等模块，能够实现预制构件全流程、一体化的设计。

（3）支持城市基础设施设计

PLANBAR 中特有的隧道、桥梁、道路等模块，可以支持用户进行城市基础设施的设计。

（4）布置 3D 钢筋

PLANBAR 可实现高效的 3D 钢筋布置工作。

（5）预制件深化设计

在 PLANBAR 中，支持用户可以完成专业的混凝土预制构件深化工作。

（6）模型渲染与模型动画

PLANBAR 中集成了内梅切克集团旗下另一子公司 Maxon Computer 开发的产品 CINEMA 4D，可支持模型渲染与动画。

（7）深化设计出图

PLANBAR 内置出图布局库，用户可以根据需要自定义图纸的布局排列。依据构件几何和钢筋的 3D 模型，自动生成 2D 图纸。图纸提供预埋件、钢筋的标签和尺寸标注线，以及预制构件的相关物料信息。

（8）图纸与模型实时联动

当用户在图纸中修改了构件、预埋件、钢筋的数量、位置、形状等相关信息，PLANBAR 都会在后台自动编辑模型，实现模型的实时更新，反之亦然。

（9）快速创建物料清单

PLANBAR 的列表发生器、报告、图例三项功能，支持以不同的格式快速创建所需的物料清单，如：构件清单、单个构件物料清单、工厂钢筋加工下料单等。对于物料清单的导出格式，用户可以在模板的基础上进行自定义设置。

（10）为自动化生产设备提供可靠的生产数据

目前 PLANBAR 所提供的生产数据，可以与全球范围内大多数自动化流水线进行无缝对接。例如：将生产数据以 Unitechnik 和 PXML 等格式导出后传递到中控系统，支持工厂流水线的高效运转。

（11）为钢筋加工设备提供所需的生产数据

PLANBAR 可以为钢筋加工设备提供需要的生产数据，包括钢筋弯折机需要的 BVBS 数据；钢筋网片焊接机需要的 MSA 数据（MSA 数据支持弯折钢筋网片的加工生产）。

（12）碰撞检查

PLANBAR 中通过对钢筋和钢筋，钢筋和预埋件之间的碰撞检查，支持快速发现设计中存在的不合理问题并及时解决，避免和减少预制构件返工的风险。

（13）提供 ERP 系统需要的数据

PLANBAR 中的模型信息能够以 XML 数据格式导出，通过对 XML 数据解析，ERP 系统就能够提取混凝土、钢筋、预埋件的物料信息，如：物料名称、编码、数量、单位等。

2. 软件性能

（1）2D、3D 结合支持高效建模

PLANBAR 保留了传统 2D 工作方式，在绘制 2D 平面视图的同时，高效地实现了 3D 建模工作。之后在 3D 模型的基础上，可进一步创建符合用户要求的 2D 图纸。

（2）处理大项目数据和图纸

在 PLANBAR 中提供了 9999 个制图文件供用户建模、画图，9999 张平面布局图供用户出图，可以满足用户进行大项目数据和图纸的处理。同时，用户还可以自定义项目的树形结构，方便用户进行高效的项目组织与管理工作。

（3）轻量化模型

PLANBAR 通过对模型进行轻量化处理，可显示更多的模型，且模型在展示过程中的流畅性较好。

（4）高效创建钢筋模型

PLANBAR 提供了丰富的钢筋形状库供用户自由调用。用户还可通过自定义参数，实现任意钢筋形状的创建。此外，PLANBAR 中提供的多样化布筋方法，可高效布置各类复杂构件，提高了工作效率。

（5）提供多种协同工作方式

PLANBAR 可实现多种协同工作方式。如：多个用户可同时在一个项目上进行编辑修改，并实时更新项目的最新状态；用户也可以分别从中央文件中下载项目到本地电脑，完成相应编辑修改后再将更新后的版本回传到中央文件。

3. 软件信息共享能力

PLANBAR 支持多种数据交换形式，如：DXF、DWG、PDF、IFC、SKP、C4D、DGN、3DS、3DM、UNI、PXML 等。

PLANBAR 支持将传统的 2D 设计结果导入到 PLANBAR 中，还可将 IFC 或 Microstation 等 3D 设计结果导入，随后在导入的基础上进一步深化设计（拆分、预埋件、钢筋布置），生成可供工厂生产的模型，并输出符合设计院和构件厂要求的图纸、料表清单等信息。

PLANBAR 可为工厂相关生产设备提供有用数据，如：流水线的生产数据、钢筋线的 BVBS 数据，以及钢筋焊接设备的 MSA 数据等，乃至现代化智能工厂 ERP 系统所需要的 ADS-XML 数据。PLANBAR 还能为后端 5D 管理平台提供所需要的数据。

### 3.8.3　调研反馈结果

本产品的调研反馈数量较少，部分代表性意见如表 3-4 所示。

AllPLAN PLANBAR 部分调研样本数据

表 3-4

| 序号 | 易用性 | 稳定性 | 对硬件要求 | 建模能力 | 数据交换与集成能力 | 大模型处理能力 | 对国家规范的支持程度 | 专业功能 | 应用效果 | 高级应用功能 |
|---|---|---|---|---|---|---|---|---|---|---|
| 1 | 好 | 非常好 | 一般 | 非常好 | 一般 | 好 | 一般 | 好 | 好 | 好 |

# 第4章 机电BIM软件

## 4.1 鸿业BIMSpace

### 4.1.1 产品概述

鸿业BIMSpace是一款立足于BIM正向设计以建筑专业为龙头的多专业软件系统。该软件从2009年开始开发，2011年推出MEP1.0版本，2012年推出面向建筑设计人员的建筑（乐建）和族立得软件，2013年针对建筑设计中的人防部分进行了大量族库定制工作，并推出3.0版本，2015年正式推出BIMSpace版本。目前BIMSpace2018版软件支持Autodesk Revit 2014～2018，包含正向设计流程、项目管理、快速建模、计算分析、规范校验、智慧出图等内容。

BIMSpace分为两个部分：一部分是族库管理、资源管理、文件管理，支持项目的创建、分类，包括对项目文件的自动备份、链接管理等；而另一部分包括建筑（乐建）、给排水、暖通、电气、机电深化、装饰等功能模块，支持协同设计，提升设计工作质量和效率。

统计结果显示，17%和50%调研样本认为BIMSpace应用效果"非常好"和"好"，33%调研样本认为一般，说明BIMSpace总体应用效果较好，调研数据如图4-1所示。

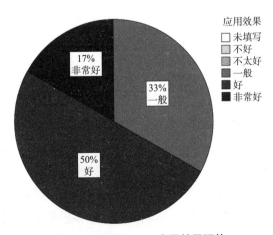

图4-1 BIMSpace应用效果评估

### 4.1.2 软件主要功能及评估

1. 软件主要功能

（1）建筑设计

BIMSpace 乐建内嵌了现行规范、图集，以及大型企业的标准，围绕设计院的工作流程，支持建筑设计过程，软件包含了快速建模、规范校验、协同设计、智能出图等相关功能。

在建模方面，乐建延续了传统的二维设计界面，集所需参数为一个界面，提供了轴网、墙、梁、板、柱、门窗、楼梯等基本构件的创建与编辑功能，还提供了楼梯创建、楼层设置、汽车坡道、楼板生成等快速建模工具，减少了原有操作层级的数量，提高了设计人员的工作效率。例如：在楼梯创建时，以集成化的方式提供了 9 种楼梯样式，包括多跑楼梯、双分转角、双分三跑、剪刀梯、三角楼梯以及矩形转角楼梯。楼梯当中的参数也在功能界面中进行了相应的预设，包括踏步宽度、踏步高度、休息平台，也包括梯梁以及楼梯扶手，如图 4-2 所示。

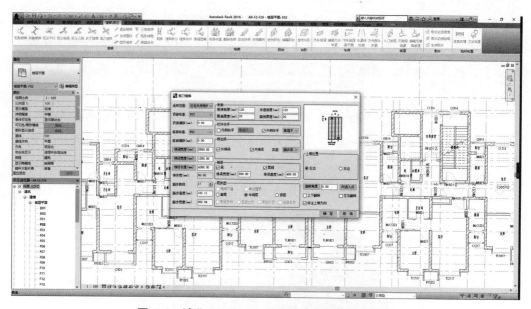

**图 4-2　鸿业 BIMSpace 乐建剪刀梯建模功能示意**

软件内嵌了符合规范条例的设计规则，保证模型的合规性，如防火分区规范校验、疏散宽度、疏散距离检测等功能，减少了设计人员烦琐的检测及校对的工作量。

同时软件支持知识体系化的管理，将相应的设计规范内嵌到软件当中。例如《民用设计通则》要求的不同建筑类型要求不同的踏步高度，连续踏步数不能超过 18 级，也不可以小于三级等，在软件当中都为设计师做了一个相应的内嵌，在参数设置中一旦有超规的地方，软件都会自动对其进行校验并做错误提示，如图 4-3 所示。

图 4-3 鸿业 BIMSpace 规范、模型检查功能示意

以"疏散宽度检测"功能为例，软件根据建筑物性质，提供相应的疏散宽度算法，对于其他公建项目，通过提取房间中人员密度系数以及所在的防火分区的人员密度数据，进行规范数值的计算，而像剧场、电影院、体育馆等建筑，软件通过统计族的数量来进行疏散宽度规范值的计算，然后与所在防火分区内的楼梯的疏散宽度总和进行对比，来完成不同防火分区的疏散宽度的检测工作。另外，在疏散宽度设计中，BIMSpace 内置了规范当中的建筑信息的分类，来保证数据的传递，体现 BIM 设计的优势。

BIMSpace 考虑了专业内及专业间的协同工作，在软件中机电专业完成提资后，通过"协同开洞"的功能可以快速实现开洞操作，软件通过不同的类型来进行洞的设定，满足了设计人员对模型体量的要求。另外，软件支持洞口的快速标注，其中包含了洞口的快速定位，以及灵活选择是否选择洞表方式进行开洞数据的显示。在设计过程中若机电专业提资有变化，软件还支持快速删除洞口的功能，将与洞口相关的标注也一并删除，符合设计习惯，如图 4-4 所示。

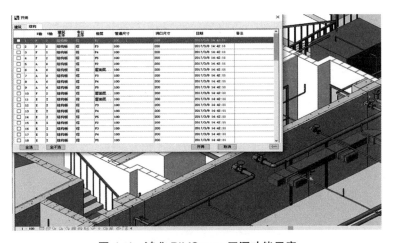

图 4-4 鸿业 BIMSpace 开洞功能示意

另外，BIMSpace 具有标准化管理的相关功能，如模型对比、提资对比，满足企业的标准化管理，如图 4-5 所示。

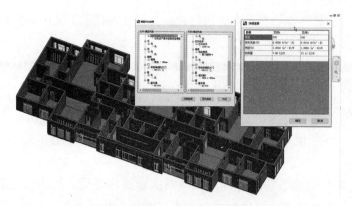

图 4-5　鸿业 BIMSpace 模型对比功能示意

BIMSpace 提供了索引标注、标高标注、坡度标注、尺寸标注等基本的标注功能，还提供了楼梯平面详图、汽车坡道展开图、楼梯剖面、填充设置以及标注等快速生成详图功能，帮助设计师快速完成详图节点的设计，达到出图的要求。除此之外，软件还提供了快速创建图纸、插入图框、布图、批量打印等出图的辅助性工具。

（2）给排水设计

BIMSpace 给排水设计软件涵盖了给水、排水、热水、消火栓、喷淋系统的大部分功能。BIMSpace 包含管线设计、管线调整、阀门布置、消火栓、喷淋布置与连接、水泵房设计、卫生间详图设计、计算分析及专业标注等功能模块。

在建模方面，BIMSpace 提供了快速创建立管、绘制横管等功能，同时支持横立管连接、自动连接、分类连接、坡度管连接。软件内置了丰富的阀门附件族，基本能满足给排水设计需求。BIMSpace 不仅支持单个阀门的布置，还支持自定义组合阀门，可以将给排水设计中常用的阀门组批量布置，提高设计效率，如图 4-6 所示。BIMSpace 提供了系统坡度调整、自动升降、对齐、排列等功能，应对管线大批量的调整修改。

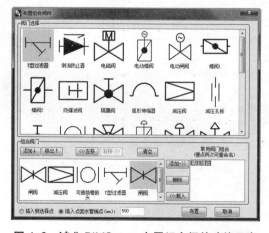

图 4-6　鸿业 BIMSpace 布置组合阀件功能示意

鸿业 BIMSpace 内置了大量常用的消火栓族，点选所需消火栓类型并选择所需的
型号后就可以选择沿墙或自由布置，支持绘制范围检查线，方便检查消火栓的布置是
否满足规范要求。BIMSpace 内置了计算消火栓保护半径的功能，保证绘制的范围检查
线是正确的，还提供了智能的连接消火栓、消火栓计算功能。

BIMSpace 内置了灭火器的计算选型功能，可设置相关参数，如：火灾类别、放置
位置、危险等级、灭火设施情况、单元保护面积、设置点数等。设置好参数后，通过
计算就能选择出符合要求的灭火器，选好型号后通过布置功能就能任意布置或框选消
火栓布置。

BIMSpace 自动喷水灭火系统设计主要包括喷头快速布置、管线连接、管线标注、
系统调整几大部分。软件支持单个布置、辅助线交点布置、矩形布置等多种方便快捷
的布置方式，如图 4-7 所示。软件支持喷头与管道、支管与主管的自动连接，喷头可
实现批量替换。除此之外，BIMSpace 提供了喷淋定管径、尺寸标注、喷淋计算、校核
四喷头等功能，帮助设计师快速完成自喷系统的设计。

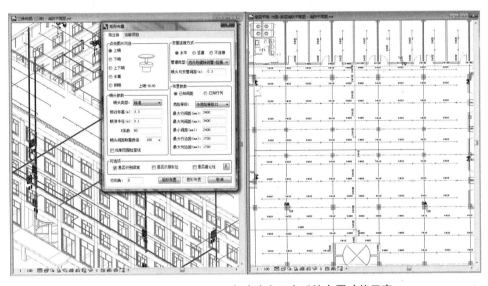

图 4-7　鸿业 BIMSpace 自动喷水灭火系统布置功能示意

BIMSpace 提供了给排水设计中常用的水箱水池的计算及布置功能，内嵌了广泛使
用的水泵厂家的水泵产品，可自动完成水泵的选型与布置，支持集水坑剖面的一键式
标注，帮助设计师快速完成集水坑详图的绘制。

BIMSpace 提供给排水详图的相关设计功能，可方便快捷地完成卫生间详图的设计。
根据《卫生设备安装图集》09S304，支持洁具的当量、流量、冷热水管的标高设置，
通过框选管道及卫浴洁具，可实现冷水管道、热水管道与卫浴洁具的自动连接。

BIMSpace 支持系统轴测图的功能，自动实现管道遮挡关系查看，实现管道的线型、

线宽与线色与平面图保持相一致，实现卫浴洁具简称的自动标注，自动生成的系统轴测图与实体模型共享，不需要设计师复建模，如图4-8所示。

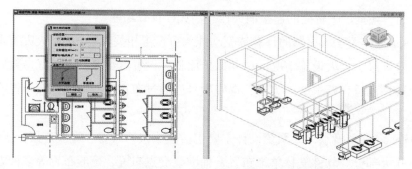

图 4-8　鸿业 BIMSpace 给水自动连接和轴测图功能示意

此外，BIMSpace 给排水设计软件还提供了高日高时用水量、热用水量、减压孔板、给排水、消防系统的水力计算等功能，可以快速计算结果并出相应的计算书。给排水以及暖通专业按照《建筑给水排水制图标准》及《暖通空调制图标准》，提供常用的立管标注、管径标注、标高标注、坡度标注、管上文字、入户管标注等专业标注功能，上百种的标注样式，基本解决了设计师在 Revit 中出图的难题。如图4-9所示。

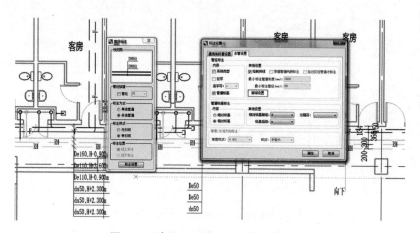

图 4-9　鸿业 BIMSpace 标注功能示意

（3）暖通设计

BIMSpace 暖通设计软件包含了风系统、水系统、采暖系统及地暖四大模块。

BIMSpace 采用集成参数设定方式，对风机、风机盘管、散热器等一系列常用设备提供自动布置、沿管布置、区域布置等快捷的布置方式，例如：在布置风口时一个界面就能实现风口大小、样式等参数的设定，并可自动计算颈部风速，如图4-10所示。

**图 4-10　鸿业 BIMSpace 风口布置功能示意**

地热盘管的布置，BIMSpace 采用模型线的形式，提供了回转、直列、往复等多种图集上的盘管形式，并且按照图集给出了间距默认值，支持用户修改，如图 4-11 所示。软件内置了常用的管材形式及管线样式，保证了出图及施工的准确性。BIMSpace 内置对《辐射供暖供冷技术规程》JGJ 142-2012 的支持，在界面调整参数的过程中，如用户设定数值超过规范允许范围，则软件自动给出提示。

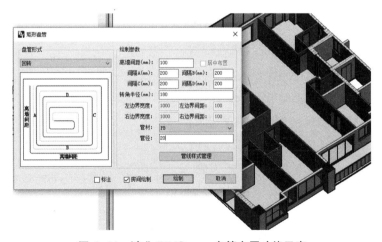

**图 4-11　鸿业 BIMSpace 盘管布置功能示意**

鸿业 BIMSpace 内嵌了上百个族，支持风管的灵活连接，例如：顶对齐、底对齐或中对齐等，也支持风管和水管的多种自动连接，如图 4-12 所示。在操作方式上，沿用了二维设计中的框选方式，使操作更加便捷，并且保证出图满足规范要求。

BIMSpace 支持计算后校核管径，改变管径后能赋值到图纸并自动修改管线管径等计算功能，支持输出计算书和出图，提供包括管道标注、风口标注、设备标注等满足本土化设计习惯及出图标准的一系列功能。

（4）电气设计

BIMSpace 电气设计包括强电系统和弱电系统、线管桥架、电缆敷设、电气标注、模型检查等功能模块，支持专业间的协同提资。

BIMSpace 支持在建筑模型中，将电气设备按拉线、矩形、弧形、扇形、穿墙、居中布置等方式布置。BIMSpace 通过对族参数的命名、分组进行调整，使其更接近实际使用习惯。在布置设备点位时，增加了预览效果，做到布置设备一步到位。BIMSpace 提供自动布灯等布置功能，可以实现对建筑物房间的自动照度计算、自动布置灯具、照明规范校验、直接出报审材料等设计需求。

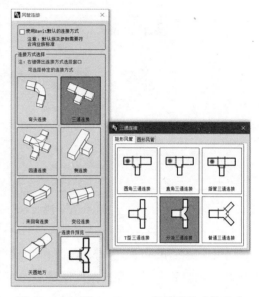

图 4-12　鸿业 BIMSpace 风管连接功能示意

BIMSpace 电气标注功能主要有导线根数标注、回路标注、配电箱标注、桥架标注等。可以按照国内制图标准，对电气设备之间的导线、配电箱回路进行标注。BIMSpace 支持从模型中的导线自动进行数据提取，标注后的效果图如图 4-13 所示。

完成导线绘制之后，BIMSpace 可以自动生成符合国家安装规范图集相关要求的线管。生成的逻辑是按照导线中的敷设信息，以及设备中的安装方式直接自动生成。而且生成的线管与线管之间，是按接线盒

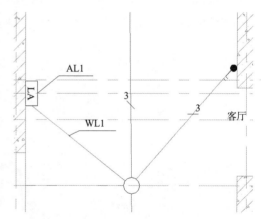

图 4-13　BIMSpace 自动导线标注功能示意

进行连接的，也符合实际施工要求，生成后的效果图如图 4-14 所示。

BIMSpace 系统回路功能可以在平面绘制完成之后，还可以用系统回路功能，把每个配电箱的回路信息通过框选的方式进行快速提取和存储，方便用户后期的校对和调整。同时提取的还有回路当中所包含的导线长度和设备安装数量信息，可以自动生成对应的材料表，支持概预算工作。

BIMSpace 配电检测功能主要解决不同专业间协同提资时，电气专业对提资过来的水暖专业条件进行处理的问题，如图 4-15 所示。BIMSpace 支持链接模型检测并且增加了图例切换功能，即检测水暖模型中所有需要电气配合的设备例如风机、水泵、防火阀、消火栓等设备，在相应的位置添加电气图例。

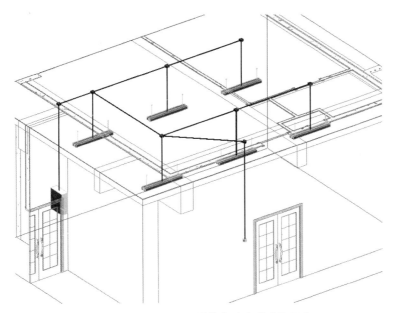

图 4-14　BIMSpace 导线自动生成功能示意

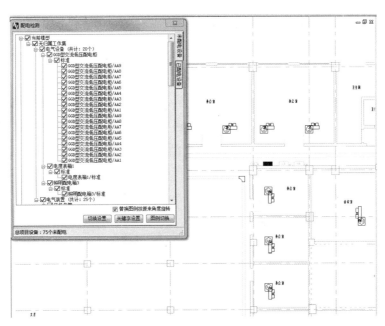

图 4-15　BIMSpace 配电检测功能示意

　　BIMSpace 提资刷新功能是针对设计各个专业间，在面对新版本提资时，快速发现与上一版本的变化。当水暖专业提资条件中，无论是有什么设备移动、删除、还是新增了，都可以快速的定位、展示出来，方便用户快速地对设备配电、配线进行调整。

　　（5）机电深化设计

　　BIMSpace 机电深化设计功能包括：管线综合调整、支吊架布置、协同工作、模型调整后的校核计算。在支吊架深化设计中，BIMSpace 提供了综合支吊架布置功能，包含支架、吊架、多级的横担、角钢、吊杆等多种支吊架样式，如图 4-16 所示。布设工作结束后，还可以对支吊架进行自动编号，按支吊架类型或按照加工型材来进行材料统计。

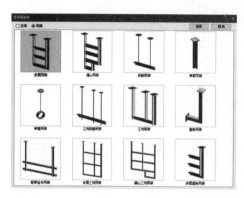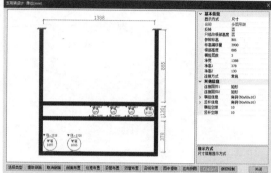

图 4-16　BIMSpace 支吊架深化设计功能示意

BIMSpace 提供连接类、调整类、管线分段、剖面图标注等功能，提升管线调整的效率，同时满足后期加工管理及出图的需求。风管连接、三维修剪、水管分类连接、桥架自动连接等连接类的功能，均支持框选自动连接，操作简便。升降偏移和自动升降满足了管线间发生碰撞后的避让调整。各专业管线的对齐功能，均支持顶中底的对齐方式，方便将管线进行快速对齐的操作。管线分段相关功能，实现了按照型材长度对管线进行拆分，同时支持批量编号和拆分还原的操作。管综剖面标注功能可以实现快速标注，按美观的排列方式标注了管道的类型和尺寸，还标注了管道之间的定位尺寸，同时还体现了纵向的定位尺寸，如图 4-17 所示。

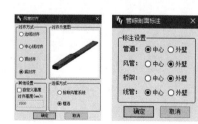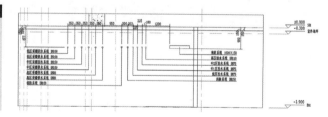

图 4-17　BIMSpace 管综剖面功能示意

BIMSpace 净高检查可以检测出在设定的净空高度控制线下，不满足要求的构件，并形成列表，支持双击定位查看，方便做后续调整。BIMSpace 支持重合管线检查，可以检测出项目中发生重合的管线和位置，如图 4-18 所示。BIMSpace 配电检测功能，可以检查出没有正确进行连接的设备构件。使用水力计算中的校核计算就可以对深化成果进行验证。

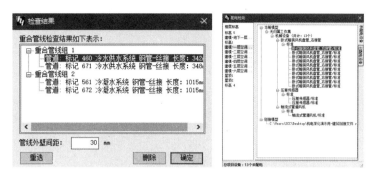

图 4-18  BIMSpace 重合管线检查功能示意

（6）装饰设计

BIMSpace 装饰设计主要功能包括：吊顶布置；地砖墙砖等类似形状构件的自动铺设；花拼，波打线功能；地面垫层铺设，壁纸铺设，以及配套的瓷砖统计和壁纸统计。BIMSpace 支持碎砖排版，壁纸依据对花，标高等参数，按照现实情况进行统计。

BIMSpace 吊顶布置可依据用户预先提供的闭合图形，生成圆弧和直线的吊顶造型，可依据预先设置好的天花标高，生成一二级吊顶，如图 4-19 所示。BIMSpace 可自动计算闷顶高度和吊杆长度，也可以手动输入吊杆长度，吊杆的胀栓已经插入楼板，吊杆长度高度精确。

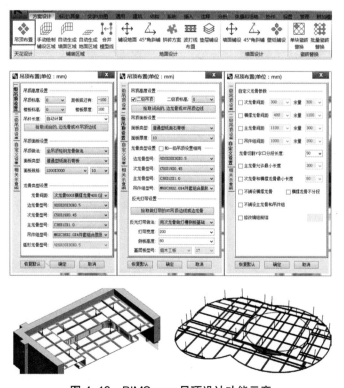

图 4-19  BIMSpace 吊顶设计功能示意

2. 软件功能评估

统计结果显示（如图 4-20 所示）：

（1）专业功能：17% 和 67% 调研样本认为 BIMSpace 专业功能"非常好"和"好"，说明 BIMSpace 提供的专业功能较好地支持了工程应用；

（2）建模能力：33% 和 17% 调研样本认为 Revit 建模能力"非常好"和"好"，17% 调研样本认为一般，也有 33% 的调研样本没有填写，说明 BIMSpace 作为 Revit 上二次开发的建模工具得到了部分工程技术人员的认可；

（3）对国家规范的支持程度：17% 和 50% 调研样本认为 BIMSpace 对国家规范的支持程度"非常好"和"好"，33% 调研样本认为"一般"，说明 BIMSpace 对国家规范的支持程度得到大部分工程技术人员的认可；

（4）高级应用功能：33% 和 33% 调研样本认为 BIMSpace 高级应用功能"非常好"和"好"，也有 33% 调研样本认为"一般"，说明 BIMSpace 在 Revit 上的二次开发、客户化定制得到部分用户的认可。

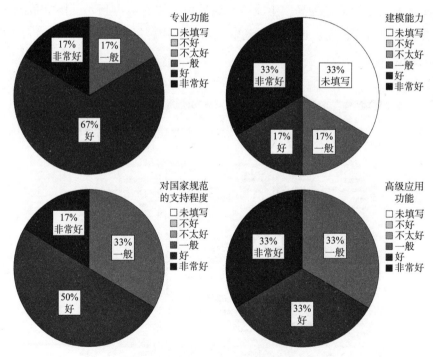

**图 4-20　BIMSpace 软件功能评估**

### 4.1.3　软件性能及评估

1. 软件性能

（1）沿用二维设计习惯，提升设计效率

BIMSpace 沿用二维的设计习惯，集所需参数为一个界面，减少了原有操作层级的数量。布置功能增加了预览效果、极轴效果，使用户使用起来更加的方便、快捷。

（2）提供丰富的族构件

BIMSpace 软件当中包含了建筑、给排水、暖通、电气、机电深化、装饰等专业常用的族构件，提升建模和出图的工作效率。

（3）支持自动化建模

BIMSpace 提供快速建模的功能，提升了设计质量和工作效率，如：建筑专业中的轴网创建、楼梯创建、批量房间编号；给排水专业中的给排水系统自动设计、系统轴测图自动生成、喷淋系统的自动布置；暖通专业中的批量布置风口、批量连风口、散热器布置、地盘布置；电气专业的照度计算、自动布灯、配电检测；装饰专业的自动铺砖、材料做法统计。

（4）支持规范校验

BIMSpace 内嵌了符合规范条例的设计规则，保证模型的合规性，如防火分区规范校验、疏散宽度、疏散距离检测等功能，减少了设计人员烦琐的检测及校对的工作量。

（5）提升出图效率

BIMSpace 支持楼梯平面详图、汽车坡道展开图、楼梯剖面填充及标注等详图的快速生成功能，帮助设计师快速完成详图节点的设计，达到出图的要求。除此之外，软件还提供了快速创建图纸、插入图框、布图、批量打印等出图的辅助性工具。

（6）专业间的协同设计

BIMSpace 考虑了专业内及专业间的协同工作，例如，在软件中机电专业完成提资后，通过"协同开洞"的功能，土建专业可以快速实现开洞操作；水暖专业布置完风机、水泵等设备后，电气专业通过"配电检测"功能进行模型检测和图例切换，完成专业间的信息传递。

2. 软件性能评估

统计结果显示（如图 4-21 所示）：

（1）易用性：17% 和 50% 调研样本认为 BIMSpace 的易用性"非常好"和"好"，33% 调研样本没有填写，说明 BIMSpace 界面友好、操作简单、易学易用等特性得到用户认可；

（2）系统稳定性：17% 和 50% 调研样本认为 BIMSpace 系统稳定性"非常好"和"好"，33% 调研样本没有填写；

（3）对硬件要求：33% 和 17% 调研样本认为 BIMSpace 对硬件要求"高"和"一般"，17% 调研样本认为"不太高"，33% 调研样本没有填写，说明流畅使用BIMSpace，对硬件（如内存、显卡等）还有较高要求；

（4）大模型处理能力：17% 和 33% 调研样本认为 BIMSpace 的大模型处理能力"非常好"和"好"，也有 50% 调研样本认为"一般"。

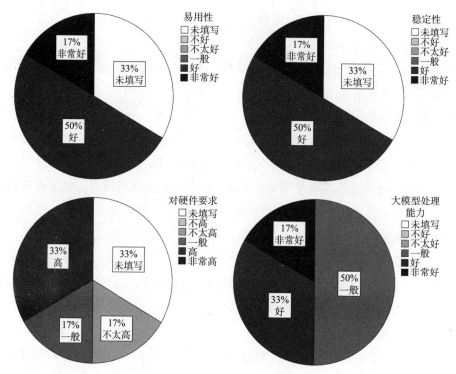

图 4-21　BIMSpace 软件性能评估

### 4.1.4　软件信息共享能力及评估

1. 软件信息共享能力

BIMSpace 软件是基于 Revit 的二次开发产品，存储格式同 Revit 一致，项目文件为 rvt 文件，可与 Revit，以及基于 Revit 二次开发的软件紧密集成。

2. 软件信息共享能力评估

统计结果显示（如图 4-22 所示），33% 和 17% 调研样本认为 BIMSpace 的信息共享能力"非常好"和"好"，17% 调研样本认为"一般"，33% 调研样本没有填写。

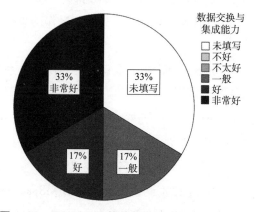

图 4-22　BIMSpace 软件数据交换与集成能力评估

## 4.2　广联达 MagiCAD

### 4.2.1　产品概述

MagiCAD 是芬兰普罗格曼有限公司开发的一款面向机电深化设计的软件，MagiCAD for AutoCAD 第一版发布于 1998 年，MagiCAD for Revit 在 2009 年的发布，如今 MagiCAD 在 AutoCAD 和 Revit 两个平台上同步开发，并于 2014 年被广联达收购，成为旗下全资子公司。

针对中国应用需求，从 2008 年开始，普罗格曼公司在原有的产品的基础上，完成了针对中国大陆区域矩形风管系统特点的软件改

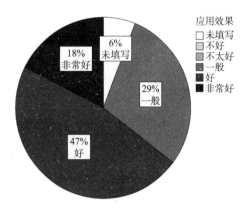

图 4-23　MagiCAD 应用效果评估

造，与中国本地的客户及相关研究机构合作开发了符合中国大陆市场应用需求的基于 MagiCAD for AutoCAD 平台的支吊架设计软件，即 MagiCAD MCSH 软件模块，将于 2013 年 7 月正式在中国市场发售，并于 2016 年推出与中国研发团队合作开发的基于 Revit 平台支吊架设计软件。

目前，MagiCAD for AutoCAD 主要包括：MagiCAD Ventilation（风系统设计）、MagiCAD Piping（水系统设计）、MagiCAD Electrical（电气设计）、MagiCAD MCSH（支吊架设计）、MagiCAD Room（智能建模设计）。MagiCAD for Revit 主要包括：MagiCAD Ventilation（风系统设计）、MagiCAD Piping（水系统设计）、MagiCAD Electrical（电气设计）、MagiCAD S&H（支吊架设计）。还有独立平台产品：MagiCAD 能耗分析（内含 RIUSKA® 软件）。

统计结果显示，18% 和 47% 调研样本认为 MagiCAD 应用效果"非常好"和"好"，29% 调研样本认为"一般"，说明 MagiCAD 总体应用效果较好，调研数据如图 4-23 所示。

### 4.2.2　软件主要功能及评估

1. 软件主要功能：

（1）风系统设计

适用于 AutoCAD 和 Revit 平台。功能包括：各种不同的绘图、编辑功能；在一维单线图、二维平面图和三维立体图之间的自由切换；从 MagiCAD 数据库中选取所需的三维外形与设计参数相结合的产品；自动计算管道尺寸，计算管道内压力分布及变化（如图 4-24 所示）；计算噪声等级；流量叠加计算、系统平衡校核，并显示风 / 水系统中调节阀的预设值（阀门开度）；显示系统中"最不利"的管段；分析各种与管道内流

体相关的技术参数；自动或手动标注；简单、快捷修改文字大小；自动生成准确的材料清单；自动检测机电系统内部以及和维护结构之间的碰撞；动态生成、更新剖面图；可单独设定每一个视口的绘图或其他显示方式；自由定义状态值，比如对新建对象和已有对象等设定不同状态。

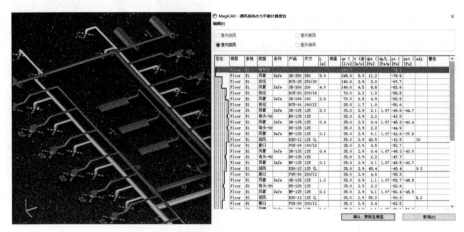

图 4-24　MagiCAD 通风系统计算报告示意

（2）水系统设计

适用于 AutoCAD 和 Revit 平台。功能包括：各种不同的绘图、编辑功能，使绘图变得简单、快捷；在一维单线图、二维平面图和三维立体图之间的自由切换；设计采暖、制冷、给排水、消防喷洒系统等；可同时绘制 1 根、2 根或 3 根管线；便捷的散热器选型功能；从 MagiCAD 数据库中选取所需的三维外形与设计参数相结合的产品；自动计算管道尺寸；计算管道内的压力分布及变化（即使系统中包括压差阀）；流量叠加计算、系统平衡校核，并显示系统中调节阀的预设位置和 $K_v$ 值；显示系统中"最不利"的管段；分析各种与管道内流体相关的技术参数；自动或手动标注；简单、快捷修改文字大小；自动生成准确的材料清单；自动检测机电系统内部以及和维护结构之间的碰撞；动态生成、更新剖面图；可单独设定每一个视口的绘图或其他显示方式；自由定义状态值，比如对新建对象或已有对象等设定不同的状态。

（3）电气系统设计

适用于 AutoCAD 和 Revit 平台。功能包括：在二维平面或三维空间中灵活、快速、高效建模；创建并修改自定义的产品和图标；可从 MagiCAD 产品数据库中选择电气设备；智能的将电缆和电缆包贯穿于建筑中；当电缆超出其最大长度时会自动报警；简便快速产生电缆清单；智能处理电信和数据设备的连接；选择或自定义图层标准；自动生成并更新配电盘原理图；在三维模型与配电盘原理图之间进行双向数据传输与更新；灵活调整文字和图标比例；自动生成准确的材料清单（如图 4-25 所示）；自动连接设备；

可将常用功能键编辑到个性化的"收藏夹"内，从而简化操作、节省时间；自动查找 /
替换功能，例如查找并替换现有的照明设备；快速自动生成剖面图，并可以根据需要
随意更新；检测电气系统与其他系统和维护结构之间的碰撞；具有与照明计算软件的接
口（DIALux 插件）。

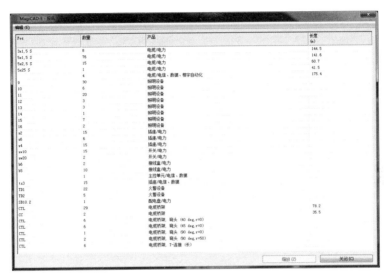

图 4-25　MagiCAD 电气材料清单

（4）智能建模与能耗分析

MagiCAD 智能建模是一款用来为建筑创建准确的三维几何模型的软件。尤其是建
立的模型可以直接导入 RIUSKA® 软件，并进行便捷的能耗分析与设计方案对比。功
能包括：将建筑设计师的手稿转化成 CAD 模型；建筑三维模型；计算和分析建筑的热
负荷；计算每个房间的面积和体积；通过 IFC 格式自动导入能耗分析软件。

MagiCAD 能耗分析模块中包含的 RIUSKA® 软件可以对于各项建筑能耗及热舒适
指标进行迅速的模拟计算，例如：生命周期成本（Life-Cycle Cost），能源使用效率（energy
efficiency），以及（逐时或全年的）室内环境舒适度指标。功能包括：采用 DOE2.1 内核，
确保计算结果的准确；不同设计方案的快速、便捷比对；通过可靠的数据，支撑业主的
早期方案决策；支持 BREEAM（英国建筑研究院绿色建筑评估体系）认证；支持建筑
围护结构热熔参数的全年（冷 / 热）能耗计算；支持房间 / 整栋建筑物的能耗与舒适度
模拟。

（5）支吊架设计

适用于 Revit 平台。功能包括：直接在 Revit 平台建立的 BIM 模型上完成综合支吊
架的型式设计、抗震支吊架设计、平面设计、大样设计、材料统计、支吊架验算等，
并能够自动生成结构计算书，如图 4-26 所示；融合暖通、给排水、电气、结构、建筑

等多专业技术要求，实现了机电专业支吊架设置与结构校算的可视化、数字化 BIM 专项设计，使设计施工技术人员能够简便快捷地完成复杂的综合支吊架、抗震支吊架的设计计算；满足建筑工程支吊架设计需求，专业性、实用性、拓展性强，通过支吊架的数字加工和工厂化预制，可实现绿色施工和节能减排；支吊架设计符合国家现行相关专业规范要求。

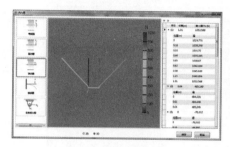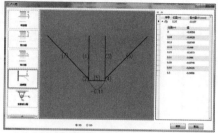

图 4-26　MagiCAD 支吊架设计内力计算结果 2D/3D 显示示意

2. 软件功能评估

统计结果显示（如图 4-27 所示）：

（1）专业功能：29% 和 47% 调研样本认为 MagiCAD 专业功能"非常好"和"好"，说明 MagiCAD 提供的专业功能较好地支持了工程应用；

（2）建模能力：18% 和 41% 调研样本认为 MagiCAD 建模能力"非常好"和"好"，说明 MagiCAD 作为主要机电深化设计建模工具之一，得到了工程技术人员的认可；

（3）对国家规范的支持程度：53% 调研样本认为 MagiCAD 对国家规范的支持程度"好"，41% 调研样本认为"一般"，说明 MagiCAD 本土化落地功能得到了一定程度的认可，也有很大提升空间；

（4）高级应用功能：53% 调研样本认为 MagiCAD 高级应用功能"好"，说明 MagiCAD 的厂家产品库和自定义实体技术得到用户一定程度的认可。

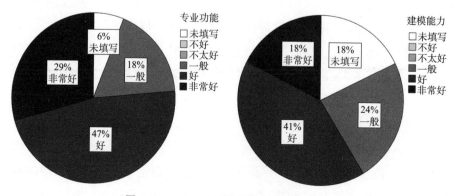

图 4-27　MagiCAD 软件功能评估（一）

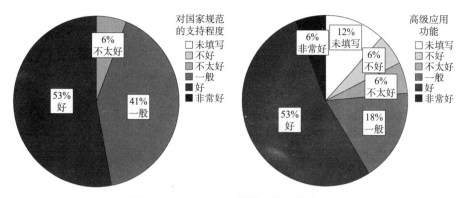

图 4-27　MagiCAD 软件功能评估（二）

### 4.2.3　软件性能及评估

1. 软件性能

（1）支持更高效的物流和安装过程

设计师们用 MagiCAD 模型来自动生成采暖、通风、给排水和电气系统的部件及材料清单，这样可以使材料在安装现场直接到达正确区域，甚至是单独的房间。这样，在堆料过程中就可避免不必要的物料重复搬运，从而将节省的时间有效地用于安装工作上。这对工程咨询公司和建筑承包商而言，是项目成功的一个决定性因素。

（2）提供大量真实厂商产品模型数据和云端构件库

MagiCAD 构件库包含 200 多家真实机电厂商产品（数十万种产品、百万级产品规格）、800 多种通用机电产品、支吊架厂商产品、通用支吊架图集产品。MagiCAD 计算功能（管径选择计算、流量叠加计算、系统平衡计算、噪声水平计算等）与 MagiCAD 构件库配合，一方面可以保证 BIM 机电模型的准确，另一方面可以满足 BIM 模型在系统调试及后续运维等阶段的应用（如图 4-28 所示）。

图 4-28　MagiCAD 构件库示意

MagiCAD 云端构件库 MagiCloud（www.magicloud.cn），在应用 MagiCAD 软件时可以随时调用 MagiCloud 云端构件库，选择符合设计要求的机电产品（如图 4-29 所示）。

图 4-29　MagiCAD 云端构件库示意

2. 软件性能评估

统计结果显示（如图 4-30 所示）：

（1）易用性：53% 调研样本认为 MagiCAD 的易用性"好"，说明 MagiCAD 界面友好、操作简单、易学易用等特性得到部分用户认可；

（2）系统稳定性：53% 调研样本认为 MagiCAD 系统稳定性"好"，29% 调研样本认为"一般"；

（3）对硬件要求：35% 调研样本认为 MagiCAD 对硬件要求"高"，29% 调研样本认为"一般"，说明用户一致认为流畅使用 MagiCAD，对硬件（如内存、显卡等）还有较高要求；

（4）大模型处理能力：59% 调研样本认为 MagiCAD 的大模型处理能力"好"，也有 41% 调研样本认为 MagiCAD 的大模型处理能力"一般"。

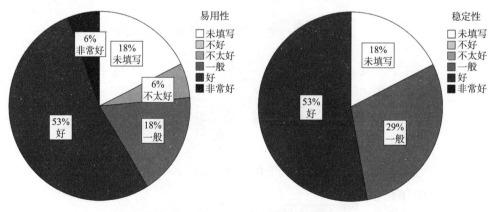

图 4-30　MagiCAD 软件性能评估（一）

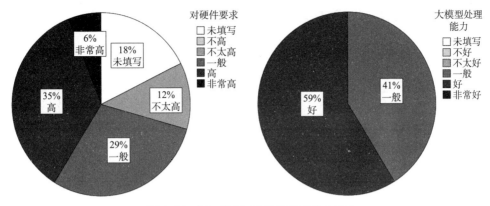

图 4-30　MagiCAD 软件性能评估（二）

### 4.2.4　软件信息共享能力及评估

1. 软件信息共享能力

MagiCAD 提供 IFC、NWC、BCF 等多种数据格式导入、导出功能，为 BIM 协同管理提供数据支撑。MagiCAD 的全部信息都可以通过 IFC 传递。其他的协同模式包括：

（1）与 AutoDesk Navisworks 集成

MagiCAD for AutoCAD 可以直接利用软件接口，将软件建立的 MEP 模型生成 NWC 文件，MagiCAD for Revit 可以直接通过 IFC 格式将模型传递到 AutoDesk Navisworks，而且可以选择需要传递的信息内容，可以包含 MagiCAD 的所有信息。

（2）与 ArchiCAD 软件协同

MagiCAD 可以和 ArchiCAD 软件通过 IFC2X3 进行模型传递，并可进行预留孔洞操作。

（3）与 Tekla 软件协同

MagiCAD 可以和 Tekla 软件通过 IFC 及插件进行配合，并可进行预留孔洞操作。

（4）与 AutoCAD 平台软件协同

基于 AutoCAD 平台时，如果不考虑信息的配合，MagiCAD For AutoCAD 平台建立的 MEP 模型可以和任何基于 AuoCAD 平台的三维实体进行几何层面的配合（例如，碰撞检测等）。

2. 软件信息共享能力评估

统计结果显示（如图 4-31 所示），29% 和 29% 调研样本认为 MagiCAD 的信息共享能力"好"和"一般"。

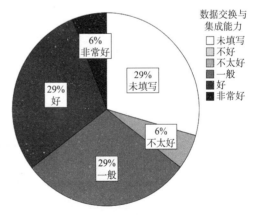

图 4-31　MagiCAD 软件数据交换与集成能力评估

## 4.3 Autodesk Revit MEP 和 MEP Fabrication

Autodesk Revit 系列软件已包含机电 MEP 模块介绍（详见 2.1 节），不在此重复。本节只介绍 MEP Fabrication。

### 4.3.1 产品概述

Autodesk MEP Fabrication 是欧特克公司于 2012 年 2 月推出的面向 MEP 工程师及承包商的系列软件，支持机电分包商的详图设计、预制、制造和安装业务需求，支持机械项目、电力工程项目和给排水项目的施工、建造和协作。

Autodesk MEP Fabrication 基于欧特克 2011 年 10 月收购的 MAP 软件公司的产品而开发，将现有的欧特克机械、电气、管道的软件产品（如 Revit MEP）与预制详图阶段软件进行了集成。Autodesk MEP Fabrication 系列软件包含 Autodesk Fabrication CADMEP、Autodesk Fabrication CAMDUCT、Autodesk Fabrication ESTMEP 三个模块，目前最新版本是 2018 版。

### 4.3.2 软件主要功能、性能和信息共享能力

1. 软件主要功能

（1）Autodesk Fabrication CADMEP

Autodesk Fabrication CADMEP 支持施工图设计阶段的 MEP 建模。基于制造商提供的真实、丰富管件数据库，从模型快速生成满足施工要求的施工图、材料表等，提高采购、预制和制造的生产效率，如图 4-32 所示。

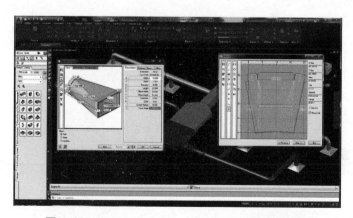

图 4-32　Autodesk Fabrication CADMEP 功能示意

（2）Autodesk Fabrication CAMDUCT

Autodesk Fabrication CAMDUCT 是风管制造控制软件，通过提取 Fabrication

CADMEP 中创建的风管系统，支持制造前的准备工作，包括：钣金展开、余量管理等；可输出数据给多种类型的数控机床系统，包括等离子切割机、激光切割机、切刀系统、路由器等，如图 4-33 所示。

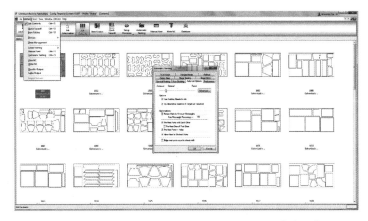

图 4-33　Autodesk Fabrication CAMDUCT 功能示意

（3）Autodesk Fabrication ESTMEP

Autodesk Fabrication ESTMEP 是成本分析和估算软件，基于材料成本、预制和安装成本、人工费率、元件标准价格表等获得精确的成本估算，如图 4-34 所示。

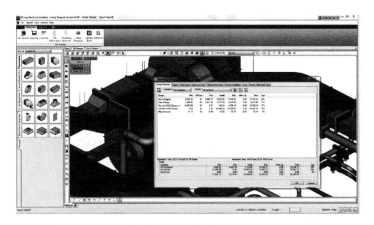

图 4-34　Autodesk Fabrication ESTMEP 功能示意

2. 软件性能

（1）提供真实、丰富的管件库

Autodesk MEP Fabrication 提供来自机电制造商的真实、丰富的管件库（可从 http://aec-projects.com/autodesk-fabrication/search-itm-content/ 下载）。库中所有项都可以编辑，通过复制和修改相关数据满足用户需要，如编辑产品信息（增加尺寸、更新现有元件）、修改材料、等级规格和连接端面等，如图 4-35 所示。

（2）与建模软件紧密集成

Autodesk Revit Extension for Autodesk Fabrication 插件可将 MEP Fabrication 配置服务定义在 Revit 中（有关 Revit MEP 在 2.1 节介绍），为制造零部件提供详细的连接定义、更细致的管件定义控制，以及标准化的管段长度，从而让长度、数量和协调更为精确，更能准确反映既定的安装方案，如图 4-36 所示。

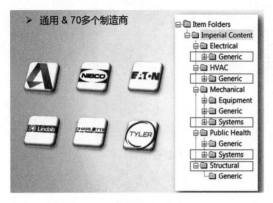

图 4-35　Autodesk MEP Fabrication
管件数据库示意

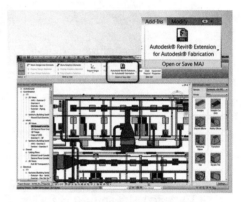

图 4-36　Autodesk Revit Extension for
Autodesk Fabrication 插件功能示意

3. 软件信息共享能力

Fabrication CADMEP、CAMDUCT、ESTMEP 通过 MAJ 格式进行模型和数据的传递，并可以通过 MAJ 格式与 Revit 机电模型进行互导，Revit MEP 模块建立的设计阶段的机电模型，可以导入到 MEP Fabrication 系列软件中进行施工图设计、成本估算和钣金展开及切割管理。

## 4.4　Bentley Building Mechanical System（BBMS）

Bentley 的 ABD 系列软件已经包括了 Bentley Building Mechanical System（BBMS）的机电模块介绍（详见 2.2 节），不在此重复。

# 第5章 建筑性能分析软件

## 5.1 Autodesk Ecotect

### 5.1.1 产品概述

Autodesk Ecotect是欧特克公司开发的一个全面建筑性能分析辅助设计软件。Ecotect可基于简单的建筑模型，通过交互式分析方法，快速提供数字化分析图表，例如：改变地面材质，就可以比较房间里声音的反射、混响时间、室内照度和内部温度等的变化；加一扇窗户，立刻就可以看到它所引起的室内热效应、室内光环境等的变化，乃至分析整栋建筑的投资变化。

### 5.1.2 软件主要功能、性能和信息共享能力

1. 软件主要功能

（1）建筑性能分析

Ecotect可以对热、光、声、可视度等进行可视化分析，如图5-1所示。例如：对建筑室内温度、舒适度、热负荷等进行分析；对自然采光和人工照明等进行分析，并得出采光系数、照度和亮度等一系列指标；对规划可视度和室内视野分析；进行日照分析、声环境分析，以及建造成本和资源管理等。

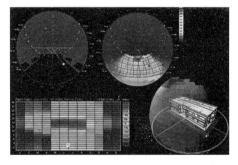

图5-1 Ecotect建筑性能分析功能示意

（2）绘制模型

Ecotect的三维模型采用了较为简单的建筑构件内在关系，大大简化了复杂几何体的创建过程，也增加了可编辑性，使几何模型化（geometric modeling）能像传统手绘草图那样简单、自由和灵活，且可用来进行总体分析和详细分析，如图5-2所示。

2. 软件性能

（1）快速建模和渲染功能

Ecotect建模工具支持快速建立起直观、可视的三维模型，计算、分析过程简单快捷，结果直观。例如：只需输入经纬度、海拔高度，选择时区，确定建筑材料的技术参数，即可在软件中完成对模型的太阳辐射、热学、光学、声学、建筑投资等综合的

技术分析。模型还可以输出到渲染器 Radiance 中进行逼真的效果图渲染，也可导出成为 VRML 动画。

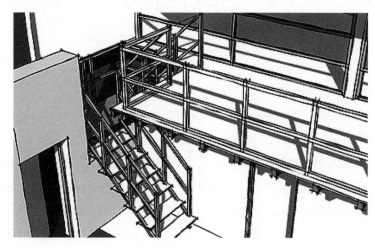

图 5-2　Ecotect 模型示意

（2）渐进式应用

Ecotect 渐进式的数据输入和分析方式，支持设计全过程相关工作开展。因为 Ecotect 能处理建筑性能的很多不同方面，所以它需要很大范围的数据来描述建筑。为减轻设计师的负担，Ecotect 使用累积数据输入系统，刚开始仅需要简单的几何细节信息。当设计模型被改进，变得更加精确，或者需要详细反馈时，用户就可以做出更多选择，输入更多显得重要的数据。

3. 软件信息共享能力

Ecotect 与常用的辅助设计软件 SketchUp、ArchiCAD、3DMAX、AutoCAD 有很好的兼容性，3DS、DXF 等格式的文件可以直接导入，与这些软件的配合使用，支持了设计师作品向生态建筑的方向延伸。

Ecotect 和 RADIANCE、POV Ray、VRML、Energy Plus 、HTB2 等热分析软件均有导入导出接口。

### 5.1.3　调研反馈结果

本产品的调研反馈数量较少，部分代表性意见如表 5-1 所示。

Ecotect 部分调研样本数据　　　　　　　　　　　　　　表 5-1

| 序号 | 易用性 | 稳定性 | 对硬件要求 | 建模能力 | 数据交换与集成能力 | 大模型处理能力 | 对国家规范的支持程度 | 专业功能 | 应用效果 | 高级应用功能 |
|---|---|---|---|---|---|---|---|---|---|---|
| 1 | 好 | 好 | 一般 | 一般 | 一般 | 一般 | 一般 | 一般 | 一般 | 一般 |

## 5.2　IES VE

### 5.2.1　产品概述

IES VE 是由英国 IES 公司开发的集成化建筑模拟软件，基于三维模型进行各种建筑功能分析，减少了重复建模工作，提升数据准确性和工作效率。IES VE 在英国、欧洲、美国应用较多。

IES VE 的主要模块包括：ModelIT（三维建模工具）、ApacheCal（供暖，制冷负荷计算工具）、ApacheSim（动态负荷计算工具，可逐时分析建筑的负荷）、ApacheHVAC（建筑空调系统模拟工具）、Flucs（采光分析设计工具）、Radiance（建筑采光模拟软件）、SunCast（日照分析工具）、CostPlan（初期投资分析工具）、LifeStyle（运行费用分析工具）、Simulex（避难分析工具）、Lisi（电梯分析工具）、IndusPro（管路尺寸计算工具）、Pisces（供暖水、冷冻水管路尺寸计算工具）、Taps（自来水管路尺寸计算工具）、Field（电线尺寸计算工具）、MicroFlo（室内外流体力学模拟工具）。

### 5.2.2　软件主要功能和信息共享能力

1. 软件主要功能

IES VE 支持对建筑中的热环境、光环境、设备、日照、流体、造价，以及人员疏散等方面进行精确的模拟和分析。

2. 软件信息共享能力

IES VE 可输入 gbXML 格式，进行分析。

## 5.3　ANSYS Fluent

### 5.3.1　产品概述

ANSYS Fluent 软件是一款通用 CFD 软件，可以模拟高超音速流场、传热与相变、化学反应与燃烧、多相流、旋转机械、动 / 变形网格、噪声、材料加工等复杂机理的流动问题。Fluent 软件包含基于压力的分离求解器、基于密度的隐式求解器、基于密度的显式求解器，多求解器技术使 Fluent 软件可以用来模拟从不可压缩到高超音速范围内的各种复杂流场。

### 5.3.2　软件主要功能、性能和信息共享能力

1. 软件主要功能：

（1）前处理软件

ANSYS 将 TGrid 模块集成到了 Fluent 中，支持划分网格，也可输入 ANSYS 的

ICEM CFD、Gridpro、hypermesh、pointwise、ansa 等前处理软件的网格文件。

（2）求解器

Fluent 基于非结构化网格的通用 CFD 求解器，针对非结构性网格模型设计，用有限元法求解不可压缩流及中度可压缩流流场问题。可应用的范围有紊流、热传、化学反应、混合、旋转流（rotating flow）及震波（shocks）等。

Fidap 基于有限元方法的通用 CFD 求解器，用于解决科学及工程上有关流体力学传质及传热等问题。应用的范围有一般流体的流场、自由表面的问题、紊流、非牛顿流流场、热传、化学反应等。FIDAP 本身含有完整的前后处理系统及流场数值分析系统。对问题整个研究的程序，数据输入与输出的协调及应用均极有效率。

Polyflow 针对粘弹性流动的专用 CFD 求解器，用有限元法仿真聚合物加工，主要应用于塑料射出成形机，挤型机和吹瓶机的模具设计。

Mixsim 针对搅拌混合问题的专用 CFD 软件，是一个专业化的前处理器，可建立搅拌槽及混合槽的几何模型，不需要一般计算流力软件的冗长学习过程。它的图形人机接口和组件数据库，支持工程师直接设定或挑选搅拌槽大小、底部形状、折流板之配置，叶轮的型式等。MixSim 随即自动产生三维网络，并启动 FLUENT 做后续的模拟分析。

Icepak 专用的热控分析 CFD 软件，专门仿真电子电机系统内部气流，温度分布的 CFD 分析软件，特别是针对系统的散热问题作仿真分析。

（3）后处理器

Fluent 求解器本身就附带有比较强大的后处理功能。另外，Tecplot 也是一款比较专业的后处理器，可以把一些数据可视化。

2. 软件性能

（1）适用面广

Fluent 支持多种物理模型，如计算流体流动和热传导模型、辐射模型、相变模型、离散相变模型、多相流模型，以及化学组分输运和反应流模型等。

Fluent 含有多种传热燃烧模型及多相流模型，可应用于从可压到不可压、从低速到高超音速、从单相流到多相流、化学反应、燃烧、气固混合等几乎所有与流体相关的领域。

（2）高效省时

Fluent 将不同领域的计算软件组合起来，软件之间可以方便地进行数值交换，并采用统一的前、后处理工具，省却了科研工作者在计算方法、编程、前后处理等方面投入的重复、低效的劳动，而可以将主要精力和智慧用于物理问题本身的探索上。

（3）稳定性好、精度高

针对大多数物理问题的流动特点，都有适合的数值解法，用户可对显式或隐式差分格式进行选择，以期在计算速度、稳定性和精度等方面达到最佳。经过大量算例考核，同实验符合较好，可达二阶精度。

3. 软件信息共享能力

诸如 Gridpro，hypermesh，pointwise，ansa 等前处理软件均能输出 Fluent 支持的网格文件。

## 5.4　LBNL EnergyPlus

### 5.4.1　产品概述

EnergyPlus 是由美国能源部和劳伦斯伯克利国家实验室（Lawrence Berkeley National Laboratory，简称"LBNL"）共同开发的一款建筑能耗模拟软件。EnergyPlus 是在 BLAST 和 DOE-2 基础上进行开发的，具有 BLAST 和 DOE-2 的优点。EnergyPlus 能够根据建筑的物理组成和机械系统（暖通空调系统）计算建筑的冷热负荷。EnergyPlus 还能够输出非常详细的各项数据，如通过窗户的太阳辐射得热等，来和真实的数据进行验证。

### 5.4.2　软件主要功能、性能和信息共享能力

1. 软件主要功能

EnergyPlus 能够进行建筑冷热负荷计算，也能进行建筑全年动态能耗计算。主要有以下计算模块：

（1）遮阳模块：可以模拟活动遮阳和固定遮阳；

（2）自然采光模块：可以模拟在使用自然采光时建筑节约的照明能耗，同样可以计算逐时的采光系数；

（3）自然通风模块：将通风模块和热环境模拟模块进行了动态的耦合，更接近现实情况。可以模拟自然通风和在暖通空调系统作用下的通风；

（4）与地面接触的围护结构传热：通过数值分析的算法计算与地面接触的围护结构的传热量；

（5）非均匀温度场设定：用于模拟高大空间等室内非均匀温度场下的传热过程；

（6）HVACTemplate 模块：用于快速构建供暖空调系统；

（7）HVAC 空调系统模块：支持构建常见的供暖空调系统，相比于 HVACTemplate 使用更加灵活。可以构建分散式空调系统、集中式空调系统和半集中式空调系统，即可以构建风机盘管系统，地源热泵、风冷热泵、蓄冷 / 热系统、地板辐射采暖 / 供冷系统；

（8）可再生能源系统模块：主要有太阳能光伏、光热系统和风力发电系统；

（9）经济成本估算模块：成本分析和全生命周期成本估算；

（10）数据输出模块：输出模拟数据，如用于场地分析的全年的气象数据（温度、湿度和太阳辐射等），室内的逐时温度湿度和舒适度，系统逐时供暖、供冷功率，自然

通风下 $CO_2$ 的温度等。

2. 软件性能

（1）集成的联立求解

EnergyPlus 可将建筑的初级系统和次级系统结合在一起进行求解。

（2）基于热平衡的求解

EnergyPlus 支持对建筑内表面和外表面的辐射和对流计算。

（3）非稳态导热

EnergyPlus 支持屋顶、墙体和楼板等非稳态导热过程计算。

（4）传热和传质结合的模型

EnergyPlus 通过导热方程的迭代或者有效湿量渗透深度模型（EMPD），支持水分的蒸发、冷却过程计算。

（5）支持各向异性的天空模型

EnergyPlus 支持各向异性的天空模型，有助于计算倾斜表面的太阳散射辐射计算。

（6）先进的窗户传热计算

包括受控的窗户百叶、电致变色玻璃、层层热平衡计算。

（7）室内照明控制

EnergyPlus 室内采光能够模拟室内照度计算、眩光模拟和控制、灯具的控制以及人工光源对制冷和供暖带来的影响。

（8）基于"环"的暖通空调系统

EnergyPlus 支持对典型的暖通空调系统进行建模，也可自定义系统而不用更改程序代码。

3. 软件信息共享能力

EnergyPlus 采用 ASCII 文本格式的输入输出方式，对模拟人员的专业要求极高。许多开发团队在 EnergyPlus 的基础上进行了二次开发，提高 EnergyPlus 的易用性和可视化能力，其中比较有名的有 Openstudio、DesignBuilder、Simergy。

（1）Openstudio

OpenStudio 是由美国可再生能源实验室（NREL）开发的基于 EnergyPlus 进行能耗分析，基于 Radiance 进行采光分析的建筑整体分析软件。Openstudio 是一款开源的免费的软件，在 GitHub 可以下载到其源代码。OpenStudio 处于开发的阶段，常用其早期的版本 Legacy Openstudio 进行 EnergyPlus 建模。Legacy OpenStudio 是一款基于 SketchUp 建立建筑的几何形状作为 EnergyPlus 输入的软件。

（2）DesignBuilder

DesignBuilder 是由英国 DesignBuilder 公司基于 EnergyPlus 开发的一款商业建筑能耗分析软件，具有可视化能力强，建模简单，能够进行采光模拟，CFD 模拟等功能。

# 第6章 BIM集成应用与可视化软件

## 6.1 Autodesk Navisworks

### 6.1.1 产品概述

Autodesk Navisworks是欧特克公司开发的一款建筑模型管理软件,支持项目相关方整合和校审建筑信息模型,以及对相关项目成果的管理和控制。基于Navisworks,项目团队成员在实际建造前以数字方式探索项目的主要物理和功能特性,以期达到缩短项目交付周期、提高经济效益、减少环境影响等目标。

Autodesk Navisworks系列软件包含两款产品Autodesk Navisworks Manage和Autodesk Navisworks Simulate。

(1)Autodesk Navisworks Manage

Autodesk Navisworks Manage支持用户对项目信息进行分析、仿真和协调。通过将多领域数据整合为单一集成的项目模型,支持用户进行冲突管理和碰撞检测,帮助设计和施工专家在施工前预测和避免潜在问题,帮助减少浪费、提高效率,同时显著减少设计变更。

(2)Autodesk Navisworks Simulate

Autodesk Navisworks Simulate通过4D模拟、动画和照片级效果制作功能,支持用户对设计意图进行演示,帮助加深对项目理解、对施工流程进行仿真,进而支持用户对项目信息进行校审、分析和协调,提高工程可预测性,制定更加准确的规划,有效减少臆断。

统计结果显示,10%和67%调研样本认为Navisworks应用效果"非常好"和"好",说明Navisworks总体应用效果较好,调研数据如图6-1所示。

### 6.1.2 软件主要功能及评估

1. 软件主要功能

(1)模型文件和数据整合

Autodesk Navisworks支持众多通用的二维

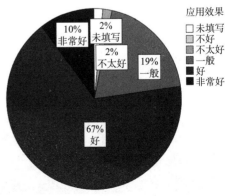

图6-1 Navisworks应用效果评估

和三维设计或激光扫描文件格式，可将设计、施工和其他项目数据组合到单个集成项目模型中，支持模型聚合和模型发布。

（2）审核工具

审核工具包含一组工具，如测量距离、面积和角度等，支持整体项目的审核和优化。通过保存、组织和共享设计方案的相机视图，以及添加截面图和剖面图功能，支持近距离地检查模型细节，并将其导入图像或报告中。以此。Navisworks NWF 参考文件在查看最新版 CAD 设计的同时，保存之前的审阅数据。打开当前模型与多个原始设计软件包中的视口。借助广泛的 API（应用编辑接口）来实现任务的自动化或扩展软件功能。

（3）NWD 和 DWF 发布

为完整项目视图发布整个项目。以单一的可发布 NWD 或 DWF™文件发布并共享整体项目模型。添加或去除对象属性。将原设计文件的大小压缩 90%。借助密码加密、超时与只读格式，帮助保护文件安全。在文件中包含所有作者与版权详细信息。将所有评审数据与模型保存在一起。支持通过 ActiveX 控件在互联网网页或 Microsoft® Office 文档中查看 .NWD 模型。

（4）协作工具包

将项目设计师和建筑专家的工作成果整合进单一、同步、富含信息的建筑模型。通过来自协作工作包的帮助，传达设计意图，鼓励团队精神。markups 借助高级的红线标示工具在视点上添加标记。Comment 利用完全可搜索的注释（包括标有日期的审计跟踪）在视点上添加备注。Animated 录制漫游动画，以备实时回放或作为 .AVI 文件导出。从硬盘或互联网中智能传输大型模型或内容，支持在模型加载过程中对整个设计进行导航。

（5）模型可视化与实时漫游

Autodesk Navisworks 项目进度模拟产品可以制作逼真的三维动画和图像，用于项目展示。利用导航工具可生成逼真的项目视图，实时地分析集成的项目模型，如图 6-2 所示。

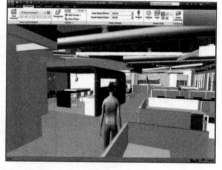

图 6-2　Autodesk Navisworks 模型可视化与实时漫游功能示意

（6）对象动画

制作模型动画并与模型交互，从而更好地进行设计仿真。创建动画来展示对象移动、操作、装配与拆卸。您可以创建交互式脚本，将动画链接至特定的事件、触发器或重要命令。将对象动画与五维进度表中的任务相关联。将动画对象导入碰撞检测和冲突分析流程。

（7）项目进度控制

在五维中对施工进度表和物流进行仿真，以帮助通过可视化方式交流和分析项目活动，并最大限度地减少延误和施工排序问题；通过将模型几何图形与时间和日期相关联来制定施工或拆除顺序，从而支持您验证建造流程或拆除流程的可行性；从项目管理软件导入时间、日期、成本和其他任务数据，以此在明细表和项目模型之间创建动态链接，如图 6-3 所示。

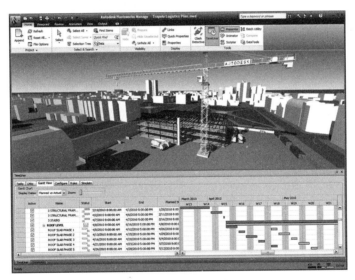

图 6-3　Autodesk Navisworks 项目进度控制功能示意

（8）项目协同

Autodesk Navisworks 的一个基本功能就是支持打开不同软件的设计成果，并通过"附加到主模型"功能将不同的部分整合到一个模型内。基于 3D 交互的可视化的浏览、漫游等操作，可模拟第一人称或第三人称视角下的真实视觉体验，并可以比较直观的在浏览中发现设计中不不合理之处，如图 6-4 所示。此外，对于大型、复杂的项目或隐蔽工程，有时不同的设计成果之间存在不协调或有碰撞地方。Navisworks 提供了自动化的侦测及汇报手段，即常用的"冲突检测（Clash Detective）"功能。工程上常用此功能对不同的设计专业或不同的部分进行施工图综合检查，提前解决施工图中的错、碰问题，降低施工过程中的浪费。

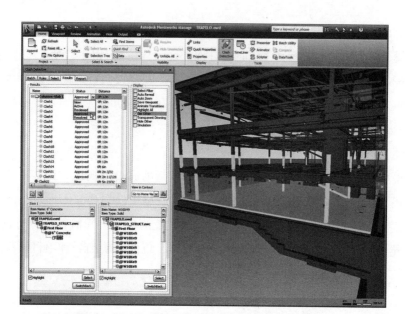

图 6-4　Autodesk Navisworks 项目协同功能示意

2. 软件功能评估

统计结果显示（如图 6-5 所示）：

（1）专业功能：14% 和 60% 调研样本认为 Navisworks 专业功能"非常好"和"好"，说明 Navisworks 提供的专业功能较好地支持了工程应用；

（2）建模能力：8% 和 26% 调研样本认为 Navisworks 建模能力"非常好"和"好"，15% 调研样本认为 Navisworks 建模能力"一般"，9% 和 14% 调研样本认为 Navisworks 建模能力"不太好"和"不好"，26% 调研样本没有填写此项，评估意见较为分散，与 Navisworks 本身不进行初始建模，更多是模型整合集成有关；

（3）对国家规范的支持程度：3% 和 27% 调研样本认为 Navisworks 对国家规范的支持程度"非常好"和"好"，41% 调研样本认为一般，17% 和 3% 调研样本认为

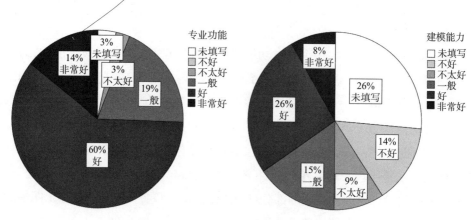

图 6-5　Navisworks 软件功能评估（一）

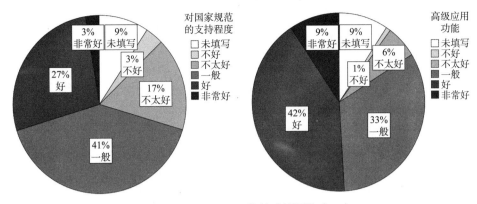

图 6-5　Navisworks 软件功能评估（二）

Navisworks 对国家规范的支持程度"不太好"和"好"，说明 Navisworks 本土化落地功能还需要加强；

（4）高级应用功能：9% 和 42% 调研样本认为 Navisworks 高级应用功能"非常好"和"好"，也有 33% 调研样本认为"一般"，说明 Navisworks 对二次开发、客户化定制的支持得到部分用户的认可。

### 6.1.3　软件性能及评估

1. 软件性能

（1）支持众多通用格式，快速形成集成模型

Autodesk Navisworks 支持众多通用的二维和三维设计或激光扫描文件格式，可将设计、施工和其他项目数据快速组合到单个集成项目模型中，支持模型聚合和模型发布。

（2）支持多种碰撞检测和干涉检查方法

集成来自多个源的数据，在开始施工之前识别并解决冲突。

（3）模拟动画和模型

通过动画和与对象交互，获得更佳的模型模拟效果。同时将三维模型数据与计划相关联，以加快四维仿真速度。

2. 软件性能评估

统计结果显示（如图 6-6 所示）：

（1）易用性：20% 和 48% 调研样本认为 Navisworks 的易用性"非常好"和"好"，说明 Navisworks 界面友好、操作简单、易学易用等特性得到用户认可；

（2）系统稳定性：17% 和 59% 调研样本认为 Navisworks 系统稳定性"非常好"和"好"；

（3）对硬件要求：11% 和 43% 调研样本认为 Navisworks 对硬件要求"非常高"和

"高",30% 调研样本认为"一般",说明流畅使用 Navisworks,对硬件（如内存、显卡等）还有较高要求；

（4）大模型处理能力：19% 和 61% 调研样本认为 Navisworks 的大模型处理能力"非常好"和"好"，与 Navisworks 核心功能是模型整合有关，也说明 Navisworks 大模型处理能力得到了很多工程技术人员的认可。

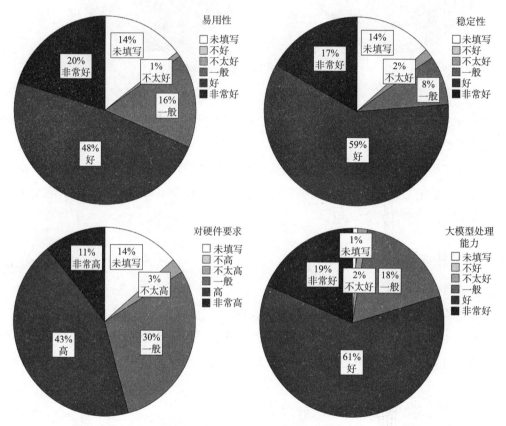

图 6-6　Navisworks 软件性能评估

### 6.1.4　软件信息共享能力及评估

1. 软件信息共享能力

Autodesk Navisworks 文件存储格式为 nwd、nwf 和 nwc，其中：nwd 是原数据文件的快照文件，包含几何信息和 Navisworks 特有数据，文件较小，一般压缩近 80%；nwf 是和原数据文件关联的文件，不包含几何信息，包含 Navisworks 特有的数据，文件较小；nwc 是打开原数据文件（如 DWG）产生的临时缓冲文件，和原文件在同一目录，比原文件小很多。

此外 Autodesk Navisworks 还支持大多数通用文件格式的输入，表 6-1 列举了 Navisworks 支持的文件格式。

| 文件格式 | 文件格式的扩展名 |
|---|---|
| Autodesk Navisworks 支持输入的文件格式 | 表 6-1 |
| AutoCAD | .dwg，.dxf |
| MicroStation（SE，J，V8 & XM） | .dgn .prp .prw |
| 3D Studio | .3ds，.prj |
| ACIS SAT | .sat，.sab |
| Catia | .model，.session，.exp，.dlv3，.CATPart，.CATProdu ct，.cgr |
| CIS\2 | .stp |
| DWF/DWFx | .dwf，.dwfx |
| FBX | .fbx |
| IFC | .ifc |
| IGES | .igs，.iges |
| Pro/ENGINEER | .prt，.asm，.g，.neu |
| Inventor | .ipt，.iam，.ipj |
| Informatix MicroGDS | .man，.cv7 |
| JT Open | .jt |
| PDS Design Review | .dri |
| Parasolids | .x_b |
| RVM | .rvm |
| SketchUp | .skp |
| Solidworks | .prt .sldprt .asm .sldasm |
| STEP | .stp .step |
| STL | .stl |
| VRML | .wrl，.wrz |

Autodesk Navisworks 支持输出的文件格式类型见表 6-2。

| Autodesk Navisworks 支持的输出文件格式 | | 表 6-2 |
|---|---|---|
| 产品 / 文件导出 | 32 位 | 64 位 |
| Autodesk AutoCAD 2007 | 是 | |
| Autodesk AutoCAD 2008 - 2013 | 是 | 是 |
| Autodesk 3ds Max 9 | 是 | 是 |
| Autodesk 3ds Max 2008 - 2013 | 是 | 是 |
| Autodesk 3ds Max Design 2010 – 2013 | 是 | 是 |

续表

| 产品 / 文件导出 | 32 位 | 64 位 |
|---|---|---|
| Autodesk Revit Building 9.0 / Structure 3.0 / Systems | 是 | |
| Autodesk Revit Building 9.1 / Structure 4.0 / Systems 2.0 | 是 | |
| Autodesk Revit Architecture / Building / MEP 2008 | 是 | |
| Autodesk Revit Architecture / Building / MEP 2009 – 2013 | 是 | 是 |
| Autodesk VIZ 2007 - 2008 | 是 | |
| ArchiCAD 9 / Vico Constructor 2005 | 是 | |
| ArchiCAD 10 / Vico Constructor 2007 | 是 | |
| ArchiCAD 11 / Vico Constructor 2008 | 是 | |
| ArchiCAD 12 / Vico Constructor 2009 | 是 | |
| ArchiCAD 13 / Vico Constructor 2010 | 是 | 是 |
| ArchiCAD 14 | 是 | 是 |
| ArchiCAD 15 | 是 | 是 |
| Bentley Microstation J | 是 | |
| Bentley Microstation 8 | 是 | |
| Bentley Microstation 8.9 | 是 | |
| Bentley Microstation V8.1 | 是 | |

Autodesk Navisworks 支持表 6-3 所列的激光扫描的文件格式及版本。

Autodesk Navisworks 支持的激光扫描文件格式　　　　表 6-3

| 格式 | 文件格式的扩展名 | 支持的版本 |
|---|---|---|
| ASCII 扫描文件 | .asc .txt | 不确定 |
| Faro | .fls .fws .iQscan .iQmod .iQwsp | FARO SDK 4.6 |
| Leica | .pts .ptx | 不确定 |
| Riegl | .3dd | 3.5 版本或更高 |
| Trimble | Native file NOT supported. Convert to ASCII laser file | 同 ASCII 扫描文件 |
| Z+F | .zfc .zfs | SDK V2.2.1.0 |

2. 软件信息共享能力评估

统计结果显示（如图 6-7 所示），24% 和 47% 调研样本认为 Navisworks 的信息共享能力"非常好"和"好"，与 Navisworks 本身核心功能是模型和信息整合有关，也说明 Navisworks 核心功能得到了很多工程技术人员的认可。

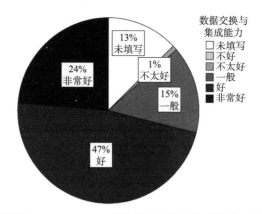

图 6-7 Navisworks 软件数据交换与集成能力评估

## 6.2 Synchro Pro 4D

### 6.2.1 产品概述

Synchro Pro 4D 施工模拟软件支持施工进度计划管理相关功能，可以为整个项目的各参与方（包括业主、建筑师、结构师、承包商、分包商、材料供应商等）提供实时共享的工程数据。工程人员可以利用 Synchro Pro 软件进行施工过程可视化模拟、施工进度计划安排、风险管理、设计变更同步、供应链管理以及造价管理。

### 6.2.2 软件主要功能、性能和信息共享能力

1. 软件主要功能

（1）计划整合

Synchro Pro 4D 自身可以建立一些常规计划，如计划的起止日期，任务间的逻辑关系，任务的开工状态，是否为里程碑节点任务等。同时可以导入更为复杂的 P6 或者 Project 计划，并且任务间的链接关系，任务类型，开工状态，资源信息，日历信息都会保留下来，如图 6-8 所示。

（2）模型整合

Synchro Pro 4D 可以整合超过 35 种格式的 3D 模型，模型导入后可以对模型进行精准移动、缩放、删除、重命名、编组等一系列操作，同时可以针对模型的属性，命名等多种规则对模型进行筛选。

（3）模型剖分

在建模的时候由于没有完全考虑到施工的逻辑需要，这样进行 4D 模拟时候就会跟实际情况有所不同，如场地模型未按照施工区域划分从而导致场地模型是一个整体，又如土建水泥柱模型在建模的时候不是按层建立的，而是从底到顶建成一个通体。

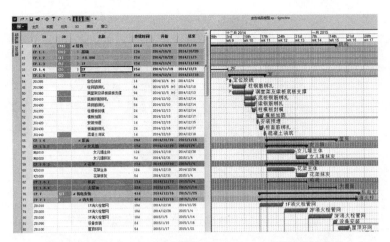

图 6-8　Synchro Pro 4D 整合 P6 和 Project 数据功能示意

　　针对上述情况，Synchro Pro 4D 中可以将模型任意剖分成为想要的效果，如按照平面图划分场地模型，按照楼层标高划分水泥柱。Synchro Pro 4D 支持均匀切割、非均匀切割、手动自由切割等，效果如图 6-9 所示。

图 6-9　Synchro Pro 4D 模型剖分功能示意

（4）计划与模型关联

　　4D 项目中，计划与模型的正确关联至关重要，而关联的效率直接影响项目的进展。Synchro Pro 4D 提供了手动关联和自动关联两种类型的关联方式，如图 6-10 所示。当任务和模型没有映射关系时，可以快速通过 Synchro Pro 4D 手动将计划和模型关联上。Synchro Pro 4D 提供拖拽模型至任务、右键选择模型关联至任务、快捷键关联模型至任务等多种方式将模型和任务迅速关联起来。

手动关联　　　　　　　　　　　　　　　批量关联

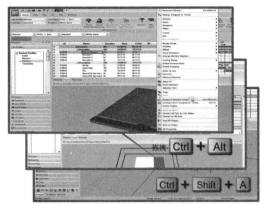

**图 6-10　Synchro Pro 4D 计划与模型关联功能示意**

（5）模型与计划同步更新

项目开展的过程中，模型和计划会经常发生变更，特别是计划会随着项目开展不断变更。如何在 4D 中对这些变更做出迅速调整并进行比较十分重要。Synchro Pro 的数据同步更新功能可帮助用户很好地解决这些问题。

（6）多版本计划对比

当计划更新后，想要直观地看到更新了哪些部分、节点任务哪些提前哪些延后，又或者想要看到实际进度计划执行情况和计划进度计划的节点哪些提前或延后，可以采用 Synchro Pro 4D 的多版本计划对比功能，选择不同的计划，然后打开相应的计划窗口，即可在同一时间轴下面直观查看计划的对比情况，如图 6-11 所示。除此之外，Synchro Pro 4D 还可以生成二维的计划对比文档报告，如图 6-12 所示。

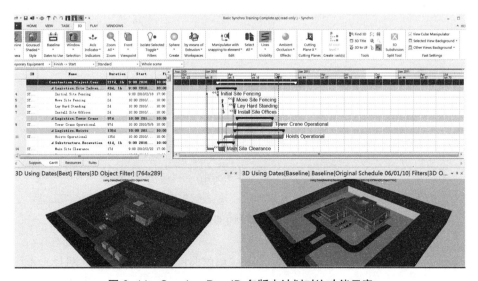

**图 6-11　Synchro Pro 4D 多版本计划对比功能示意**

**Synchro Schedule Differences Report**

SYNCHRO SOFTWARE

Executed by: Administrator

Date: 28/04/14

Project: C:\Users\Public\Documents\Shared Synchro Projects\Tutorial Files\Basic Synchro Training

Data date:06/01/10

Original project: C:\Users\wei\Desktop\...\Synchro Training Pr...

Original data date: 06/01/10



| ID | Name | New value | Old value |
|---|---|---|---|
| % Complete | | | |
| ST00020 | Initial Site Fencing | 0.00 | 100.00 |
| ST00080 | Main Site Clearance | 0.00 | 38.88 |
| Actual Duration | | | |
| ST00020 | Initial Site Fencing | 0 Days | 2d |
| ST00080 | Main Site Clearance | 0 Days | 6d, 4h, 53m |
| Actual Finish | | | |
| ST00020 | Initial Site Fencing | | 28/12/09 |
| ST00080 | Main Site Clearance | | |
| Actual Start | | | |
| ST00020 | Initial Site Fencing | | 25/12/09 |
| ST00080 | Main Site Clearance | | 29/12/09 |

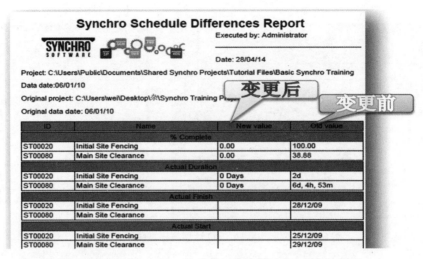

图 6-12　Synchro Pro 4D 生成二维计划对比文档报告示意

（7）导出成果性文件

Synchro Pro 4D 除了可以导出不同计划的对比报告外，还可以导出自定义计划报告，将甘特图的栏位进行自定义报表，生成想要的计划报告，如图 6-13 所示。

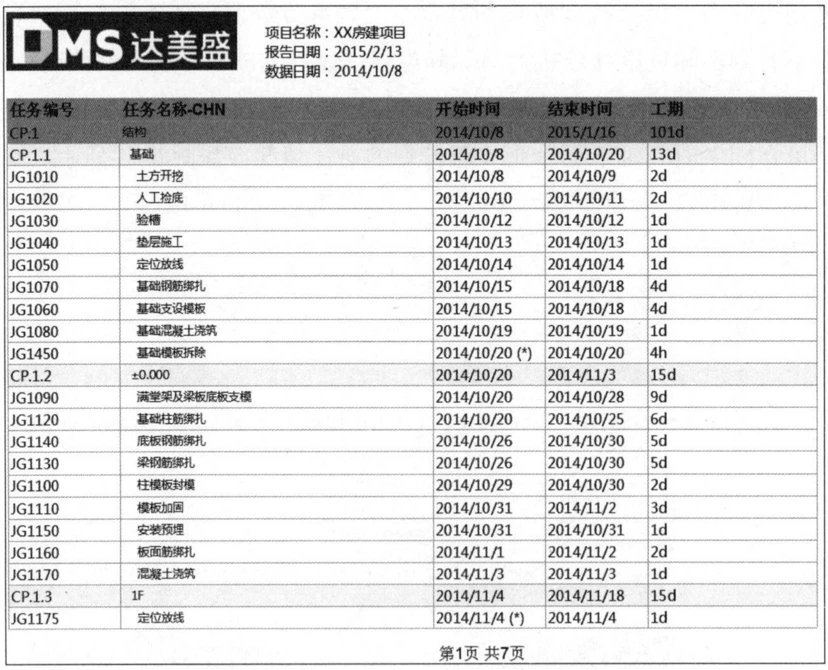

DMS 达美盛

项目名称：XX房建项目
报告日期：2015/2/13
数据日期：2014/10/8

| 任务编号 | 任务名称-CHN | 开始时间 | 结束时间 | 工期 |
|---|---|---|---|---|
| CP.1 | 结构 | 2014/10/8 | 2015/1/16 | 101d |
| CP.1.1 | 基础 | 2014/10/8 | 2014/10/20 | 13d |
| JG1010 | 土方开挖 | 2014/10/8 | 2014/10/9 | 2d |
| JG1020 | 人工捡底 | 2014/10/10 | 2014/10/11 | 2d |
| JG1030 | 验槽 | 2014/10/12 | 2014/10/12 | 1d |
| JG1040 | 垫层施工 | 2014/10/13 | 2014/10/13 | 1d |
| JG1050 | 定位放线 | 2014/10/14 | 2014/10/14 | 1d |
| JG1070 | 基础钢筋绑扎 | 2014/10/15 | 2014/10/18 | 4d |
| JG1060 | 基础支设模板 | 2014/10/15 | 2014/10/18 | 4d |
| JG1080 | 基础混凝土浇筑 | 2014/10/19 | 2014/10/19 | 1d |
| JG1450 | 基础模板拆除 | 2014/10/20 (*) | 2014/10/20 | 4h |
| CP.1.2 | ±0.000 | 2014/10/20 | 2014/11/3 | 15d |
| JG1090 | 满堂架及梁板底板支模 | 2014/10/20 | 2014/10/28 | 9d |
| JG1120 | 基础柱筋绑扎 | 2014/10/20 | 2014/10/25 | 6d |
| JG1140 | 底板钢筋绑扎 | 2014/10/26 | 2014/10/30 | 5d |
| JG1130 | 梁钢筋绑扎 | 2014/10/26 | 2014/10/30 | 5d |
| JG1100 | 柱模板封模 | 2014/10/29 | 2014/10/30 | 2d |
| JG1110 | 模板加固 | 2014/10/31 | 2014/11/2 | 3d |
| JG1150 | 安装预埋 | 2014/10/31 | 2014/10/31 | 1d |
| JG1160 | 板面筋绑扎 | 2014/11/1 | 2014/11/2 | 2d |
| JG1170 | 混凝土浇筑 | 2014/11/3 | 2014/11/3 | 1d |
| CP.1.3 | 1F | 2014/11/4 | 2014/11/18 | 15d |
| JG1175 | 定位放线 | 2014/11/4 (*) | 2014/11/4 | 1d |

第1页 共7页

图 6-13　Synchro Pro 4D 导出计划示意

Synchro Pro 4D 支持导出 4D 图片，生成相应时间节点的带渲染的图片，也可把甘特图也附上去，如图 6-14 所示。

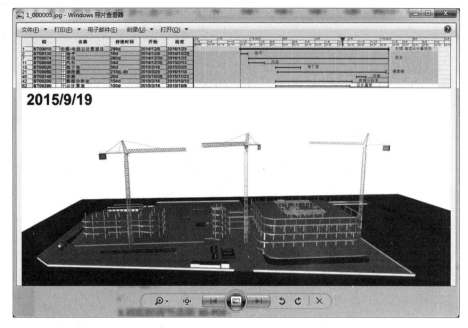

图 6-14　Synchro Pro 4D 导出 4D 图片功能示意

Synchro Pro 4D 支持导出某个时间点的 3D-PDF，当有条件拿平板电脑如 IPAD 去项目现场时，可以将某个时间节点的 4D 计划模型转成 3D-PDF 放到平板电脑上运行，方便现场查看，如图 6-15 所示。

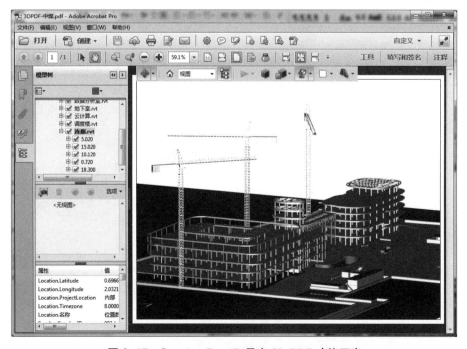

图 6-15　Synchro Pro 4D 导出 3D PDF 功能示意

Synchro Pro 4D 支持导出 4D 视频，可根据不同的视角和剖面生成对应时间段的 4D 模型，进行工序验证，计划追踪，如图 6-16 所示。

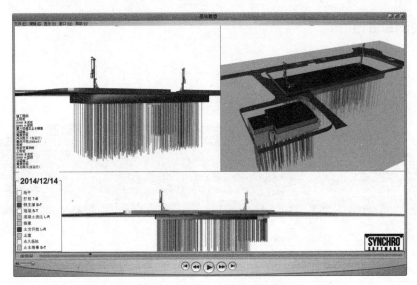

图 6-16　Synchro Pro 4D 导出 4D 视频功能示意

### 2. 软件性能

（1）支持大型模型

从工业工厂到地产建筑，Synchro Pro 4D 兼容众多模式格式，可以稳定支持工程行业的大体量模型，并保留设计模型的属性，如图 6-17 所示。

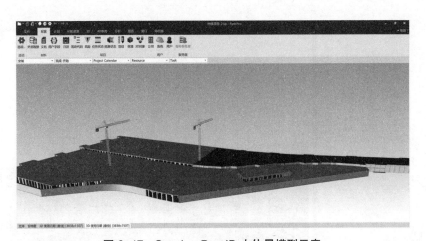

图 6-17　Synchro Pro 4D 大体量模型示意

（2）优秀的渲染支持

支持 NVIDIA Iray 图形渲染技术，借助该渲染技术，可以提供照片般逼真渲染体验。

可以使用 GPU 计算服务集群来进行更加高效的渲染计算。

（3）模型同步

当 3D 模型和计划关联后即生成了 4D 进度计划，如果此时原始模型发生版本更新，传统工具需要将模型和计划重新关联。

在 Synchro Pro 4D 中无须重新将模型和计划关联，只需将原始模型数据更新。更新完成后，可以很快发现哪些模型发生变化，新版本模型中未做修改的模型部分会继续和计划关联，修改部分的模型如果模型 ID 号未变，只是模型做了拉伸等动作，也会继续和计划关联，这避免大量的模型与计划关联工作量。

如图 6-18 所示，对原始模型屋檐加宽，增加了结构柱后，生成二版本模型。将二版本模型在 Synchro Pro 4D 中更新后，原有未修改模型会继续和计划关联，加宽的屋檐模型外形虽然发生变化，但是模型 ID 号没变，所以也继续会和计划关联。而新增加的结构柱模型是没有和任何计划做过关联的，可以立即发现新增的结构柱模型。

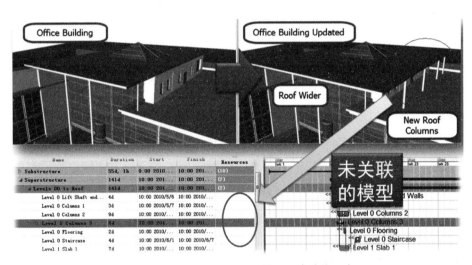

图 6-18　Synchro Pro 4D 模型同步功能示意

（4）计划同步

项目进展过程中计划会不断地更新，传统工具需要将计划和模型重新关联而 Synchro Pro 4D 不需要。Synchro Pro 中只需将计划更新，更新完成后计划会和模型继续关联。更新的计划数据源可以是 P6 或 Project，如图 6-19 所示。

（5）丰富的设备库

Synchro Pro 4D 自带许多工程背景模

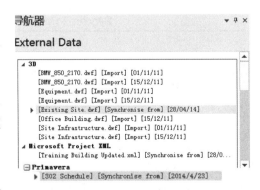

图 6-19　Synchro Pro 4D 计划同步功能示意

型，且能做成路径动画，方便用户进行逼真的模拟，如图 6-20 所示。

图 6-20  Synchro Pro 4D 自带背景模型示意

### 3. 软件信息共享能力

Synchro Pro 4D 文件格式为 .sp 和 .spx。sp 文件为 Synchro Pro 的数据存储格式，内包含模型数据和进度计划等。spx 文件为 MicroStation 或 Revit 等通过插件导出的 Synchro Pro 兼容的模型文件，内包含模型属性，可以导入 Synchro Pro 4D 软件。

通过 Synchro Workgroup Project，托管 Synchro Pro 4D 数据，供用户实时访问。Synchro Site 可以让工作人员在 iPad 上监控项目进度，在现场方便地进行质量检查并更新数据，数据可以同步到项目中，并可以通过 Synchro Pro 进行查看。提供 Synchro Open Viewer 和 Synchro Scheduler 程序，将所有项目相关人员，都可以加入到 Synchro 项目中来，共同参与，如图 6-21 所示。

Synchro Pro 4D 可以将模型导出为 dwf、fbx、ifc、u3d 等通用格式。除此之外，Synchro Pro 还可以导出一部分 3D 模型和 3D-PDF。具体导入导出格式如表 6-4 所示。

Synchro Pro 4D 输入和输出格式  表 6-4

| 支持输入格式 | | | |
| --- | --- | --- | --- |
| 产品 | 格式 | 产品 | 格式 |
| Revit | RVT | HOOPS Stream file | HSF |
| SketchUp | SKP | Autodesk | DWF, DWFX |
| AutoCAD | DWG, DXF | Autodesk FBX | FBX |
| Bentley Microstation | DGN | CATIA V4 | EXP, MODEL, SESSION |
| AVEVA PDMS Review™ | RVM | CATIA V5 | CATProduct, CATPart, CGR |
| Intergraph® SmartPlant® Review | 3D-PDF | Parasolid | xmt_bin, x_b, x_t, xmt_txt |

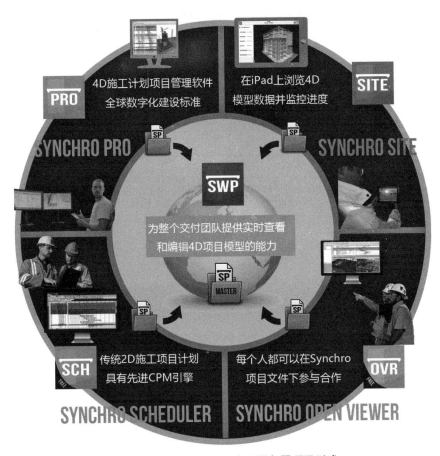

图 6-21　Synchro Pro 产品服务器项目形式

续表

| 支持输入格式 | | | |
|---|---|---|---|
| 产品 | 格式 | 产品 | 格式 |
| SolidWorks | SLDASM, SLDPRT | ACIS | SAT |
| Autodesk Inventor | IPT, IAM | JT | JT |
| Unigraphics NX | PRT | IFC | IFC |
| ProE | PRT, ASM | Collada | DAE |
| STEP part files | STEP, STP | IGES part files | IGES, IGS |
| 支持输出格式 | | | |
| 产品 | 格式 | 产品 | 格式 |
| Autodesk | DWF, DWFX | Collada | DAE |
| Autodesk FBX | FBX | HOOPS stream file | HSF |
| VRML'97 | WRL | 3D PDF | PRC |

## 6.2.3　调研反馈结果

本产品的调研反馈数量较少，部分代表性意见如表 6-5 所示。

Synchro Pro 4D 部分调研样本数据 　　　　表 6-5

| 序号 | 易用性 | 稳定性 | 对硬件要求 | 建模能力 | 数据交换与集成能力 | 大模型处理能力 | 对国家规范的支持程度 | 专业功能 | 应用效果 | 高级应用功能 |
|---|---|---|---|---|---|---|---|---|---|---|
| 1 | 好 | 好 | 不太高 | 未填写 | 好 | 好 | 好 | 好 | 好 | 未填写 |
| 2 | 一般 | 非常好 | 高 | 一般 | 非常好 | 非常好 | 非常好 | 非常好 | 非常好 | 非常好 |
| 3 | 好 | 好 | 高 | 好 | 好 | 好 | 一般 | 好 | 好 | 一般 |

## 6.3　Dassault DELMIA

### 6.3.1　产品概述

Dassault DELMIA 是施工过程精细化虚拟仿真和相关数据管理软件，在建筑施工规划阶段，支持用户优化工期和施工方案，降低工程风险。

DELMIA 支持不同精细度的施工仿真需求，简单的施工过程可能只需要做到工序级别，而复杂的施工过程可能需要工艺级别，甚至人机交互级别的仿真，如图 6-22 所示。

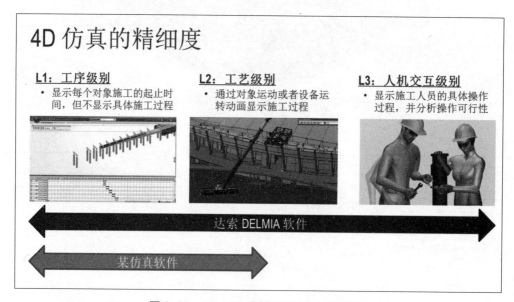

图 6-22　DELMIA 支持不同精细度的仿真

### 6.3.2　软件主要功能、性能和信息共享能力

1. 软件主要功能

（1）施工进度规划（PPL/PPM）

通过可视化方式，把模型根据施工工序进行分解。定义各个工序结点的时间进度和资源，并生成甘特图和 4D 模拟动画，如图 6-23 所示。

（2）大型工程安装规划（MFM）

根据施工组织的需求，将设计模型的数据结构（EBOM）转化成施工数据结构（MBOM）。

（3）施工工艺仿真（MAE）

精确模拟 3D 对象的运动方式，从而进行精细化的施工工艺仿真分析，如图 6-24 所示。

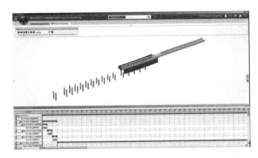

图 6-23　DELMIA 施工进度规划功能示意

图 6-24　DELMIA 施工工艺仿真功能示意

（4）机器人仿真（RTS）

支持 3D 机械模型（例如塔吊）能够自动进行运转，以模拟计划执行的活动，并且分析运作过程。DELMIA 提供上千种预定义的设备模型，如图 6-25 所示。

（5）人机工程（EWK）

使用具有活动能力的人体模型模拟工人操作过程，例如拾起物体、行走、操作设备等。用于评估人员操作效率和安全性，如图 6-26 所示。

图 6-25　DELMIA 机器人仿真示意

图 6-26　DELMIA 人机工程示意

2. 软件性能

（1）直观的工作任务分解

可通过 3D 图形界面，把整个工程项目逐步分解成具体的施工任务，并定义任务之间的逻辑关系，以及为每个任务分配资源。

（2）便捷的 4D 进度模拟

根据任务分解关系，自动生成甘特图。可调整任务起止时间，然后据此自动生成 4D 施工过程动画。

（3）模拟设备运作过程

可轻松的定义机械设备的运作过程并生成动画。优化现场工程设备的使用效率，节省成本。

（4）施工资源优化

根据施工计划，统计设备、材料等各种资源的使用效率，避免现场窝工造成浪费。

（5）极具真实性的人机模拟

可模拟现场人员的各种动作，例如操作设备、现场安装等，以验证施工操作的可行性，确保人员安全，并优化工作效率。

3. 软件信息共享能力

在施工项目前期，可以先在系统中创建 WBS 和进度计划，然后输出到 DELMIA，并与 CATIA 创建的 3D 模型结合起来，进行施工过程的 5D 仿真模拟，并据此来优化施工流程，如图 6-27 所示。与 CATIA 无缝衔接，省去数据转化工作及数据处理带来的数据损失，在节约数据转换时间的同时，也更便于跨部门间的沟通与协作。

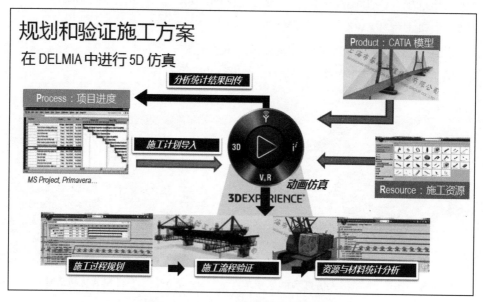

图 6-27　DELMIA 数据交换框架示意

## 6.3.3　调研反馈结果

本产品的调研反馈数量较少，部分代表性意见如表 6-6 所示。

DELMIA 部分调研样本数据　　　　　　　　表 6-6

| 序号 | 易用性 | 稳定性 | 对硬件要求 | 建模能力 | 数据交换与集成能力 | 大模型处理能力 | 对国家规范的支持程度 | 专业功能 | 应用效果 | 高级应用功能 |
|---|---|---|---|---|---|---|---|---|---|---|
| 1 | 好 | 好 | 不太高 | 未填写 | 好 | 好 | 好 | 好 | 好 | 未填写 |

## 6.4　Bentley Navigator

### 6.4.1　产品概述

Bentley 公司于 2006 年推出了新一代的设计检查工具 Bentley NavigatorV8i 和 i-model 文件打包发布工具 i-model Composer，从而取代之前的 Bentley Navigator 2004 版本，最新版本是 Bentley Navigator CONNECT Edition。

Navigator 是一款综合设计检查产品，可实现工程行业不同设计文档的读取和数据查询，同时支持碰撞检查、红线批注、进度模拟、吊装模拟、渲染动画等功能。新版 Navigator 使用了新的图形引擎和新的模型浏览文件格式，扩展了可浏览的 3D 模型格式范围，提高了模型的浏览速度，操作也更为简单快捷。

Navigator 为管理者和项目组成员提供了一个协同工作平台，可以在不修改原始设计模型的情况下，添加自己的注释和标注信息。支持用户交互式地浏览大型复杂 3D 模型，快速查看设备布置、维修通道和其他关键的设计数据。Navigator 支持项目建设人员在建造前做建造模拟，尽早发现施工过程中的不当之处，降低施工成本，避免重复劳动和优化施工进度。

### 6.4.2　软件主要功能、性能和信息共享能力

1. 软件主要功能

（1）模型浏览

通过 Navigator 可收集工程二维、三维资料，评估设计和模型，添加注释、链接文档和数据集，添加可视化所需素材，发布只读 3D 模型文档或 3D PDF 文档。

Navigator 可打开 imodel 文件，用户可以直观可视地浏览模型，实时查看构件的工程属性，并可以实现实时漫游，如图 6-28 所示。通过 Navigator，可深入项目内部进行评估与分析，支持设计和施工管理流程，实现实时的资产管理。

（2）与 ProjectWise 集成

Navigator 可作为可视化客户端用来直

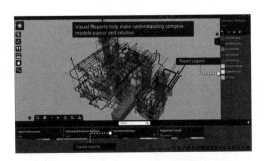

图 6-28　Navigator 模型浏览功能示意

接访问分布在企业中并由 ProjectWise Integration Server 管理的二维工程图和三维模型。功能包括：共享信息的上传、下载；追踪人员、事件和时间的审核过程；搜索文档；利用增量传输技术，提升远程异地协同速度和效率。

（3）支持 i-model 的发布

i-models 文件是 Navigator 模型浏览的格式，是 Bentley 为支持项目团队联合工作和信息交互的通用方法。Navigator 联合工作模式（如图 6-29 所示）支持项目各方人员以相同的方式访问、创建、引用或发布其所需的信息，即便项目信息位于多个位置，并由多个创作者使用不同格式进行处理。i-model 是一个用户用于信息交换的载体，适用于多数产品和解决方案，适用于项目的几何图形信息和属性数据信息，也适用于 Bentley 的和非 Bentley 的产品。

（4）动态模型检查

Navigator 支持快速、精准碰撞点自动检测功能，也支持用户自定义碰撞规则。Bentley Interference Manager（Bentley 碰撞检测管理器）提供了对三维模型硬碰撞和软碰撞的检测、查看和管理功能，并且支持从其他设计软件得到的数据，例如 AutoPlant、PDS、PSDS 或者其他相关的 MicroStation 或 AutoCAD 应用程序，都可以使用 Bentley Interference Manager 对这些数据进行检测。Bentley Interference Manager 使用从这些产品中获取的图形和相关联的属性信息进行碰撞检测、查看和管理，可以对当前的模型起到参考作用。用户可以找到并锁定碰撞点，可以方便地在区域内移动来检测任何设计修改所带来的变化，如图 6-30 所示。

图 6-29　i-models 联合工作模式

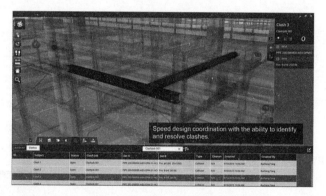

图 6-30　Navigator 碰撞检查功能示意

（5）时间进度模拟

Navigator 支持用户对施工计划进行模拟和制作动画。通过直接（原始数据格式）或间接（XML 等开放数据格式）数据导入的形式，实现与主要项目计划应用程序的集成，主要包括：Microsoft Project、Primavera。

（6）模型渲染

Navigator 支持渲染和功能，如图 6-31 所示。Navigator 支持多种数据源，包括：3D PDF、HPGL/2、JPEG、TIFF；DGN、DWG、DXF；Google Earth。

2. 软件性能

（1）支持桌面和移动工作需求

Navigator 支持多种桌面和移动工作需求，包括：IOS、Windows、Android 等系统。同时 Bentley 发布了便携式终端的 Navigator 版本，可以在应用商店免费下载。支持将项目模型发布到移动终端上，同样可以实现快速模型浏览和属性查询，如图 6-32 所示。

图 6-31　Navigator 渲染效果示意

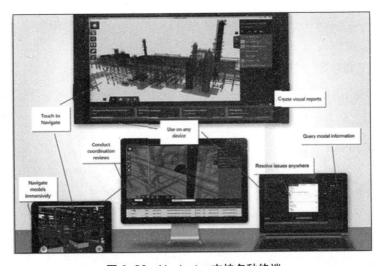

图 6-32　Navigator 支持多种终端

（2）模型轻量化

i-model 是一种轻量化模型，包含专业软件所赋予的工程属性，支持大体量模型快速浏览，可以脱离专业软件的环境读取工程数据。相比于原始模型，i-model 文件大小仅为五分之一左右，数据加载和打开的速度更快。

同时，i-model 发布模型支持加密功能，对整合的模型设定操作权限，通过密码以及失效日期来确保设计成果的安全性。

（3）高性能图形浏览

借助多处理器支持和 Microsoft 的 DirectX 图形平台，Navigator 具备较高的性能和几何图形处理能力。Navigator 可利用缓存服务器和网页服务器，改进分布式企业中文件访问和协作的能力。

（4）通过 3D 红线批注提高沟通效率和质量

Navigator 支持在原始文件格式中添加注释和其他信息，从而丰富项目内容，以实现全面设计协作和循环编辑。在数字版权管理的授权和控制下，可以通过添加素材、PDF 参考、照明和简单的单元几何图形来丰富原始文件格式的数据。此外，还可以在特殊的红线参考文件中添加常规注释和批注，保护原始文件的完整性。

3. 软件信息共享能力

Navigator 支持多种应用程序、行业标准和文件格式。支持的文件格式包括：DGN、DWG、DXF、SKP；PDF、IFC、IGES、STEP；PDS、AutoPLANT、PlantSpace 和 TriForma；Google Earth、Google SketchUp 和 3DS。

## 6.5　Trimble Connect

### 6.5.1　产品概述

Trimble Connect 支持基于 BIM 模型的沟通和协作，支持多专业模型导入和碰撞检查。

### 6.5.2　软件主要功能、性能和信息共享能力

1. 软件主要功能

（1）模型操作

Trimble Connect 的模型操作功能包括：三维标记、模型对齐、分配任务、改变部分对象颜色、改变整个模型颜色、合并及查看选择的模型、任务留言、控制整个模型可见性、测量距离、模型对象过滤、碰撞校核、保存视图。

（2）项目管理

Trimble Connect 的项目管理功能包括：创建项目、创建和管理文件夹、创建和管理版本、创建对象保存组、创建任务、定义用户报告、输出报告、文档浏览器、轴线、

清单对象属性、管理权限和注意事项、管理用户和组别、沟通链中存储多张图片、临时本地离线存储、查看标注碰撞。

2. 软件性能

Trimble Connect 支持多种终端（包括手机等移动客户端），用户界面较易学习和使用。

3. 软件信息共享能力

Trimble Connect 是一个开放的软件解决方案，可以从因特网上下载并使用。Trimble Connect 与多数软件具有接口，且可以保证较高的数据完整性和准确性，如图 6-33 所示。

图 6-33　Trimble Connect 与其他软件接口示意

### 6.5.3　调研反馈结果

本产品的调研反馈数量较少，部分代表性意见如表 6-7 所示。

Trimble Connect 部分调研样本数据　表 6-7

| 序号 | 易用性 | 稳定性 | 对硬件要求 | 建模能力 | 数据交换与集成能力 | 大模型处理能力 | 对国家规范的支持程度 | 专业功能 | 应用效果 | 高级应用功能 |
|---|---|---|---|---|---|---|---|---|---|---|
| 1 | 非常好 | 好 | 不太高 | 不好 | 好 | 一般 | 不好 | 不好 | 好 | 一般 |

## 6.6　Act-3D Lumion

### 6.6.1　产品概述

荷兰 ACT-3D 公司于 2010 年 12 月 01 日正式发布了可视化软件 Lumion。Lumion 是一款实时 3D 可视化工具，可以用来制作电影和静帧作品，也支持现场演示。通过 Lumion 创建虚拟现实环境，然后通过 GPU 高速渲染生成高清电影，可快速提供优秀的图像质量是 Lumion 主要优点，如图 6-34 所示。

统计结果显示，12% 和 76% 调研样本认为 Lumion 应用效果"非常好"和"好"，说明 Lumion 总体应用效果较好，调研数据如图 6-35 所示。

图 6-34　Lumion 制作的效果图示意

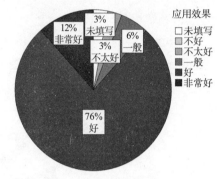

图 6-35　Lumion 应用效果评估

## 6.6.2　软件主要功能及评估

1. 软件主要功能

（1）三维场景创建和编辑，包括设定光源、贴图和增加材质等；

（2）从 Google SketchUp、Autodesk 产品（3DSMAX 或者 MAYA）以及其他的三维软件导入三维模型；

（3）渲染、视频编辑和输出。

2. 软件功能评估

统计结果显示（如图 6-36 所示）：

（1）专业功能：9% 和 53% 调研样本认为 Lumion 专业功能"非常好"和"好"，说明 Lumion 提供的专业功能较好地支持了工程应用；

（2）建模能力：21% 调研样本认为 Lumion 建模能力"好"，29% 调研样本认为"一

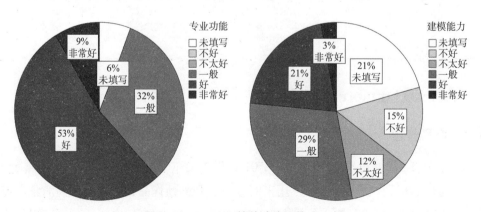

图 6-36　Lumion 软件功能评估（一）

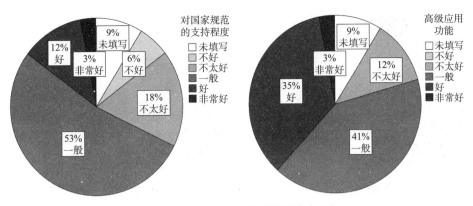

图 6-36　Lumion 软件功能评估（二）

般"，12% 和 15% 调研样本认为"不太好"和"不好"，说明 Lumion 作为主要视频工具，对其建模能力认可不太一致；

（3）对国家规范的支持程度：53% 调研样本认为 Lumion 对国家规范的支持程度"一般"；

（4）高级应用功能：35% 调研样本认为 Lumion 高级应用功能"好"，也有 41% 调研样本认为"一般"。

### 6.6.3　软件性能及评估

1. 软件性能

Lumion 本身包含了一个丰富的内容库，里面有建筑、汽车、人物、动物、街道、街饰、地表、石头等，支持快速建立场景。

2. 软件性能评估

统计结果显示（如图 6-37 所示）：

（1）易用性：24% 和 56% 调研样本认为 Lumion 的易用性"非常好"和"好"，说

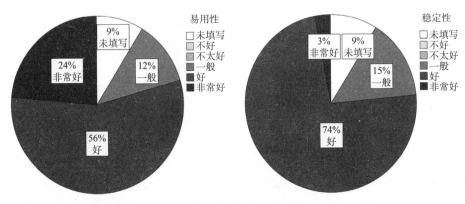

图 6-37　Lumion 软件性能评估（一）

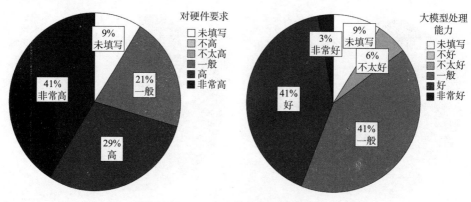

图 6-37  Lumion 软件性能评估（二）

明 Lumion 界面友好、操作简单、易学易用等特性得到用户认可；

（2）系统稳定性：74% 调研样本认为 Lumion 系统稳定性"好"；

（3）对硬件要求：41% 和 29% 调研样本认为 Lumion 对硬件要求"非常高"和"高"，说明流畅使用 Lumion，对硬件（如内存、显卡等）还有较高要求；

（4）大模型处理能力：41% 调研样本认为 Lumion 的大模型处理能力"好"，也有 41% 调研样本认为 Lumion 的大模型处理能力"一般"。

### 6.6.4　软件信息共享能力及评估

1. 软件信息共享能力

Lumion 支持数据输入的三维软件包括：Trimble Sketchup、Graphisoft ArchiCAD、Nemetscheck Allplan、Autodesk AutoCAD、Autodesk Revit、Autodesk Maya、Autodesk 3DS Max、Cinema 4D 等。

Lumion 支持数据输入的图像格式包括：TGA、BMP、JPG、DDS、PNG、PSD 等。

Lumion 支持模块格式包括：DAE、SKP、FBX、DWG、DXF、MAX、3DS、OBJ 等。

Lumion 支持数据输出的影片格式包括：JPG、TGA、BMP、DDS、PNG、DIB、PFM、MP4（AVC codec）等。

Lumion 支持数据输出的图像格式包括：JPG、TGA、BMP、DDS、PNG、DIB、PFM 等。

2. 软件信息共享能力评价

统计结果显示（如图 6-38 所示），38% 调研样本认为 Lumion 的信息共享能力"好"，44% 调研样本认为"一般"。

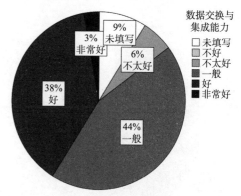

图 6-38　Lumion 软件数据交换与集成能力评估

## 6.7　优比基于 BIM 机电设备管线应急管理系统

### 6.7.1　产品概述

广州优比建筑咨询有限公司开发的基于 BIM 机电设备管线应急管理系统，支持快速确定机电设备故障点，支持对维护维修人员进行紧急情况下的模拟演练。系统在 BIM 模型的基础上，建立机电设备和管线的控制逻辑关系，并与维保过程中需要的相关信息进行集成，一旦机电设备和管线出现问题，该应急管理系统可以快速定位控制故障点，并提供相关应急预案，从而实现快速排除故障、降低意外故障的影响，提升物业管理品质和客户满意度。

### 6.7.2　软件主要功能、性能和信息共享能力

1. 软件主要功能

（1）设备信息管理

优比基于 BIM 机电设备管线应急管理系统支持将说明书、相关证件、相关记录、操作程序等设备信息与模型关联，支持通过组合查询快速查询设备属性和相关信息，如图 6-39 所示。如果列表记录不能满足用户条件需求，用户还可以根据条件选择查询，（设备类型、设备名称、所属园区、所属建筑、所属楼层、所属房间）进一步缩小范围，选择查询满足要求的记录。

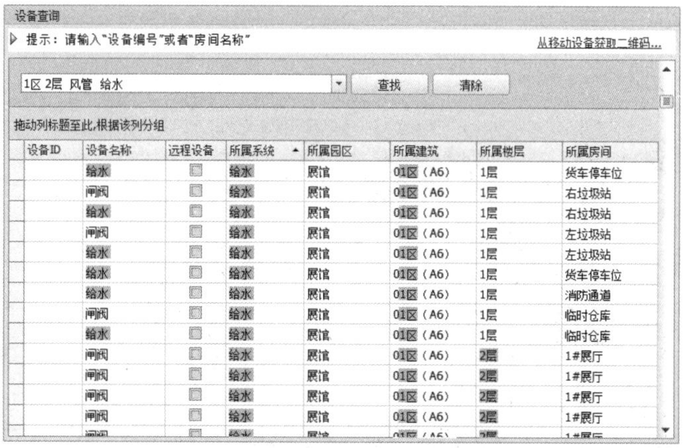

图 6-39　优比基于 BIM 机电设备管线应急管理系统组合查询功能示意

（2）设备维护记录

优比基于 BIM 机电设备管线应急管理系统支持为每一设备单独添加维护记录，支持快捷地查找到相关信息，可以查询全部维护记录、已过期、或者按天、周、月，也可以指定日期、指定范围、指定时间段内选择过滤，如图 6-40 所示。

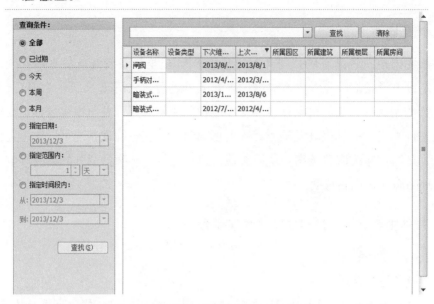

图 6-40　优比基于 BIM 机电设备管线应急管理系统维护信息查询功能示意

（3）BIM 模型实时漫游

优比基于 BIM 机电设备管线应急管理系统支持三维场景的实时漫游，方向角度完全自由掌握，可直观、方便地观察相应设施，如图 6-41 所示。

图 6-41　优比基于 BIM 机电设备管线应急管理系统模型漫游功能示意

（4）与物联网系统集成

对于重点机电设备，可通过 RFID 技术，利用手持设备读取设备 ID，利用无线网络从后台服务器获取设备相关信息，例如属性、位置、上游控制设备、维护记录、相关维护和维修手册等，如图 6-42 所示。

图 6-42　优比基于 BIM 机电设备管线应急管理系统支持物联网技术功能示意

（5）应急指导

优比基于 BIM 机电设备管线应急管理系统支持快速定位设备位置及其上下游关系，如图 6-43 所示，当发生管道爆裂或阀门故障，通过系统可快速、准确找到其上游阀门，并有三维图形的清晰简明提示，辅助抢修工作，如图 6-44 所示。

图 6-43　优比基于 BIM 机电设备管线应急管理系统设备上下游关系查询功能示意

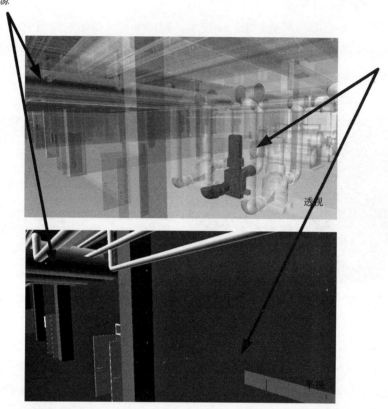

**图 6-44　优比基于 BIM 机电设备管线应急管理系统应急指导模型提示功能示意**

2. 软件性能

（1）高效 BIM 数据操作

优比基于 BIM 机电设备管线应急管理系统基于三层架构设计原则，三维显示前端借助 Autodesk NavisWorks 的 BIM 可视化仿真功能力，通过其 API 与逻辑层的逻辑接口相连接，对其进行各类的图形显示控制和图形数据读取。在此基础上，与后台关系数据库进行有规则的数据交互，结合不同环境的需求，可定制出各种逻辑业务控制，数据安全校验，数据存取，可视化数据交互效果等，从而到达高效快捷的 BIM 数据操作。

（2）主持双屏显示

优比基于 BIM 机电设备管线应急管理系统采用双屏幕输出方式，扩展工作界面宽度，能容纳更多内容，提升了操作体现，如图 6-45 所示。

（3）集成设计和施工信息提示运维管理效率

优比基于 BIM 机电设备管线应急管理系统通过集成大量的设计和施工信息，为维护和维修人员进行实时的信息查询带来极大的便利。一旦设备管线发生故障，系统可快速提示故障点与上游控制设备的逻辑关系，为维修人员进行故障排除提供决策依据和预案，如图 6-46 所示。

图 6-45　优比基于 BIM 机电设备管线应急管理系统双屏显示功能示意

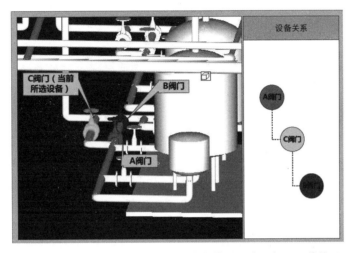

图 6-46　优比基于 BIM 机电设备管线应急管理系统设备上下游关系示意

## 3. 软件信息共享能力

优比基于 BIM 机电设备管线应急管理系统借助 NavisWorks 的信息共享能力，支持目前主流的 BIM 模型文件格式、三维模型格式，以及 BIM 数据交互标准格式 IFC。

# 第7章　BIM集成管理软件

## 7.1　广联达 BIM5D

### 7.1.1　产品概述

广联达 BIM5D 以 BIM 平台为核心，以集成模型为载体，关联施工过程中的进度、合同、成本、质量、安全、图纸、物料等信息，为项目提供数据支撑，实现有效决策和精细化管理，从而达到减少施工变更，缩短工期、控制成本、提升质量的目的。广联达 BIM5D 系统架构如图 7-1 所示。

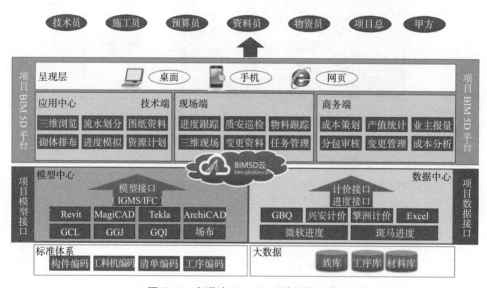

图 7-1　广联达 BIM5D 系统架构示意

统计结果显示，58% 调研样本认为 BIM5D 应用效果"好"，31% 调研样本认为"一般"，说明 BIM5D 总体应用效果较好，调研数据如图 7-2 所示。

### 7.1.2　软件主要功能及评估

1. 软件主要功能

（1）技术管理

通过广联达 BIM5D，可集成土建、机电、钢构、幕墙等多专业信息模型，承接

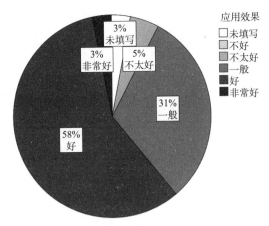

图 7-2　BIM5D 应用效果评估

Revit、MagiCAD、Tekla 等主流建模软件，对接广联达 BIM 算量系列软件。BIM5D 通过导入 CAD 底图可描绘施工流水段，按流水区域进行项目的进度监管、质量安全查看、成本、物资管理，如图 7-3 所示。

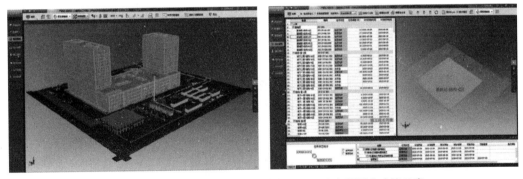

图 7-3　广联达 BIM5D 多专业模型集成和流水段划分功能示意

　　广联达 BIM5D 支持砌体精细排布，自动扣减构造柱、水平系梁、机电管线、洞口等部位，可以进行 T 型、L 型联合排布，精确计算砌体消耗数量、规格尺寸。BIM5D 可模拟实体场地工况，支持多视口按需展示模型，进行计划进度和实际进度对比，直观查看项目进展。也可进行资金、资源的动态模拟，形成分布曲线，便于进行资金资源的安排和调配，如图 7-4 所示。

　　广联达 BIM5D 通过手机端可对装配式等预制构件进行跟踪，参建各方可以实时了解到当前预制件所处阶段，提前规避风险，如图 7-5 所示。通过 PC 端进行进度偏差分析以及 Web 端进行完工工程量自动汇总统计，完成对预制件，从加工到施工吊装完毕整个流程的进度、成本、质量安全管理。

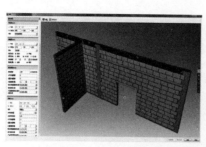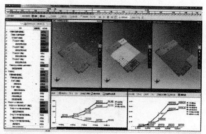

图 7-4　广联达 BIM5D 二次结构排布和施工模拟功能示意

图 7-5　广联达 BIM5D 无聊跟踪和移动端功能示意

（2）商务管理

通过广联达 BIM5D，可将收入的清单合价拆分为劳务分包费用、材料采购合同金额、机械租赁合同金额等支出费用项，可进行分包合同支出费用和甲方获得收入的对比，将项目的成本控制提前到项目源头，有利于项目的成本控制。通过 BIM5D，可快速按照施工部位和施工时间以及进度计划等条件提取物资量，完成劳动力计划、物资投入计划的编制，并可支持工程部完成物资需用计划，物资部完成采购及进场计划。

新建报量周期后，BIM5D 支持按计划时间自动计算当期完成体费用；也支持在模型上快速设置当期完成区域后，系统自动计算当期完成实体费用；且多期报量内容可合并导出，便于查看多期报量的汇总。BIM5D 支持按照区域的过程成本核算。按照区域对比收实入、目标成本和实际成本，计算区域范围内的盈亏和节超。

（3）施工管理

广联达 BIM5D 现场移动端内置检查点、验收规范，可实时记录现场质量安全问题并进行上传跟踪整改，流程如图 7-6 所示。支持每周工作任务、作业文档实时同步，提交进度信息实时查看形象进度。通过扫描可查看构件信息，跟踪构件状态，记录构件实测实量信息。对复杂、高难施工节点，BIM5D 支持三维实时浏览。通过 BIM5D，可实时掌握工程量，人工，材料数据。

通过广联达 BIM5D，可以实现工艺、工法库的及时查看与应用，有利于项目施工统一标准，保证质量、减少返工。同时企业可根据积累的施工经验，形成企业内部的标准库，如图 7-7 所示。

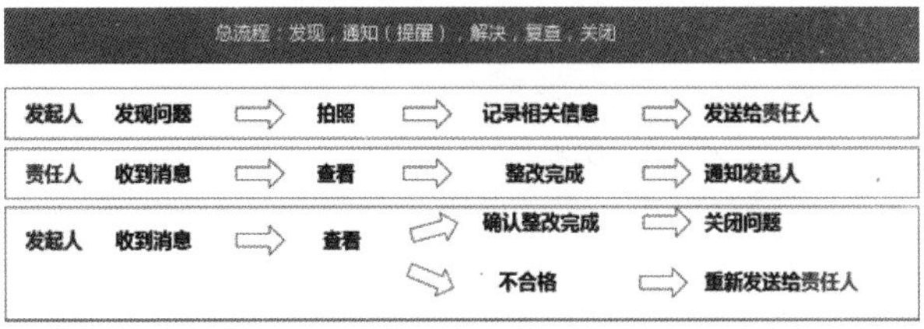

图 7-6　广联达 BIM5D 质量安全问题跟踪流程

图 7-7　广联达 BIM5D 企业
标准库示意

（4）BIM5D 云平台

通过广联达 BIM5D 项目驾驶舱，可将整个项目的经济指标、进度指标、质量安全等重要信息形象的展示在网页端，为项目的施工总包、分包、业主、监理等各参与方，提供了一个实时了解项目进展情况的平台。支持从单体、楼层、专业、系统等多个维度在线过滤浏览度模型，并能查询具体图元的属性和工程量。可从产值、成本、效益、现金收入四个维度宏观展示项目的经济指标，如图 7-8 所示。

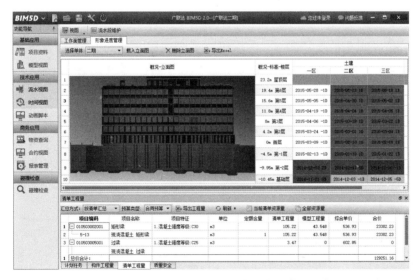

图 7-8　广联达 BIM5D 项目成本查询功能示意

广联达 BIM5D 可以时间维度，详细展示每个单体各个专业、楼层的进展情况，可查看每日实际劳动力情况以及相关偏差分析原因。以时间分布、问题类型分布、责任单位分布等各个维度，宏观展示项目的质量安全状态，协助项目管理者分析问题，排查隐患，确保项目正常完工，如图 7-9 所示。

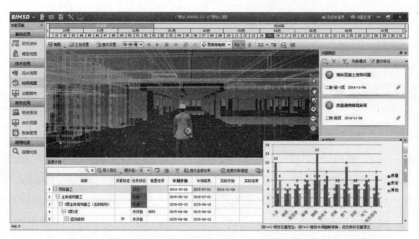

图 7-9　广联达 BIM5D 项目进度和质量安全信息浏览功能示意

**2. 软件功能评估**

统计结果显示（如图 7-10 所示）：

（1）专业功能：9% 和 61% 调研样本认为 BIM5D 专业功能"非常好"和"好"，说明 BIM5D 提供的专业功能较好地支持了工程应用；

（2）建模能力：14% 调研样本认为 BIM5D 建模能力"好"，31% 调研样本认为"一般"，34% 调研样本认为没有填写，建模不是 BIM5D 的主要功能，BIM5D 主要功能是模型集成；

（3）对国家规范的支持程度：11% 和 55% 调研样本认为 BIM5D 对国家规范的支持程度"非常好"和"好"，28% 调研样本认为"一般"，说明 BIM5D 作为本土化软件，对相关规范支持较好；

（4）高级应用功能：11% 和 28% 调研样本认为 BIM5D 高级应用功能"非常好"和"好"，也有 46% 调研样本认为"一般"，说明 BIM5D 客户化定制的支持得到部分用户的认可。

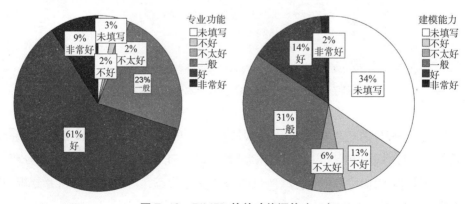

图 7-10　BIM5D 软件功能评估（一）

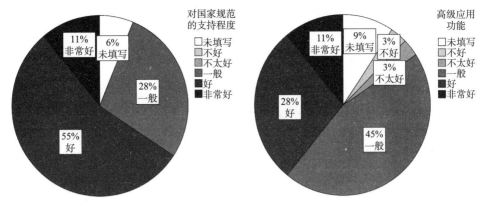

图 7-10　BIM5D 软件功能评估（二）

### 7.1.3　软件性能及评估

1. 软件性能

（1）基于云计算平台提升信息处理速度

针对工程项目常见的文件格式（包括文档、图片、二维图形、三维模型等），在云端以对用户透明的方式进行分布式处理，将原始的文件格式转换为多种不同用途的派生文件，从中提取信息并建立索引，以统一的方式在 Web、桌面和移动设备上显示，并能以一致的方式被其他应用程序所处理。

（2）支持多类型文件 Web 浏览

基于数据包技术和 WebGL 图形引擎实现的云端模型浏览服务，能够支持包括 Office 文件、PDF 文件、图片文件、DWG 图纸文件、RVT 模型文件等近 50 种常见的工程文件类型的在线浏览，而用户无须安装任何专业软件，即可通过电脑、手机、PAD 或其他设备在线浏览工程文件。

（3）支持并行计算

广联达 BIM5D 支持基于云计算基础设施平台的弹性并行计算，复杂工程的工程量计算时间能够缩短近 10 倍。

（4）基于大数据技术实现数据快速分布式处理和挖掘

广联达 BIM5D 综合应用多种数据采集（数据采集与转发）、数据存储（分布式文件系统、NoSQL 数据库与数据仓库 / 数据集市等）、分布式处理（Hadoop 等）及数据挖掘（统计、回归、聚类、分类等）等技术手段，对模型数据和多种大规模异构数据（如日志、工程数据、用户数据等）进行有机的管理和存储，实现企业信息和知识的快速管理和提取。

（5）支持高效 BIM 图形数据库

广联达 BIM5D 采用内存模型数据库，提供对图形数据的高效组织和管理，支持大数据模型的透明化调度，支持对数据的高效索引和查询，支持模型数据修改的一致性维护和数据的安全访问。

2. 软件性能评估

统计结果显示（如图 7-11 所示）：

（1）易用性：13% 和 48% 调研样本认为 BIM5D 的易用性"非常好"和"好"，说明 BIM5D 界面友好、操作简单、易学易用等特性得到用户认可；

（2）系统稳定性：11% 和 34% 调研样本认为 BIM5D 系统稳定性"非常好"和"好"，30% 调研样本认为"一般"；

（3）对硬件要求：28% 调研样本认为 BIM5D 对硬件要求"高"，41% 调研样本认为"一般"，说明流畅使用 BIM5D，对硬件（如内存、显卡等）要求较高；

（4）大模型处理能力：48% 调研样本认为 BIM5D 的大模型处理能力"好"，也有 39% 调研样本认为 BIM5D 的大模型处理能力"一般"。

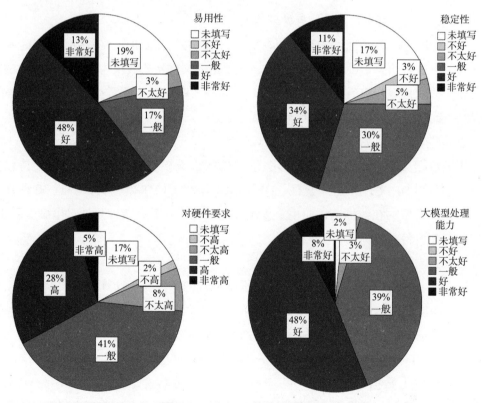

图 7-11　BIM5D 软件性能评估

### 7.1.4　软件信息共享能力及评估

1. 软件信息共享能力

广联达支持 GFC、IGMS 等数据交换格式，也支持国际通用的 IFC 接口标准，如图 7-12 所示。

图 7-12  广联达数据交换格式示意

（1）国际 BIM 接口标准 IFC

广联达产品可以将国际 BIM 接口标准 IFC 文件导入到自己的算量软件，Web 平台以及移动平台，可以很好地对接 ArchiCAD、Tekla、MagiCAD 等对 IFC 支持较为优秀的 BIM 设计软件的模型，并获得国际认证，如图 7-13 所示。

图 7-13  广联达土建算量软件获得了"buildingSMART 国际组织"颁发 IFC 认证

（2）广联达内部标准 GFC

广联达自行开发三维文件格式 GFC，并通过插件方式与 Revit 等外部 BIM 软件实现数据接口。如可以直接提取 Revit 模型，导入到广联达的算量软件，如图 7-14 所示。

图 7-14 广联达基于 GFC 格式的数据交换

（3）广联达网络模型服务接口

广联达网络模型服务接口 E5D 可直接将 Revit 建筑、结构及 MEP 导入广联达 BIM5D 项目平台，包括广联达算量系列、机电深化设计 MagiCAD、三维场地布置软件、模板脚手架设计工具、工程造价软件系列等软件的数据结果，也包括 Tekla、ArchiCAD 等建模软件的数据结果。

2. 软件信息共享能力评估

统计结果显示（如图 7-15 所示），19% 和 33% 调研样本认为 BIM5D 的信息共享能力"非常好"和"好"，23% 调研样本认为"一般"。

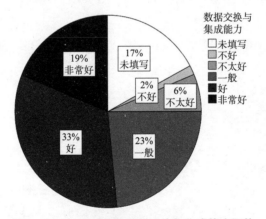

图 7-15 BIM5D 软件数据交换与集成能力评估

## 7.2 云建信 4D-BIM

### 7.2.1 产品概述

云建信"基于 BIM 的工程项目 4D 施工动态管理系统"（简称 4D-BIM 系统）是一款基于 BIM 的跨平台施工项目管理软件系统。4D-BIM 通过将 BIM 与 4D 技术有机结合，建立基于 IFC 标准的 4D-BIM 模型，支持基于 BIM 的施工进度、施工资源及成本、施工安全与质量、施工场地及设施的 4D 集成管理、实时控制和动态模拟。4D-BIM 不仅可应用于民用建筑工程，也可应用于铁路、桥梁、公路、地铁隧道、综合管廊等市政建设与基础设施工程领域。

4D-BIM 应用基于云的 BIM 数据库，提供 C/S 端（PC 端）、B/S 端（网页端）、M/S 端（移动端）三种应用方式，可实现各系统的无缝集成，以及信息与 BIM 双向链接，如图 7-16 所示。4D-BIM 系统可连接数据可视化大屏，虚拟显示头盔、云打印机、RFID、语音采集等设备，还可与摄像头、门禁、传感器进行数据对接，提供面向多工程领域和多应用方的 BIM 数据采集、存储、处理、共享功能，支持跨平台的业务数据融合与协作工作。

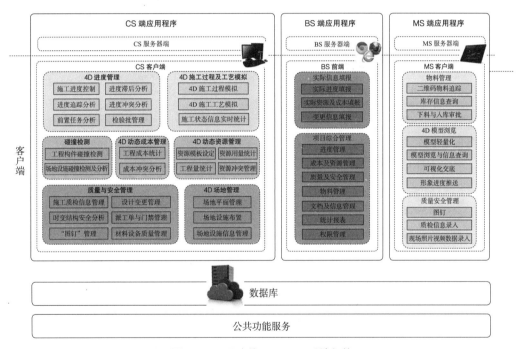

图 7-16　云建信 4D-BIM 系统架构

4D-BIM 系统架构在 4D-BIM 云平台之上，4D-BIM 平台为 4D-BIM 系统、BIM-FIM 系统以及后续产品提供高质高效的图形与数据引擎，为实现工程项目的全生命期 BIM 管理、软件集成提供平台支撑。

### 7.2.2　软件主要功能、性能和信息共享能力

1. 软件主要功能

（1）进度计划和 WBS 分解

4D-BIM 提供了 MS-Project 与 WBS 的双向数据接口，可以通过导入 Project 自动

生成 WBS 分解树，也可以根据项目的特点从工程量、产值、分部分项等维度自定义 WBS 节点，并且将自定义的 WBS 数据导出到 Project 中。同时 4D-BIM 也支持在实际工程管理中，同步 Project 与 WBS 的变更，为动态进度管理提供支持。

（2）施工 4D-BIM 建模

通过 4D-BIM 提供的数据集成机制，可建立设计 BIM 模型与施工进度的动态关联，并与进度管理的时间、资源管理的人材机、质量安全管理的整改单、任务管理的工程量、预制件的生产工序等施工信息集成，形成施工 4D-BIM 模型，如图 7-17 所示。4D-BIM 还可以根据进度、资源、质量、安全、任务等不同管理需要，抽取模型中相对应的数据进行分析计算。

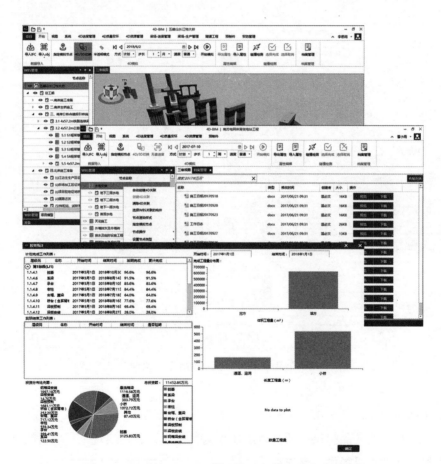

图 7-17  云建信 4D-BIM 模型创建与信息集成功能示意

（3）施工过程及工艺模拟

4D-BIM 可对整个工程或选定的 WBS 节点进行 4D 施工过程模拟，可以设定天、周、月为时间间隔，按照时间的正序或逆序，按计划进度或实际进度进行模拟，还可按工序和进度进行复杂的工艺动态模拟。模拟过程中将以饼图形式，同步显示当前工程量完成情况，以列表形式同步显示当前施工状态信息。

（4）施工进度管理

4D-BIM 可基于工程项目特点以及各参与方对进度管理的不同需求，提取不同细度的 4D 模型，实现多层次 4D 进度管理。针对铁路、公路、地铁、隧道、管廊等长线工程提出了宏观线路、中观标段、微观桩号的多层次进度方案。针对机场、桥梁、高架、港口等工程提出了形象进度、分部分项进度、工序进度的多视角精细管理。

4D-BIM 可支持各参与方对产值、工程量、工期等进度参数的多重把控。4D 施工进度管理还包括施工方案比选、施工进度模拟、施工进度控制、实际进度指派与填报、关键路径分析、前置任务分析、进度冲突分析等重要功能。

（5）任务管理

4D-BIM 基于 WBS 分解可以将一项工作任务直接发送到指定负责人的手机上，收到任务的负责人可在手机上填报当日工程量、人材机、施工日志等数据。系统将这些数据实时同步到数据库，并根据填报时间自动生成日报、周报、月报等报表。还可通过数据分析，对不同参建单位的工效进行对比，总结分析出标准化工作任务的工效和材料机械的消耗量。

（6）资源管理

包括人员管理、材料管理和机械管理三大模块。

人员管理：4D-BIM 数据库包括了项目所有施工人员的姓名、身份证号、工种、安全教育、技术交底、资格证书、头像等信息。可以按照参建单位、施工班组等维度对人员进行管理。

材料管理：4D-BIM 数据库包括了项目所需材料的名称规格等基础信息，可以对材料的出库、入库进行管理。通过收发料和盘点，记录和统计所有材料的库存、盈亏，并支持 10 个级别的库存预警，若材料存储低于设定量则系统直接向负责人发送预警短信。

机械管理：4D-BIM 数据库包括了项目所需机械的规格编号等基础信息，可以通过移动端扫码，填报机械的检查结果和凭证资料，对机械的进出场时间、检查记录进行管理。

人员、材料和机械管理数据是整个项目管理重要的基础数据，可以与门禁系统、任务管理、工效分析等其他功能模块进行链接，为实现智慧 BIM 应用提供数据基础。

（7）工程算量与成本管理

相对于施工的计划进度和实际进度，可自动计算整个工程、任意 WBS 节点、施工段或构件的工程量，并以统计报表和柱状图形式提供工程量完成情况的实时查询、统计及分析，自动生成工程量表。通过设置计价清单和多套定额的资源模板，将 WBS 任务节点及工序与计价清单、预算定额相关联，系统可自动计算任意 WBS 节点、施工段或构件在指定时间段内的人力、材料、机械计划用量和实际消耗量及相应成本，并提供资源需求量分析和成本分析。

（8）施工安全分析

基于 4D-BIM 模型，项目各参与方可进行施工安全分析与管理，其中包括：4D 时变结构和支撑体系的安全分析，可自动生成任意时间点的结构分析模型用于力学分析计算和安全性能评估；施工安全检查电子评分，提供基于《建筑施工安全检查标准》的施工安全检查电子评分表。

（9）质量安环管理

4D-BIM 提供了便捷高效的质量、安全、环境管理功能，如图 7-18 所示。检查人员在施工现场发现质量安环问题，可以实时通过手机将问题描述和整改要求及相应的图片发送给整改人，整改人收到通知后立即安排整改，并将整改情况用手机回复给检查人去验收，实现了问题记录和整改通知的闭环流程。同时在手机端填报的数据都实时同步到 BS 端和 CS 端，直接定位到模型，通过图钉标记发生问题的位置，并按照项目提供的整改单模板一键生成整改单和整改回复单。这些质量安全问题信息和整改单都与相应的 WBS 或者模型进行关联，用户可以在 CS、BS、MS 端查询管理所有的问题信息，并通过对问题位置、整改单位、验收通过率等数据的统计分析，评估监理、施工方、分包等各参建方的质量安环管理工作。

图 7-18　云建信 4D-BIM 质量安全管理功能示意

（10）施工场地管理

4D-BIM 提供的 DXF 等数据接口，可导入 CAD 软件建立的场地布置图，进行场地平面管理。通过将 3D 施工现场设备和设施模型与施工进度相链接，形成 4D 场地布置模型，使场地布置与施工进度相对应，实现 4D 动态的现场管理。

（11）门禁管理

4D-BIM 可以将人员管理数据库与门禁系统进行链接，读取门禁系统刷卡信息的同时可设定门禁的权限。施工员刷卡通过门禁即可在 4D-BIM 平台记录其刷卡时间并展示出人员管理中的头像、姓名、资格证书等数据信息。

（12）动态现场监测与分析

4D-BIM 可以将现场监测点与 BIM 模型进行关联，同时监测数据可以一并接入到 4D-BIM 中，实时进行安全、能耗、环境等分析，其中监测数据包括应力应变、沉降变形、健康监测、扬尘浓度、噪音指数等。实时监测数据和分析结果可以通过颜色、云图等反映到模型上，如果超过设定的阈值，4D-BIM 可以向相关人员发送预警短信。

（13）碰撞检测与分析

4D-BIM 通过构建施工现场 4D 时变空间模型和相应的碰撞检测算法，可实时动态地对场地设施之间、场地设施和主体结构之间可能发生的物理碰撞进行检测和分析，并对施工现场进行合理规划和实时调整，以满足施工需求。

（14）动态视频监控

4D-BIM 通过设定虚拟摄像头，将现实中视频监控所拍摄的画面与虚拟摄像头拍摄到的 BIM 模型一一对应，在 4D-BIM 中控制摄像头的视角和画面时，虚拟摄像头会实时同步，实现虚拟模型与现实施工情况的对比。

（15）参数化隧道掘进与模拟

隧道工程采用盾构法、TBM 法、沉管法时，可在施工前预先将 BIM 模型进行分解。对于开挖施工的隧道，由于地质因素影响每天掘进的工程量都不可控，针对这个问题 4D-BIM 提出了参数化隧道掘进的解决方案。可以根据隧道模型的截面和轴线，以每天填报的掘进进度量为参数，实现隧道开挖的参数化形象进度和管控。

（16）预制件管理

根据对钢结构或其他预制构件的分解，4D-BIM 支持为需要管理的节段、杆件、部件等建立唯一标识的序列号，并生成二维码。施工现场可通过移动端扫描二维码记录其生产过程与拼装关系。

（17）梁场管理

梁场管理主要包括预制梁的生产计划、台座使用情况以及预制梁的生产进度三个部分。4D-BIM 支持用户按照实际情况布置各种台座，并通过手机端对梁的生产工序和台座占用情况进行填报。系统根据每一个梁的生产情况以及台座的占用情况，在模型上直观显示整个梁场的生产进度，并分析梁场当前生产情况能否满足各个施工线路的施工要求。

（18）施工档案资料管理

4D-BIM 可以将施工图、施工方案、技术交底、进度计划以及相关报表等资料与 WBS 节点或构件关联，实现施工资料的有序存储和快速查询。同时每个人上传的档案资料都可以共享给其他人，也支持在手机端查看所有档案资料，为远程协同办公提供帮助。

（19）现场作业指导与技术交底

按照工艺工序的分解，将二维指导书文档与 BIM 模型相关联，提供了自动朗读、添加图片、视频、音频等多媒体资料、自由切换工艺工序等功能，同时支持在手机端对分解后的工艺工序模型进行显隐、剖切、旋转、放大、缩小等交互操作。通过模型的交互可以加强阅读者对施工工艺工序的理解，在手机端进行浏览和传播的方式可以将技术交底深入贯彻到每一个施工技术人员的日常工作中。

2. 软件性能

（1）支持大尺寸模型处理

为了应对大尺寸模型的显示和应用需求，4D-BIM 平台从几何模型优化、属性数据优化、模型轻量化等方面对模型显示进行了优化处理，基于自主开发的图形平台，支持桌面端、网页端和移动端的大尺寸模型显示。

（2）支持分布式处理大项目数据

4D-BIM 可采用公有云、私有云和混合云多种方式进行部署，支持分布式数据存储和计算，能够较好的支持大型项目处理。采用公有云部署时，采用阿里云的存储服务和数据库存储服务；在私有云分布式计算方面，采用阿里云的负载均衡等技术对计算资源进行自动调度和合理分配，提高系统的稳定性。

4D-BIM 系统为应对高并发的写操作（针对一个项目），系统服务器端采用集群方式，可以根据需要随时配置多个应用服务器和 / 或数据库服务器，且数据库实例之间不需要同步。这种按项目分库的方式，很容易应对数十个、数百个项目的增加，以应对大项目数据的处理需求。

（3）支持多种工程类型和多应用方的项目创建与管理

4D-BIM 系统提供了建筑、铁路、桥梁、公路、地铁、管廊等工程项目的创建和管理，支持多种格式的 BIM 模型、进度计划以及清单算量信息导入及其与模型的自动关联，支持项目从整体宏观、局部中观到精细微观等多层次工程管理。可面向建设方、施工总承包、施工项目部等不同应用主体，针对工程特点和管理需求，对系统应用流程、用户界面、数据库及功能组织进行灵活的定制，并为应用主体的各职能部门和参与方提供不同的用户权限配置和管理。用户按照各自的权限，创建新建工程或登录在建工程，通过连接远程服务器和数据库，完成相应的职能管理工作。

（4）支持桌面端、移动端、网页端应用

为了施工现场、监理公司、业主公司等不同办公地点和不同角色的工程人员能够方便地使用系统，4D-BIM 系统提供了桌面端、移动端和网页端三种不同的客户端应用。桌面端支持 Windows 操作系统，采用 Ribbon 菜单布局，合理对功能进行分组。移动端程序可运行在苹果和安卓两种操作系统上。网页器端可利用 Microsoft Internet Explorer、Mozilla Firefox 等通用浏览器打开访问。网页端和移动端应用侧重于 BIM 数据的采集、施工现场管理等。同时，系统可根据用户角色对系统界面进行自动定制以更符合用户对系统的使用需求。

（5）支持参数化建模

系统支持开放的商业软件 BIM 建模和共享，也可采用自主研发的面向工程设计与施工的 BIM 建模系统 BIMMS，直接创建 BIM 模型，并支持参数化建模。如用户只需输入位置、尺寸等基本参数即可创建各种结构构件和场地设施模型；用户只需选择断面和轴线深度即可创建隧道模型等。

（6）支持自动化施工 BIM 建模

基于施工 4D-BIM 模型结构和数据集成机制，系统提供了以 WBS 为核心的施工 4D-BIM 建模方法和工具。可支持 4D-BIM 系统与 Project 的双向数据交换，通过建立设计 BIM 与施工进度的动态链接和信息关联，实现资源、成本、质量、安全等施工信息的集成，形成施工 4D-BIM 模型。系统提供了 4D-BIM 建模流程和向导，利用 BIM 构件管理器、属性编辑器、构件与 WBS 节点关联等建模工具，根据 WBS 对设计 BIM 模型进行施工层、施工段或施工单元划分，通过自动关联构件类型、材料、工程量等工程属性，任意添加资源、成本、质量、安全等施工信息，构建施工 BIM 构件。最后将 BIM 构件与相应的 WBS 节点自动关联，快捷创建施工 4D-BIM 模型。由于 WBS 节点已与 Project 任务链接，则实现了 BIM 构件与进度计划的链接以及与施工信息的集成。

（7）支持模型构件与业务数据动态关联

系统提供动态自动关联机制，可针对各种类型的业务数据，自动触发数据处理任务，通过属性搜索，快速检索到对应的模型构件，建立业务数据与模型的关联。依据编码规则，建立 WBS 与构件 / 构件组、工程量清单项构件 / 构件组的关联关系。通过工作量、材料损耗量等计算项目与工程量对应的计算规则，建立质量检查及验收点与构件 / 构件组的关联关系。此外，系统也以工程构件树形式展现模型构件，用户可以用手工拖动的方式直接将数据与相应模型构件建立关联，作为自动关联方式的补充。

（8）支持模型及数据完整性检查

在系统操作层面上，采用数据控制机制，提供了用户权限判断、数据保护、多用户操作以及版本对比及更新等功能，以避免多用户对数据修改的冲突，保证数据的唯一性和完整性。在业务数据层面上，采用自动化的数据校验机制，保证业务数据的完整性和准确性，例如，针对计划数据，依据编码规则和构件之间的拓扑关系，自动检查与模型关联的计划是否合理、时间顺序上是否颠倒、脱节；针对成本数据，依据编码规则和构件名称、族文件内容等，检查与模型关联的成本工程清单统计是否错误，是否超出计算规则建议／允许的范围值；针对检查质量数据，质量数据是否超出计算规则建议／允许的范围值；数值与质监关联的构件是否匹配，范围是否合理等。

（9）提供丰富构件库

系统具有基本的场地模型库及标准户型库支持，并可根据用户需求动态扩展构件库；同时拥有隧道标准构件库，辅助参数化建模。

（10）支持定制开发

系统采用插件式结构开发，可非常方便地根据不同工程类型、工程实施方进行功能定制，并自动根据不同的用户角色对界面和流程进行定制。

（11）多核处理能力

系统在进行模型数据处理、大量实时数据计算分析等计算密集型任务时，采用了并行处理机制，可充分利用计算机 CPU 资源，进行多核计算。

3. 软件信息共享能力

4D-BIM 系统采用自主研发的 BIM 数据集成与交换引擎，通过 IFC 格式模型解析和非 IFC 格式建筑信息转化，可直接导入 Revit、ArchiCAD、Tekla、CATIA 等商业软件建立的 BIM 模型，或导入 AutoCAD、3DS MAX 等其他 CAD 或图形系统中建立 3D 模型。

4D-BIM 系统支持采用标准化格式文件、Web Service 和通用协议等方式进行数据共享。在设计模型的交付阶段，支持将 Autodesk（Revit）、Bentley（Microstation）、Dassault（Catia）、Tekla（Xsteel）等主流 BIM 软件的设计模型信息，通过 IFC、obj、3dxml 等多种数据接口导入系统，导入后可实现合模，作为一个完整的工程模型实现各项管理需求。用户可以在任意 BIM 软件或其他 CAD、图形系统中建立 3D 模型，例如 MicroStation、3DS MAX、CATIA 等，利用系统的数据接口可将模型直接导入到系统中。

在进度模型创建阶段，4D-BIM 支持与 Project 的双向数据交换。在施工管理阶段，支持导入 ANSYS、ABAQUS、Midas 等有限元分析软件的结构计算模型，并可将计算结果关联到模型构件上，用于施工过程结构安全的动态分析和管理。可通过标准 Excel 接口实现工程计价等软件的数据导入和分析。另外，4D-BIM 系统支持通过标准化的 Web Service 接口实现系统与其他管理软件之间的数据交互和共享。通过 OPC、ONVIF、MQTT 和 ModBus 等协议接口实现与施工现场视频监控、门禁、结构监测等系统之间的集成和数据共享。

## 7.3　Autodesk BIM 360

### 7.3.1　产品概述

Autodesk BIM 360 是欧特克公司推出的基于桌面、云端、移动终端的全方位施工过程协同与管理平台。产品核心目标是为施工全过程所有参与方，提供不限地点、时间的施工数据、图纸的存储、查阅、审批及管理等功能，实现施工过程数据集中化、流程标准化、数据查阅简便化等。

值得注意的是，目前 BIM360 的云存储服务器在境外，在应用该软件时，有关数据安全是一个需考虑的问题。

### 7.3.2　软件主要功能、性能和信息共享能力

1. 软件主要功能

Autodesk BIM 360 由 6 个核心功能模块组成：

（1）BIM 360 DOCs

BIM 360 Docs 提供贯穿文档管理四个关键领域的功能：

1）发布：BIM 360 Docs 发布功能的目标是在整个项目过程中，实现文档处理任务的自动化、可重复，如：自动从 Revit 模型中分离出各种图纸；自动识别图纸标题块，并自动命名；合并或分离 PDF 中的图纸页；在统一的存储空间中，按逻辑或指定的结构存储数据等。

2）共享：BIM 360 Docs 共享功能的目标是方便授权用户共享文档及信息，如：用逻辑格式（项目阶段、项目集排序，同时包括完成百分比）来展示信息；跟踪及管理文档版本，以便进行版本比较，帮助快速鉴别变化或回退到早先版本；通过权限控制信息的发布；在用户、角色或公司三个层级灵活地分配权限等。

3）查看：BIM 360 Docs 查看功能目标是提供能在单一窗口中方便快捷地查看所有二维平面图、三维模型或其他格式文件，如：基于 Autodesk 的 LMV（Large Model Viewing，大模型浏览技术），在单一界面上快速浏览二维文件或三维模型；在网页端、iPhone 或 iPad 上浏览文档；支持无网络时，与 BIM 360 Field 进行线下同步；在三维模型中查看对象属性、特性等。

4）标记：BIM 360 Docs 标记功能的目标为实现协同查看、浏览、标记及问题管理，如：二维、三维的标记工具，包括含标记缩略图的快速审核及批准功能；向 BIM 360 Field 项目成员推送项目问题；通过报告或仪表盘，查看整个项目的问题情况。

（2）BIM 360 Glue

BIM 360 Glue 是基于云端的 BIM 管理和协同产品，支持整个项目团队的标准化 BIM 应用流程。BIM 360 Glue 可加速项目审核，以及多专业校核和问题处理，提高项

目团队协同的能力（如图 7-19 所示）。

1）数据访问：在管理控制台中，用户可将任何人拉入项目中，并分配相应权限，该用户即可通过设计软件的插件、网页或移动端的 APP 访问 BIM 360 Glue，提交或查看数据。

2）通知与协同：用户可直接在 BIM 360 Glue 的浏览界面上直接进行标注，并通过邮件或 Glue 内的通知发送给相关人员，而相关人员在接收到通知后，可通过链接直接查看标注对应的模型视角及标注内容。

3）实时碰撞检查：BIM 360 Glue 支持用户使用云端引擎进行实时全模型碰撞检查，并返回完整的结果报告。

4）移动化办公：BIM 360 Glue 提供移动端的 App，集成 BIM 360 Field，支持用户移动化办公。

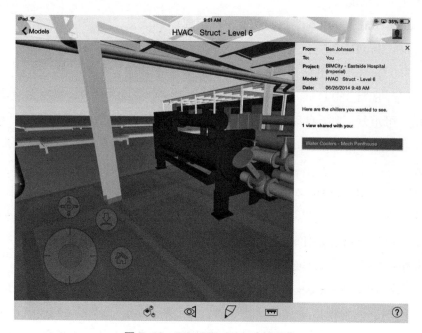

图 7-19　BIM 360 Glue 功能示意

（3）BIM 360 Field

BIM 360 Field 是一款二维、三维环境下的现场管理软件，基于云计算和移动技术，提供施工文档浏览、现场协同和报告功能，将关键信息推送到现场人员，辅助项目施工的质量、安装及调试管理。

1）现场查验、巡检：可分配及管理工作任务，当现场巡检出现问题时，可通过现场图片、电子签名进行记录。

2）跟踪设备的安装、启动及调试：可通过 BIM 360 Field 扫描二维码直接获取设备在 BIM 360 Field 中的信息，如图 7-20 所示。

3）模型数据管理：可在 BIM 360 Field 中热点查看对应模型，配合任务、问题管理，实现状态跟踪，如图 7-21 所示。

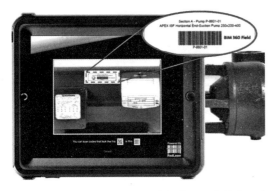

图 7-20　BIM 360 Field 扫码直接获取设备信息示意　　　图 7-21　BIM 360 Field 模型浏览示意

（4）BIM 360 Layout

BIM 360 Layout 是一款创建放样点的插件性软件，是 BIM 360 Glue 的一部分。通过与全站仪的联动，精准地按模型中的放样点来确定现实中施工对应的放样点（放样点模型存放在 BIM 360 Glue 中），以提高施工质量保证和质量控制，以及施工效率，如图 7-22 和图 7-23 所示。

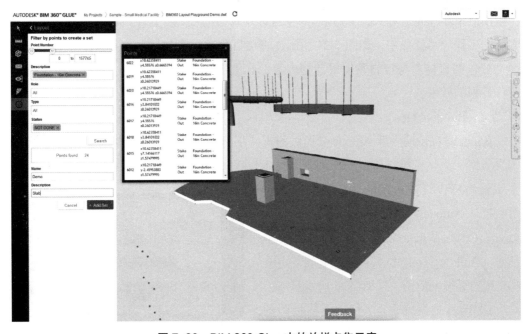

图 7-22　BIM 360 Glue 中的放样点集示意

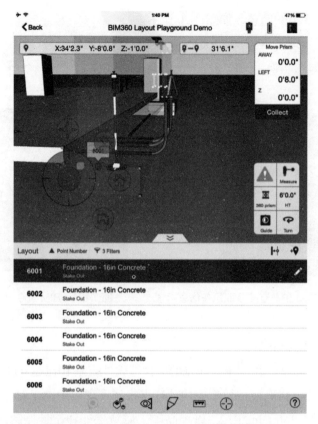

图 7-23　BIM 36O Layout 与全站仪集成示意

（5）BIM 360 Plan

BIM 360 Plan 是对 P3、P6 定制的项目计划有效的补充，让生产计划能直接对接到实际的工作项目任务中，如图 7-24 所示，将项目分解到多参与方的工作计划中；允许、邀请分包商直接参与定制及完成计划内容；通过对性能矩阵的分析、审核，持续提升工作计划的效率。

（6）Building Ops

Building Ops 是一款 Autodesk 提供的支持手机移动端和浏览器客户端的运营维护解决方案，为运营维护阶段的管理者、技术工程师以及设施使用者提供方便、快捷的楼宇设施资产维护管理功能。Building Ops 可直接从 Autodesk BIM 360 Field、Autodesk Revit、CSV 或 Panoramic Power 获取数据信息。Building Ops 由 4 个组件组成，可在 iOS 和网页端上使用，如图 7-25 所示：

1）项目数据仪表盘：根据不同权限的人员，其仪表盘的内容会自动进行调整，提

图 7-24　BIM 360 Plan 功能示意

供角色化的内容及个性化的外观。

2）资产管理：资产信息能通过手工添加，也可通过 BIM 360 Field 转换到 Building Ops 中。

3）人员管理：支持管理人员快速查找技术人员及供应商相关的资料。

4）信息管理：在 Building Ops 中，工单的创建与管理是相互关联的，用户可通过类型、技术人员、时间等条件来过滤信息。

项目数据仪表盘　　　　资产　　　　　人员角色　　　　台账/工单/工作计划
-Dashboard　　　　　-Asset　　　- Contacts/Roles　　-Tickets/Schedules

图 7-25　Building Ops 功能示意

2. 软件性能

（1）基于云的高效协同

基于云的 BIM 360 使得分散的团队之间实现高效协同。通过发送链接和注释，可精确访问大型、复杂的 BIM 模型视图和共享标记，让团队所有成员即时了解最新信息。

（2）改进工程质量

使用简便易用并且可以自定义的模板跟踪施工质量。使用图钉标记快速标明问题位置、状态和说明，使整个团队能够在施工过程中更快地确定并解决冲突。

（3）提升安全性

BIM 360 提供一致性和准确性更高并且可审核的管理过程，简化施工现场检查，帮助降低受伤和其他安全风险。通过系统可主动管理各个团队，辅助向团队成员灌输施工现场安全意识。

（4）沉浸式移动体验

BIM 360 让现场、在线、离线，多方位均可直观探索多领域 BIM 项目。

3. 软件信息共享能力

BIM 360 是基于云的协调管理平台，支持 50 多种文件格式。产品内置对 Revit、AutoCAD、IFC 模型等的往返支持，获得简化的多领域工作流。

BIM 360 配合 Navisworks，可实现 4D 动画时间轴、基于模型的算量以及其他高级分析。

### 7.3.3 调研反馈结果

本产品的调研反馈数量较少，部分代表性意见如表 7-1 所示。

BIM360 部分调研样本数据 表 7-1

| 序号 | 易用性 | 稳定性 | 对硬件要求 | 建模能力 | 数据交换与集成能力 | 大模型处理能力 | 对国家规范的支持程度 | 专业功能 | 应用效果 | 高级应用功能 |
|---|---|---|---|---|---|---|---|---|---|---|
| 1 | 非常好 | 非常好 | 一般 | 未填写 | 一般 | 一般 | 未填写 | 不太好 | 好 | 一般 |
| 2 | 一般 | 一般 | 高 | 未填写 | 一般 | 一般 | 一般 | 一般 | 一般 | 未填写 |
| 3 | 一般 | 一般 | 一般 | 未填写 | 好 | 一般 | 未填写 | 好 | 一般 | 好 |

## 7.4 Bentley Projectwise

### 7.4.1 产品概述

Bentley ProjectWise 为工程项目的内容管理提供了一个集成的协同环境。通过 ProjectWise，可对贯穿于项目生命周期中的信息进行集中、有效的管理，让散布在不同区域甚至不同国家的项目团队，能够在一个集中统一的环境下工作，随时获取所需的项目信息，进而能够进一步明确项目成员的责任，提升项目团队的工作效率及生产力。

ProjectWise 构建的工程项目团队协作系统，用于帮助团队提高质量、减少返工并确保项目按时完成。ProjectWise 是一款内容管理、内容发布、设计审阅和资产生命周期管理的集成解决方案，通过良好的安全访问机制，为用户提供系统管理、文件访问、查询、批注、信息扩充和项目信息及文档的迁移功能。ProjectWise 针对分布式团队中的实时协作进行了优化，可在项目办公地点进行 OnPremise 部署或作为托管解决方案进行 OnLine 部署。

ProjectWise 基于工程生命周期管理的概念（如图 7-26 所示），改变传统的点对点和分散的沟通方式，将不同部门、不同单位（业主、设计单位、施工承包单位、监理公司、供应商等）、不同阶段，集成在一个统一的工作平台上，实现信息的集中存储与访问，从而缩短项目的周期时间，增强了信息的准确性和及时性，提高了各参与方协同工作的效率。

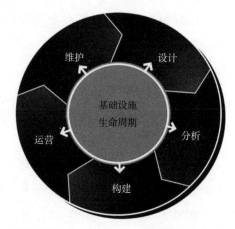

图 7-26 ProjectWise 工程生命周期理念

### 7.4.2　软件主要功能、性能和信息共享能力

1. 软件主要功能

（1）三维检视、碰撞检查和进度模拟

ProjectWise 在 3D 设计、碰撞检查以及施工安装模拟的过程中，为管理者和项目组成员提供了协同工作的平台，可以在不修改原始设计模型的情况下，添加自己的注释和标注信息。ProjectWise 支持用户交互式浏览大型复杂的 3D 模型，如图 7-27 所示。ProjectWise 用户可对施工计划进行模拟并为其制作动画，还可对三维模型执行深入撞击检测。通过直接（原始数据格式）或间接（XML 等开放数据格式）数据导入实现与主要项目计划应用程序，如 P3、P6，Project 等的集成。

图 7-27　ProjectWise 模型浏览功能示意

（2）管理各种动态的工程文件

目前工程领域内使用的软件众多，产生了各种格式的文件，这些文件之间还存在的复杂的关联关系，这些关系也是动态发生变化的，对这些工程内容的管理已经超越了普通的文档管理系统的范畴。ProjectWise 结合工程设计领域的特点，改进了标准的文档管理功能，能够更好地控制工程设计文件之间的关联关系，并自动维护这些关系的变化，减少了设计人员的工作量。

ProjectWise 主要管理的文件内容包括：工程图纸文件，如 DGN、DWG、光栅影像等；工程管理文件，如设计标准、项目规范、进度信息、各类报表和日志等；工程资源文件，各种模板、专业的单元库、字体库、计算书等。ProjectWise 文档管理功能如图 7-28 所示。

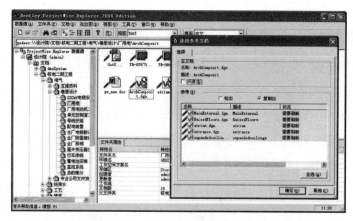

图 7-28　ProjectWise 工程文件管理功能示意

（3）项目异地分布式存储

大型工程项目往往参与方众多，而且分布于不同的城市或者国家。ProjectWise 可以将各参与方工作的内容进行分布式存储管理，并且提供本地缓存技术，这样既保证了对项目内容的统一控制，也提高了异地协同工作的效率。

（4）文档发布

ProjectWise 后端采用 Publisher 发布引擎，可以动态地将设计文件（DGN/DWG）、OFFICE 格式的管理文件以及光栅影像文件发布出来，设计文件发布后完全保留原始文件中的各种矢量信息、图层以及参考关系，充分保证了信息的完整性，如图 7-29 所示。对于项目管理人员、各级领导，不需要再安装什么设计软件，就可以直接通过浏览器来查看项目中的各种文件，简单快捷，也节省了购买专业软件的成本。

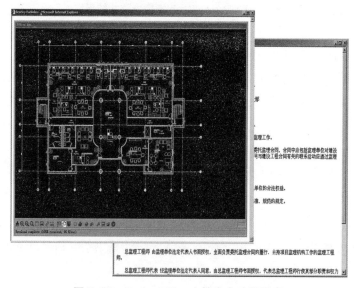

图 7-29　ProjectWise 文档发布功能示意

（5）工程内容目录结构映射

目前工程项目中对工程内容管理的组织有多种方式，通常可以按照项目或者办公科室进行管理。但是在实际项目进行过程中，单一的文件组织管理方式往往带来诸多问题。ProjectWise 提供了目录结构映射的功能，可以首先按照某种方式建立目录结构，这种方式建立的目录是物理存在的；然后按照另一种方式建立映射关系，这种方式建立的目录是逻辑映射。这样就把所管理的工程内容按照项目和按照科室两种管理方式展现出来，而其中的文件内容是唯一的，如图 7-30 所示。

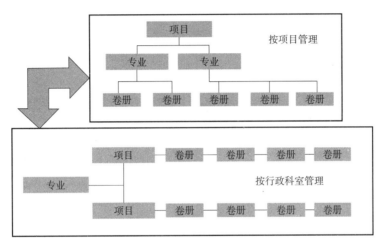

图 7-30　ProjectWise 工程内容目录结构映射示意

（6）查询搜索

ProjectWise 可以根据文档的基本属性进行查询，包括名称、时间、创建人、文件格式等，也可以根据项目情况，自定义一些属性，根据这些自定义属性进行查询。同时也支持全文检索的方式以及工程组件索引。经常使用的查询还可以进行保存，保存的是查询的条件而不是静态的结果，保证了查询实时的更新，如图 7-31 所示。

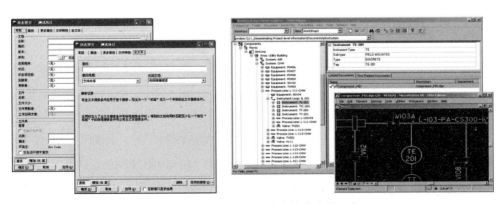

图 7-31　ProjectWise 查询搜索功能示意

（7）工作流程管理

ProjectWise 可以根据不同的业务规范，定义自己的工作流程和流程中的各个状态，并且赋予用户在各个状态的访问权限，如图 7-32 所示。当使用工作流程时，文件可以在各个状态之间串行流动到某个状态，在这个状态具有权限的人员就可以访问文件内容。通过工作流的管理，可以更加规范设计工作流程，保证各状态的安全访问。并且可以随之生成相应的校审单。其中包括流程中各步骤的审批意见、历史记录和错误率、工作量的统计等。

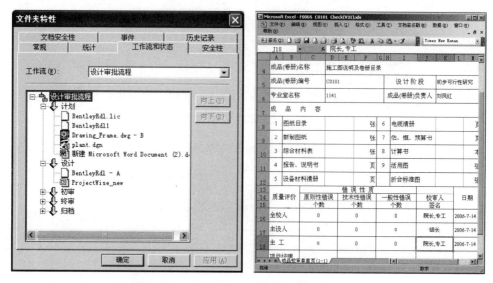

**图 7-32  ProjectWise 工作流程管理功能示意**

（8）动态出图和审阅

ProjectWise 可以方便地进行出版和出图管理。支持在打印的同时，生成相应文档的 PDF 格式，便于文件的交付归档。ProjectWise 的动态审图功能基本适合国内的工作模式。ProjectWise 利用激光电子笔，支持直接在打印的纸质文件上进行文件的校审和批阅，校审和批阅的内容将会通过 ProjectWise 自动将批注信息体现在原始的电子图纸中，与设计软件能够很好地集成。大大减少了图档同步的工作量和时间。通过该功能，可以增强和改进现有的工作流程，并且这种基于纸质的批注信息可以得到及时的传递和体现，不需要重复的录入。

（9）内部消息沟通

ProjectWise 用户之间可以通过消息系统相互发送内部邮件，通知对方设计变更、版本更新或者项目会议等事项，也可以将系统中的文件作为附件发送，如图 7-33 所示。同时 ProjectWise 还支持自动发送消息，当发生某个事件，如版本更新、文件修改、流程状态变化等，会自动出发一个消息，发送给预先指定的接收人。

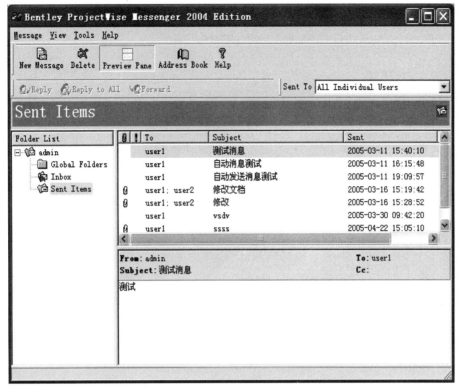

图 7-33　ProjectWise 内部消息沟通功能示意

（10）工作日志管理

ProjectWise 可以自动记录所有用户的工作过程，包括用户名称，操作动作，操作时间以及用户附加的注释信息，如图 7-34 所示。这些过程的记录，是设计质量管理的重要组成部分，符合 ISO9001 对设计过程管理的要求。并且管理员还可以实时监控到用户的登录信息。

（11）规范管理和设计标准

ProjectWise 可以提供统一的工作空间的设置，使 MicroStation 和 AutoCAD 用户可以使用规范的设计标准。同时文档编码的设置能够使所有文档按照标准的命名规则来管理，方便项目信息的查询和浏览。ProjectWise 的管理方式符合 BIM 应用的思路，为 BIM 应用提供良好的实现工具。

（12）空间化内容管理

ProjectWise GeoSpatial Management 扩充了 ProjectWise 的工程内容管理功能，让所有的文件都具备有空间索引的特性。用户可以动态地在以地图为基础，根据文件的空间位置，来浏览及获取相关的内容信息。整合的地图管理功能、动态的坐标系统支持以及空间索引工具，可以帮助使用者有效率地管理工程信息，如图 7-35 所示。通过 ArcGIS Connector，还可以和空间数据库进行数据交换。

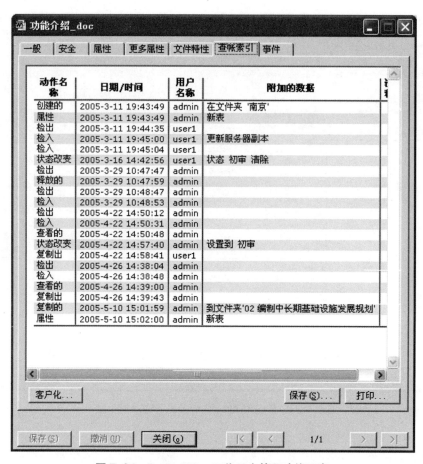

图 7-34　ProjectWise 工作日志管理功能示意

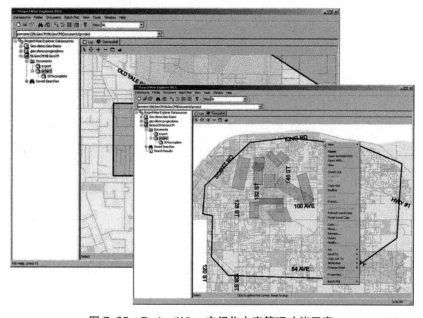

图 7-35　ProjectWise 空间化内容管理功能示意

（13）档案管理

ProjectWise iDoc 是 ProjectWise 档案管理模块，以国家档案法规为基础，以提高资料档案管理水平和利用价值为主线，是一个企业级档案和资源管理软件。ProjectWise 中产生的项目过程文档，可以自动地按照企业归档要求进行项目文件归档。通过项目、案卷、卷册、档案等不同层级的管理，完成档案查看、档案借阅、光盘打包等工作。

2. 软件性能

（1）Delta 文件传输技术

针对用户通过广域网异地协同工作时大文件传输速度慢效率低的问题，ProjectWise 采用了先进的 Delta 文件传输技术，使用压缩和增量传输的方式，更有效地使用户可以利用分布式资源组成的网络，大幅度提高访问速度。

（2）项目及项目模板

ProjectWise 支持项目模板，具有属性信息和资源，可以包含子项目、目录、文件，保存的搜索以及组件索引信息等，如图 7-36 所示。项目模板使用户可以基于现有项目标准，定义目录结构、项目资源、访问权限控制等，快速建立新的项目。用户还可以按照项目的需要和项目特点制定项目共用的项目属性，用来标识该项目的特性。

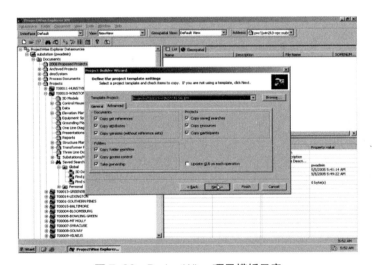

图 7-36　ProjectWise 项目模板示意

（3）支持 C/S 和 B/S 访问

ProjectWise 是典型的三层体系结构，既提供标准的客户端 / 服务器（C/S）访问方式，以高性能的方式（稳定性和速度），满足那些使用专业软件（CAD/GIS 等）的用户的需求，包括工程师、测绘人员、设计师等。

同时也提供浏览器 / 服务器（B/S）的访问方式，以简便、低成本的方式满足项目管理人员的需求，包括项目经理、总工、业主等。当用户出差在外，这两种方式都支持远程访问，用户可以通过公网和企业 VPN 访问系统。

两种访问方式基于同一项目数据库，保证了数据的完整性和一致性。B/S 的访问方式包括安全身份认证、文件修改、流程控制、查看历史记录、批注等。

（4）安全访问控制

ProjectWise 数据层与操作层分离，收集了分散的工程内容信息，采用了集中统一存储的方式，加强了可控制性和安全性。

对于用户访问，采用了用户级、对象级和功能级等三种方式进行控制。用户需要使用用户名称和密码登录系统，按照预先分配的权限，访问相应的目录和文件，这样保证了适当的人能够在适当的时间访问到适当的信息的适当的版本。ProjectWise 还可以和用户 Windows 域进行集成。集成的域用户不仅可以一次性完全导入到 ProjectWise 系统中，还可以实现单点登录功能，方便客户访问和使用。

3. 软件信息共享能力

（1）应用程序集成

ProjectWise 与 MicroStation 以及 Bentley 的各个行业软件产品紧密集成，同时对 AutoCAD 和其他工程行业的应用软件也提供了良好的集成支持。这些集成允许用户在应用软件中可以访问和直接读写 ProjectWise 中的文件，并且可以实现将 ProjectWise 中文件属性信息直接写入到图纸内容中。除此以外，对 Microsoft Office 软件、地理信息系统等，都能很好地集成。

（2）二次开发接口

ProjectWise 提供了开放的接口，可以和其他管理系统进行数据集成。ProjectWise 提供基于 C 语言的二次开发包，方便用户根据自己的业务需求，使用各种开发工具进行系统的二次开发。

目前已有接口包括：Documentum、FileNET、SAP、MS Project、P3、P6 等，能够完成 ProjectWise 与进度计划系统的实时交互和数据通信。

（3）企业 Web 门户集成

ProjectWise 与 Microsoft Office SharePoint Portal Server 集成，提供一个功能强大而灵活的工作环境，为用户工程相关的工作带来更高的效率和生产力。ProjectWise 提供统一可订制的用户界面环境，无论项目位于什么位置，项目成员都可以方便的对项目信息进行管理、查询以及协同工作，在一个站点中集中展现所有项目的数据，并进行协同工作。

ProjectWise 采用 ASP 的 Web Patr 来实现各功能模块，用户可以自定义 Web Part 来满足用户的特殊的业务需求，可以使 ProjectWise 和其他信息系统通过 Web Services 和 Web Parts 进行集成，便于设计软件与其他办公软件进行集成，这样某一种软件的数据发生变化，可以及时触发更新其他软件的相关数据，而且有良好的通知机制。

### 7.4.3　调研反馈结果

本产品的调研反馈数量较少，部分代表性意见如表 7-2 所示。

Projectwise 部分调研样本数据　　　　　　　　　　　　　　　表 7-2

| 序号 | 易用性 | 稳定性 | 对硬件要求 | 建模能力 | 数据交换与集成能力 | 大模型处理能力 | 对国家规范的支持程度 | 专业功能 | 应用效果 | 高级应用功能 |
|------|--------|--------|-----------|----------|---------------------|----------------|----------------------|----------|----------|--------------|
| 1 | 好 | 好 | 高 | 好 | 好 | 好 | 未填写 | 好 | 好 | 好 |
| 2 | 好 | 好 | 一般 | 未填写 | 好 | 非常好 | 未填写 | 未填写 | 好 | 不太好 |
| 3 | 一般 | 好 | 非常高 | 一般 | 好 | 好 | 一般 | 一般 | 好 | 一般 |
| 4 | 非常好 | 好 | 一般 | 未填写 | 非常好 | 非常好 | 未填写 | 好 | 好 | 好 |

## 7.5　Trimble Vico Office

### 7.5.1　产品概述

Trimble Vico Office 是美国天宝公司建筑事业整体解决方案的重要组成部分，是一款基于 BIM 进行项目精细化管理的工具软件。在项目前期，Vico office 辅助分析施工图纸和施工组织方案，基于 BIM 模型有效管理项目成本和施工进度，达到节约工程开支和保障项目竣工时间的目标。在项目后期，辅助建立准确的基于 BIM 的设备和资产清单，为业主和设施运营方提供强有力的运营数据支撑。

### 7.5.2　软件主要功能、性能和信息共享能力

1. 软件主要功能

（1）模型和文档管理

在项目建设过程中，设计模型和设计图纸都可以导入到 Vico Office 中。支持模型和文档的版本管理，可在各个版本之间随时切换和查看，如图 7-37 所示。支持图纸和模型的变化的自动识别，可在同一视窗中进行快速地查看，使得现场技术人员和商务结算人员在图纸版本变化后简单直接的发现图纸和模型的差异。

（2）三维进度计划管理

传统进度计划均采用甘特图的方式，缺乏任务之间空间关系的表达。Vico Office 软件的进度计划由三个维度构成（空间，时间，工序），使得施工流水优化变得简单直接，同时施工面的冲突容易被发现，如图 7-38 所示。

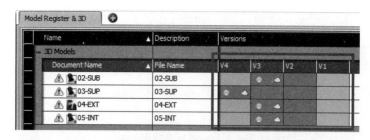

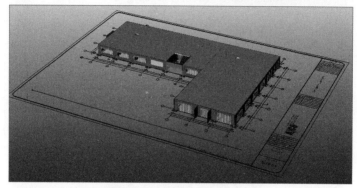

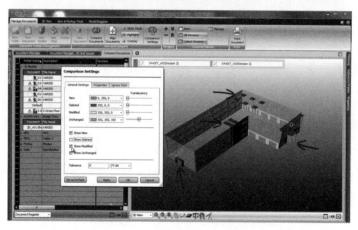

图 7-37　Vico Office 模型管理

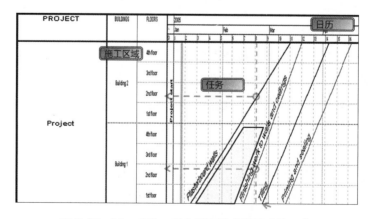

图 7-38　Vico Office 三个维度进度管理功能示意

Vico Office 支持项目变化性，通过将现场实际施工进度不断的输入系统，进度计划可根据现场的实际施工情况不断地进行调整，可保证项目计划和实际进度具有很高的正向可参照性，根据实际生产能力预测项目未来的发展状况，让项目管理从被动管理项目进度，转变为早发现早协调的主动项目管理方式，如图 7-39 所示。

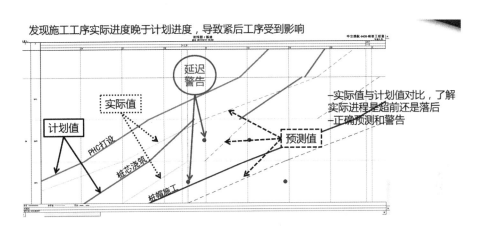

图 7-39    Vico Office 支持主动式的项目进度管理

Vico Office 支持通过动画的方式展现整个项目过程和项目实际进度，支持工况穿插、技术方案的模拟，以及施工方案优化。

（3）人、机、材管理

Vico Office 可以按照项目各专业的施工流水来统计物资量，指导编制物资供应和采购计划，同时可以在软件中直观的对比现场的实际的生产效率和计划的生产效率之间的差异，如图 7-40 所示。

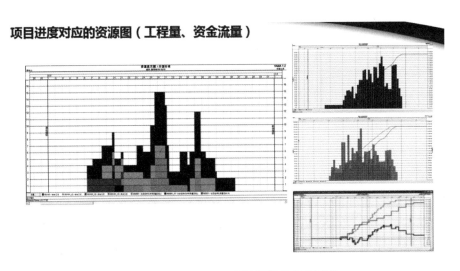

图 7-40    Vico Office 人机材管理功能示意

（4）项目成本管理

通过施工 BIM 模型，Vico Office 支持项目投资成本和工程量的精确计算，支持建筑物构件体积、表面积、数量及其他数据的汇总输出。此外，可以通过调整建筑模型中参数来精确评估设计和施工的变化对成本的影响。在项目的不同阶段，Vico Office 支持提供基于 BIM 模型的预算变更说明，可直观地从 3D 模型的角度来查看每一次变更带来了多少工程量及成本的变化。

2. 软件性能

Vico Office 提供了灵活可定制的报表格式，减轻了现场技术人员制作各种报表的工作强度。同时提供了软件 API 接口，可以及时地将项目现场的数据自动回传给企业的内部管理系统，使得企业管理者及时的获得项目现场实际生产数据，为企业管理者的决策提供有效的数据支撑。

3. 软件信息共享能力

Vico Office 支持大多数主流三维模型数据格式，具体支持软件及格式包括：Revit、Tekla、Archicad、Bently、AutoCAD、CAD-Duct、Sketchup、Ifc 等。

### 7.5.3 调研反馈结果

本产品的调研反馈数量较少，部分代表性意见如表 7-3 所示。

Vico Office 部分调研样本数据　　表 7-3

| 序号 | 易用性 | 稳定性 | 对硬件要求 | 建模能力 | 数据交换与集成能力 | 大模型处理能力 | 对国家规范的支持程度 | 专业功能 | 应用效果 | 高级应用功能 |
| --- | --- | --- | --- | --- | --- | --- | --- | --- | --- | --- |
| 1 | 不太好 | 好 | 非常高 | 未填写 | 非常好 | 好 | 未填写 | 非常好 | 一般 | 一般 |

## 7.6　Dassault ENOVIA

### 7.6.1　产品概述

ENOVIA 是企业级的项目管理平台，从企业级的层面与角度去考虑项目管理需求，充分考虑多项目并发、多单位参与、大数据存储、大量用户访问等特点。ENOVIA 强调平台的项目管理能够贯穿从设计、采购、施工、调试等各业务板块，并实现一体化，全面支撑建设项目全生命期业务。

ENOVIA 项目管理功能覆盖项目管理领域的 3 个层次、5 个过程组和 9 大知识领域。按照建设项目管理体系特点提供了 KPI 体系和图表。结合三维数据管理和可视化能力，支持成果的质量审查、多维施工规划和项目管理信息和施工过程的三维可视化，如图 7-41 所示。

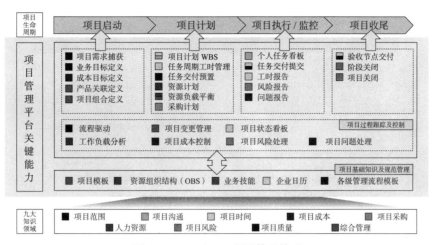

图 7-41　ENOVIA 项目管理体系

### 7.6.2　软件主要功能、性能和信息共享能力

1. 软件主要功能

（1）多项目管理支持

ENOVIA 充分考虑设计企业的多业务同时开展需求，支持多项目管理。在所有的设计人员都同时交叉参与多个项目，并且这些项目都同时开展的前提下，ENOVIA 支持协调和分配现有项目资源、获取最佳项目实施组合的管理过程，支持多项目处理组织、计划、控制、执行、审核，以及评估等各项工作，使所有项目的综合执行效果达到最优效果，如图 7-42 所示。

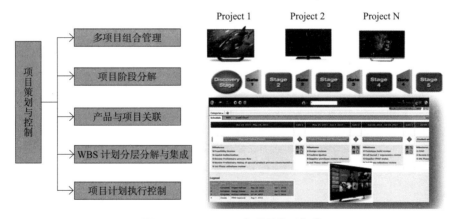

图 7-42　ENOVIA 多项目管理架构

保持资源平衡是 ENOVIA 多项目管理的关键，通过支持多项目的人力资源负载管理和绩效管理，能动态的提供相关人员的工作负荷状态和实际工作绩效，可以随时统计项目组成员的工作负荷，实现多项目资源平衡，如图 7-43 所示。

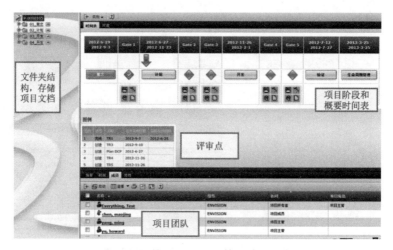

图 7-43　ENOVIA 多项目人力资源负载管理和绩效管理示意

（2）项目策划管理

在项目正式启动，准备进入生产阶段时，企业管理层通过 ENOVIA 确定承担项目任务的主责部门，并授权相关人员组建项目团队、确定项目主管和项目成员，完成项目策划。

Envia 支持创建标准化的项目管理模板来分配计划、数据目录、资源、预算和费用等，如图 7-44 所示。使得所有的同类项目都是一个统一的管理标准下进行管理，便于各项目间横向比较，分析与判断项目执行的健康度，支持管理层对项目的随时掌控，并在出现问题时及时干预。

图 7-44　ENOVIA 项目策划功能示意

（3）项目计划管理

ENOVIA 三维设计协同管理平台全面支持项目的计划功能，更高效地管理与控制项目的执行情况。ENOVIA 满足渐进与动态的管理逻辑，支持项目计划分层级、逐步完善和动态调整，解决项目计划在各层部门之间相对独立，纵向信息传递脱节，计划与各级活动目标之间难以一致，以及执行过程中跟踪困难的问题。

计划在 ENOVIA 平台中由责任人逐级分解，因此形式上仍然是一个整体，如图 7-45 所示。整体的计划体现了各功能部门之间以及活动之间的层次关系，保证了不同层次间的信息传递不脱节。在计划执行过程中，项目团队成员均可看见完整的项目计划，有利于各部门之间的配合，能比较方便地控制项目计划的执行。ENOVIA 按活动来进行工作的层层嵌套式分解，更能保证计划与各级目标之间的一致，保证任务分解的完备性，活动之间、角色之间的依赖关系也更容易表达。计划的分解是由各级活动负责人逐级完成的，是团队合作的输出，项目计划分解过程可以与项目电子流程结合，执行项目分解过程的审批工作，以确保工作的分解形式是被认同的。

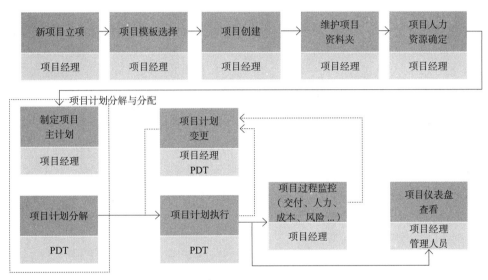

图 7-45　ENOVIA 项目创建流程

（4）项目任务管理

在 ENOVIA 三维设计协同管理平台中，根据项目的计划来定义任务，并与具体的设计阶段对应，以确保在项目的重大节点（里程碑）能及时介入，采取相应的管理措施。

对于企业的管理层来说，由于无法事无巨细的管理到项目的各个细节，因此通过 ENOVIA 设立里程碑来管理项目的标志性任务事件，通过建立里程碑和检验各里程碑的到达情况，来控制项目工作的进展和保证实现总目标。

通过与计划相关联，ENOVIA 按阶段进行 WBS 任务分解，并定义依赖关系最终形成整体项目计划，在各阶段进行评审点定义，通过阶段评审，完成审查项目的确认后进入下一阶段，并可在项目阶段将不满足条件的项目终止，ENOVIA 支持关键路径分析、预警，如图 7-46 所示。

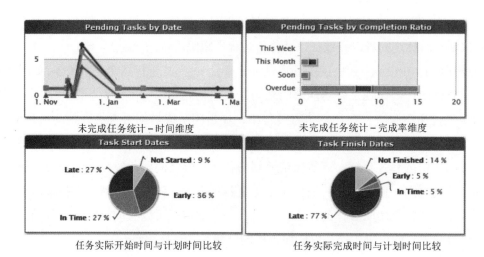

未完成任务统计 - 时间维度　　　　　　　　　未完成任务统计 - 完成率维度

任务实际开始时间与计划时间比较　　　　　任务实际完成时间与计划时间比较

图 7-46　ENOVIA 项目任务管理功能示意

（5）成果审核与问题管理

在 ENOVIA 三维设计管理平台下，可进行多专业的协同评审（如碰撞检测）与成果的交叉审核，提升设计成果的质量，如图 7-47 所示。在评审中以及项目运行过程中发现的各种问题，都能在平台中得到记录与管理，并通过平台指定问题责任人，对问题解决过程进行跟踪与控制，推动问题的落实解决。

除此以外，项目中发现的问题，也是企业发展的重要资源。因此在 ENOVIA 平台上可定义问题的类型、描述信息，对项目中的问题进行分类归档管理，形成问题库，以便在后续的项目中参考，避免类似问题重复发生，从而实现报告问题、记录、解决、记录解决过程的完整业务流程。

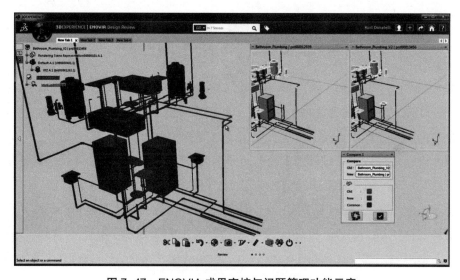

图 7-47　ENOVIA 成果审核与问题管理功能示意

（6）项目资源管理

在全专业三维设计环境下，项目的资源，特别是人力资源管理处于项目管理的核心位置。ENOVIA 通过有效的管理，辅助提高项目的执行效率、节省项目成本、为项目按时交付提供保障。

在人力资源管理方面，除了能管理企业内部的人力资源，ENOVIA 也能将外部的人力资源纳入系统中管理。通过资源负荷报表，可以及时检查出资源的冲突，以便项目经理能及时地进行多个项目间的资源协调，如图 7-48 所示。

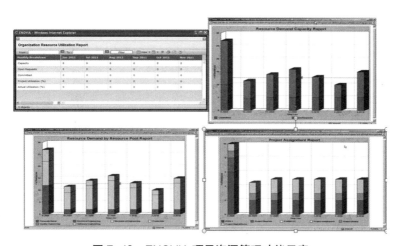

**图 7-48　ENOVIA 项目资源管理功能示意**

（7）项目过程管理

ENOVIA 通过三维设计协同管理平台，可全面掌握所有项目的任务、交付物、问题处理等事件的完成情况。ENOVIA 支持监控、统计和分析多项目的指标，如项目成本、进度和风险等，并支持多样化的报告展示，如数字汇总、图标展示、预警标识等。通过不同的图表显示，项目经理以及管理决策人员可以方便地进行项目决策，并随时评估项目的健康状况，提高项目管理透明程度，如图 7-49 所示。

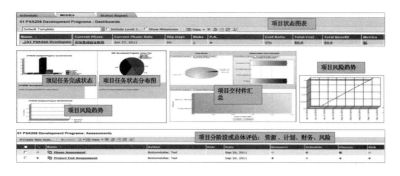

**图 7-49　ENOVIA 项目过程管理功能示意**

（8）项目成本管理

ENOVIA 支持在项目生产过程中有效地控制成本管理。在项目计划制定时，ENOVIA 允许项目经理进行项目规划成本设置，并且定义项目任务的预算及估算成本。通过项目成本和预算的定义，项目管理人员方便项目成本的跟踪管理。同时 ENOVIA 支持根据合同收款、支付等对比分析信息，支持项目成本测算分析、项目盈利分析、项目资金分析与预测。ENOVIA 能够以图形化的形式显示项目成本曲线，便于项目管理者决策。还可以根据预算和实际发生的费用，来提供费用统计和分析报表，并进行成本的赢得值管理，如图 7-50 所示。

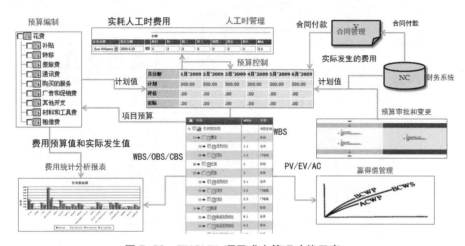

图 7-50　ENOVIA 项目成本管理功能示意

（9）项目绩效管理

在 ENOVIA 三维设计协同平台下，可对项目成员的进行绩效考评，如图 7-51 所示。绩效信息一部分来自于项目组确认的项目计划的执行情况，也可以通过项目成员在平台中填报、审批工时来予以统计。

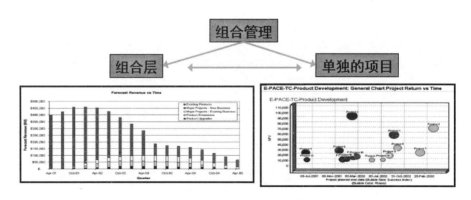

图 7-51　ENOVIA 绩效管理示意

## 2. 软件性能

ENOVIA 易于定制，所有的数据结构和属性、业务流程以及用户界面，都可以用图形化的方式进行直观的定制和修改，不需编程。而且，定制完成无须重启应用服务器，就可以在系统中应用，如图 7-52 所示。

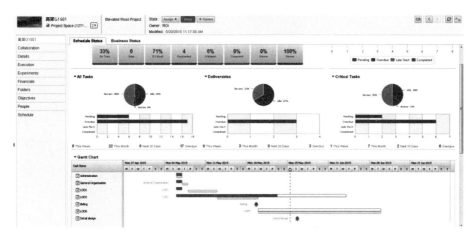

图 7-52　ENOVIA 定制的项目仪表盘

## 3. 软件信息共享能力

ENOVIA 支持多种项目计划创建方式。从项目计划模板创建、手动堆砌式创建计划，也支持与 MS Project 集成。

# 第8章　其他BIM软件

## 8.1　广联达模架设计软件、场地布置软件

### 8.1.1　广联达模架设计软件

#### 8.1.1.1　产品概述

广联达模架设计软件是一款基于BIM的岗位级工具软件，支持模板脚手架的设计，可直观展示三维节点，可快速生成计算书和大样施工图，提升模架设计的效率和模架施工管理质量。

广联达模架设计软件采用广联达独立知识产权的图形引擎，可兼容Revit、GCL模型，也具有CAD识别建模能力。软件支持精确的材料与成本计算，可在投标成本测算、现场材料采购、撤场结算等场景下应用。软件应用流程如图8-1所示。

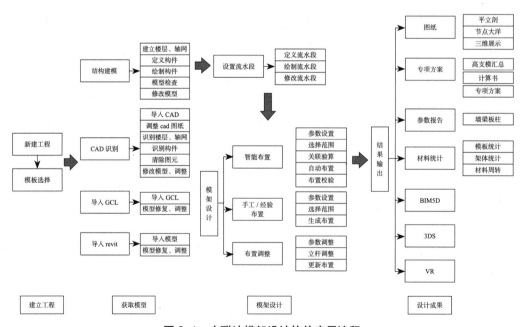

**图8-1　广联达模架设计软件应用流程**

统计结果显示，41%调研样本认为广联达模架设计软件应用效果"好"，41%调研样本认为"一般"，调研数据如图8-2所示。

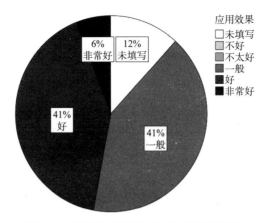

图 8-2 广联达模架设计软件应用效果评估

### 8.1.1.2 软件主要功能及评估

1. 软件主要功能

（1）主体模型导入

广联达模架设计软件支持导入算量 GCL 文件和 Revit 模型文件，同时支持快速转化识别 CAD 图形文件，快速建立主体模型，如图 8-3 所示。

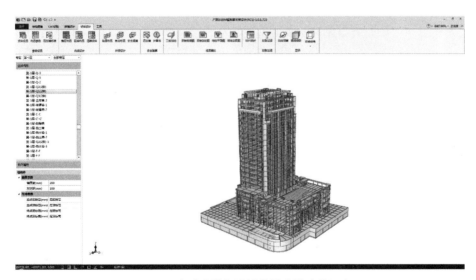

图 8-3 广联达模架设计软件建模功能示意

（2）模板设计

根据用户设置规则和软件算法，广联达模板设计软件可快速生成模板模型，通过三维视图查看整栋建筑的拼模情况。完成拼模方案设计后，可以通过软件快速统计材料用量，详细掌握模板规格、张数及模板面积。软件支持快速形成模板方案的材料成本，支撑商务部分的成本管理。同时，还可以支持构件导图与全部导图，导出 CAD

构件拼模图，针对模型中每一个构件的每一个拼模的表边，均有详细的拼模图，基于构件的模板统计，让每一处拼模下料更直观清晰，如图 8-4 所示。

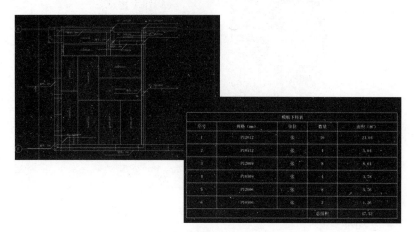

图 8-4　广联达模板设计拼模详图示意

（3）支架设计

在模板脚手架专项方案制作中，可以根据实际的工况进行模板脚手架参数设置，设置完参数后，可快速布置相关构件。软件可自动筛查出区域内所有高支模构件，给出判别式及处理意见，同时双击构件名称还可对构件在三维图中进行定位，如图 8-5 所示。

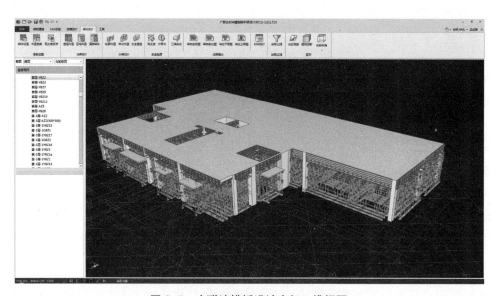

图 8-5　广联达模板设计支架三维视图

（4）成果输出

模板和支架布置完成后，可以旋转模型查看设计结果，并可输出构件的安全计算结论和计算书（如图 8-6 所示），也可输出框选区域或者整层的梁板立杆布置图（如图 8-7 所示）。在模型上绘制剖切线，可输出剖切示意图（如图 8-8 所示），也可类似输出墙柱平面和立面图。软件可输出设计的架体的各构件材料统计（如图 8-9 所示）。

图 8-6　广联达模架设计成果输出示意

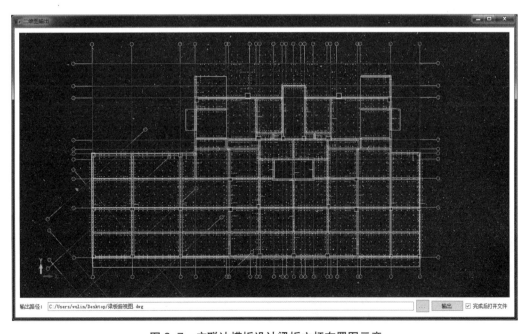

图 8-7　广联达模板设计梁板立杆布置图示意

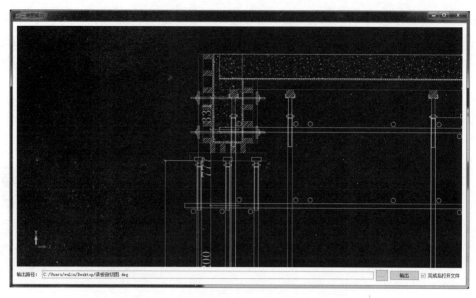

图 8-8　广联达模板设计剖切节点详图示意

梁模板材料统计表

| 材料名称 | 用途 | 规格 | 单位 | 数量 |
|---|---|---|---|---|
| 48×3.5钢管 | 剪刀撑 | 1.3m | 根 | 4 |
| | | 1.5m | 根 | 4 |
| | 水平杆 | 0.8m | 根 | 6 |
| | | 0.9m | 根 | 10 |
| | 立杆 | 1.7m | 根 | 12 |
| | 合计 | | m | 46 |
| 主楞 | 侧模 | 48×3钢管 | m | 48 |
| | 底模 | 80×80木方 | m | 4 |
| 可调托座 | 承托主楞 | T38×6 | 套 | 12 |
| 垫板 | 垫板 | 垫板 | m | 6 |
| 对拉螺栓 | 梁侧模对拉 | 直径14mm，长 500mm | 套 | 12 |
| 扣件 | 架体钢管间的连接 | 旋转扣件 | 个 | 16 |
| | | 直角扣件 | 个 | 48 |
| 次楞 | 侧模 | 100×50木方 | m | 49 |
| | 底模 | 100×50木方 | m | 9 |
| | 合计 | | m | 58 |
| 面板 | | 12mm厚 | $m^2$ | 14 |

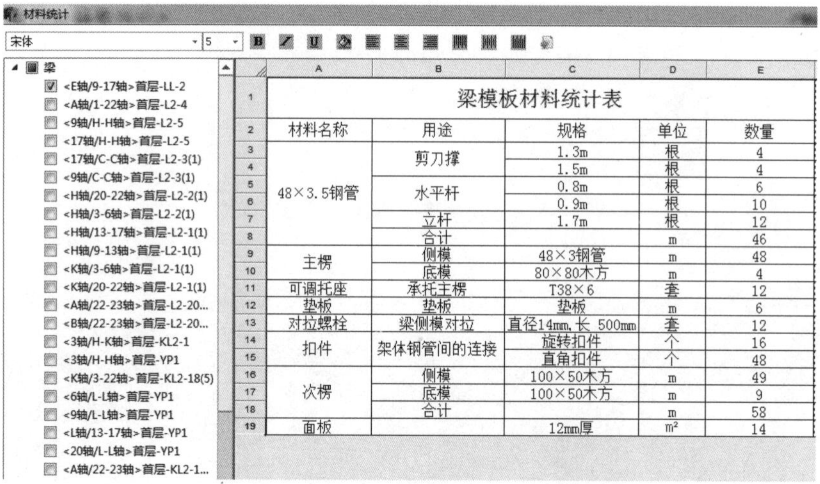

图 8-9　广联达模板设计材料统计表示意

2. 软件功能评估

统计结果显示（如图 8-10 所示）：

（1）专业功能：12% 和 41% 调研样本认为广联达模架设计软件专业功能“非常好”和“好”，35% 调研样本认为“一般”，说明广联达模架设计软件提供的专业功能较好地支持了工程应用；

（2）建模能力：12% 和 29% 调研样本认为广联达模架设计软件建模能力“非常好”和“好”，24% 调研样本认为“一般”；

（3）对国家规范的支持程度：12% 和 59% 调研样本认为广联达模架设计软件对国

家规范的支持程度"非常好"和"好",说明广联达模架设计软件对国家规范的支持得到工程技术人员的认可;

（4）高级应用功能：29%调研样本认为广联达模架设计软件高级应用功能"好"，29%调研样本认为"一般"，24%调研样本认为"不太好"。

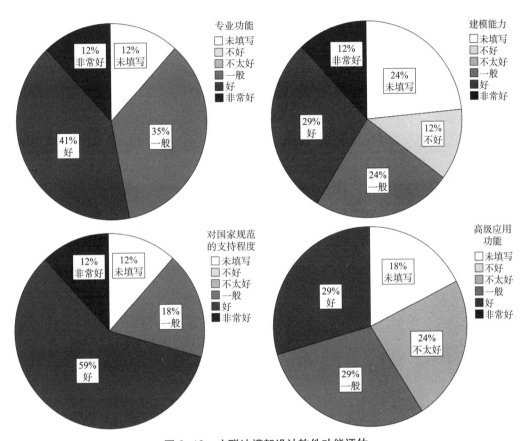

图 8-10　广联达模架设计软件功能评估

### 8.1.1.3　软件性能及评估

1. 软件性能

（1）快速计算模板工程设计参数

广联达模板设计软件内嵌结构计算引擎，基于规范参数等约束条件，自动计算模板支架参数，免去频繁试算调整的问题。

（2）一键输出施工图纸

广联达模板设计软件支持平面图、剖面图、大样图自动生成，可以快速输出专业的整体施工图。

（3）精确计算材料用量

广联达模板设计软件材料统计功能可按楼层、结构类别统计出混凝土、模板、钢管、方木、扣件／托等用量，支持自动生成统计表，也可导出为 Excel 格式便于实际应用。

（4）三维显示设计成果

广联达模板设计软件支持整栋、整层、任意剖切三维显示，通过内置三维显示引擎可实现照片级的渲染效果，有助于技术交底和细节呈现。

（5）兼容多模型格式

广联达模板设计软件提供无缝接入 REVIT、GCL 模型功能，可以快速开始模架设计，也支持 IGMS、VR 等格式导出。

2. 软件性能评估

统计结果显示（如图 8-11 所示）：

（1）易用性：12% 和 53% 调研样本认为广联达模架设计软件的易用性"非常好"和"好"，说明广联达模架设计软件界面友好、操作简单、易学易用等特性得到用户认可；

（2）系统稳定性：53% 调研样本认为广联达模架设计软件系统稳定性"好"，24% 调研样本认为"一般"；

（3）对硬件要求：35% 调研样本认为广联达模架设计软件对硬件要求"高"，41% 调研样本认为"一般"；

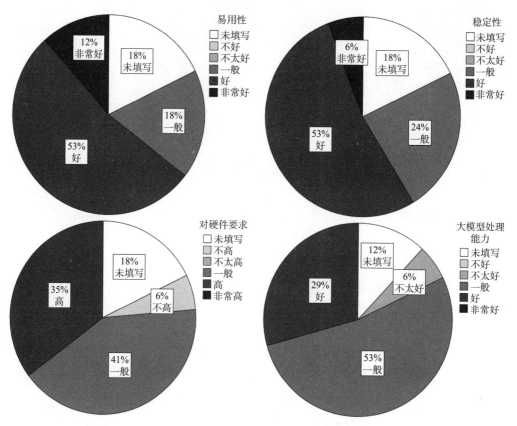

图 8-11　广联达模架设计软件性能评估

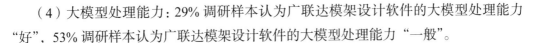

（4）大模型处理能力：29% 调研样本认为广联达模架设计软件的大模型处理能力"好"，53% 调研样本认为广联达模架设计软件的大模型处理能力"一般"。

#### 8.1.1.4　软件信息共享能力及评估

1. 软件信息共享能力

广联达模板设计软件自身格式为 .bjm 文件。

在模型获取阶段，软件可接入广联达图形算量软件模型文件 .gcl、Revit 模型文件 .rvt 以及 CAD 格式 .dwg 文件。设计成果中计算书、方案书可导出 Word 格式 .doc，表格可导出 Excel 文件。施工详图可导出 CAD 格式 .dwg，模型文件可输出广联达 BIM5D 兼容格式 .igms 和 3DMAX 兼容的 3DS 格式文件。

2. 软件信息共享能力评价

统计结果显示（如图 8-12 所示），35% 调研样本认为广联达模架设计软件的信息共享能力"好"，也有 24% 调研样本认为"一般"。

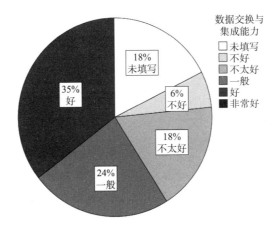

**图 8-12　广联达模架设计软件数据交换与集成能力评估**

### 8.1.2　广联达场地布置软件

#### 8.1.2.1　产品概述

广联达施工现场布置软件支持对施工现场进行可视化信息模型描述，支持参数化设计施工现场的围墙、大门、一级场区道路。广联达现场布置软件支持施工作业区、生活区、办公区的建模和合理化布置，并可利用云端数据进行合理化优选。

通过广联达场地布置软件，可设计标识企业的 UI 展示，可生成施工现场各种生产要素与主体结构，包括：结构主体、基坑、塔吊、水电线路、围栏、模板体系、脚手架体系、临时板房、加工棚、料堆等，可置入各种工程机械、绿植、地形等。

广联达场地布置软件支持自行检测现场布置与相关规范的符合性。当绘制构件与相关规范不符时，出现提示框告知违反规范的名称、条目及正确的规范内容和及合理性建议。施工现场布置完成后，可以自由设置 360° 任意视角、任意路径的场地漫游，输出漫游视频动画；可以根据进度计划或设置时间节点进行输出施工模拟动画。广联达场地布置软件应用流程如图 8-13 所示。

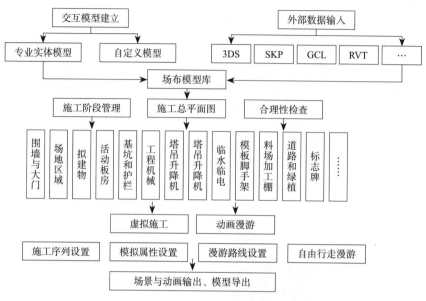

**图 8-13　广联达场地布置软件应用流程**

统计结果显示，12% 和 64% 调研样本认为广联达场地布置软件应用效果"非常好"和"好"，说明广联达场地布置软件总体应用效果较好，调研数据如图 8-14 所示。

**8.1.2.2　软件主要功能及评估**

**1. 软件主要功能**

**（1）施工作业区建模**

广联达现场布置软件施工作业区建模包括：塔式起重机的智能布置，包括选型及合理位置；不同施工阶段材料堆场的智能布

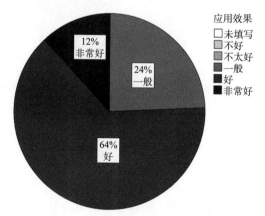

**图 8-14　广联达场地布置软件应用效果评估**

置，例如模板堆场智能布置应紧邻木工加工区，并且根据堆场面积，智能布置堆场规范要求数量的消防灭火器等；施工现场消防临水系统的智能布置，包括消防车道及消火栓；现场生活区、办公区和施工作业区围挡智能设置；施工现场临电配电箱布置，支持智能铺设电缆。

**（2）施工生活区建模**

广联达现场布置软件施工生活区建模包括：卫生间、宿舍区、食堂的生活污水管

道的布置；生活区生活垃圾站的布置；生活区消防设施的布置；生活区给水系统的布置。支持合理地将部分生活污水处理后用于施工用水，形成循环系统，达到节水减排的目的。

（3）施工办公区建模

广联达现场布置软件施工办公区建模包括：办公区临水、临电、消防设施的布置；根据宿舍、办公用房的防火设计规范，布置办公用房的层数、疏散楼梯数量、房间疏散门至疏散楼梯的最大距离、疏散通道宽度等。

2. 软件功能评估

统计结果显示（如图 8-15 所示）：

（1）专业功能：12% 和 61% 调研样本认为广联达场地布置软件专业功能"非常好"和"好"，说明广联达场地布置软件提供的专业功能较好地支持了工程应用；

（2）建模能力：12% 和 27% 调研样本认为广联达场地布置软件建模能力"非常好"和"好"，30% 调研样本认为"一般"，说明广联达场地布置软件作为施工建模工具得到了部分工程技术人员的认可；

（3）对国家规范的支持程度：9% 和 33% 调研样本认为广联达场地布置软件对国

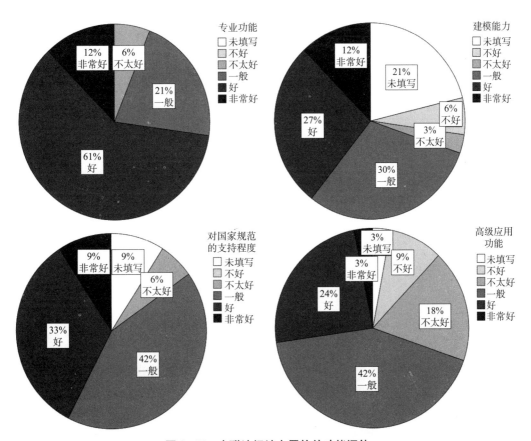

图 8-15　广联达场地布置软件功能评估

家规范的支持程度"非常好"和"好"，42%调研样本认为"一般"，说明广联达场地布置软件对相关规范的支持得到部分工程人员认可；

（4）高级应用功能：24%和42%调研样本认为广联达场地布置软件高级应用功能"好"和"一般"。

#### 8.1.2.3 软件性能及评估

1. 软件性能

（1）支持快速建模

通过导入 CAD 图、3Dmax 模型、GCL 等文件，可快速生成模型。同时，内嵌了大量施工项目临时设施的构件库，通过拖拽，可快速建模，如图 8-16 所示。

（2）出图美观

通过 BIM 模型和贴图功能，可生成美观的二维布置图，如图 8-17 所示。

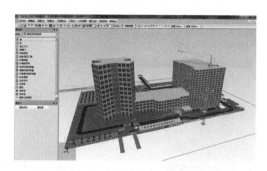

图 8-16　广联达场地布置软件功能示意

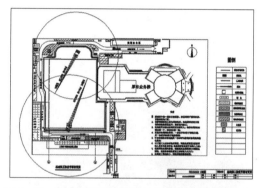

图 8-17　广联达场地布置软件生成二维布置图示意

（3）支持规范检查

软件内嵌了对消防、安全文明施工、绿色施工、环卫标准等规范和现场经验，可提供构件的合理位置和尺寸的建议，支持施工各阶段的场地布置规划方案制定，如图 8-18 和图 8-19 所示。

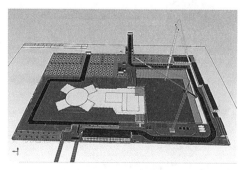 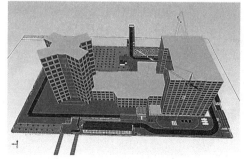

图 8-18　广联达场地布置软件基础阶段和主体施工阶段场地布置示意

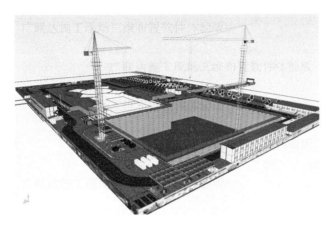

图 8-19　广联达场地布置软件局部细节展示图示意

## 2. 软件性能评估

统计结果显示（如图 8-20 所示）：

（1）易用性：39% 和 30% 调研样本认为广联达现场布置软件的易用性"非常好"和"好"，说明广联达现场布置软件界面友好、操作简单、易学易用等特性得到用户认可；

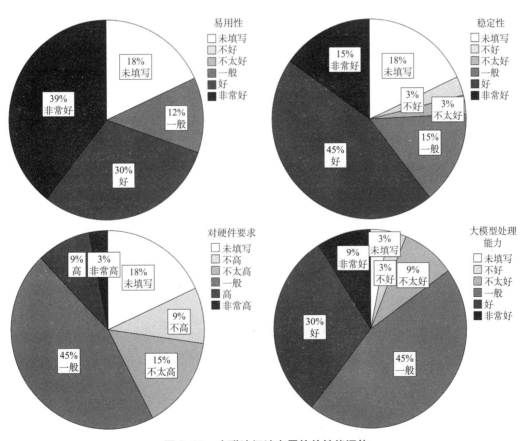

图 8-20　广联达场地布置软件性能评估

（2）系统稳定性：15% 和 45% 调研样本认为广联达现场布置软件系统稳定性"非常好"和"好"；

（3）对硬件要求：45% 和 15% 调研样本认为广联达现场布置软件对硬件要求"一般"和"不太高"；

（4）大模型处理能力：30% 和 45% 调研样本认为广联达现场布置软件的大模型处理能力"好"和"一般"。

### 8.1.2.4 软件信息共享能力及评估

1. 软件信息共享能力

软件保存为自身格式文件，.gcb。

在模型获取阶段，软件可接入广联达图形算量软件模型文件 .gcl、revit 模型文件 .rvt、cad 格式文件；导出 DXF、IGMS、3DS 等多种格式文件，软件还提供场地漫游、录制视频等功能，模型文件可输出广联达 BIM5D 兼容格式 .igms、3DMAX 兼容的 3DS 格式文件；模型文件可通过程序驱动到 HTC 系列 VR 设备展示。

2. 软件信息共享能力评估

统计结果显示（如图 8-21 所示），18% 和 33% 调研样本认为广联达场地布置软件的信息共享能力"好"和"一般"。

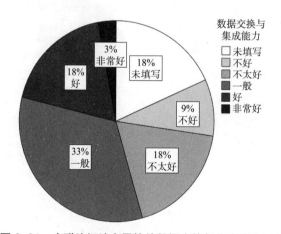

图 8-21　广联达场地布置软件数据交换与集成能力评估

## 8.2　品茗模板脚手架工程设计软件、塔吊安全监控系统

### 8.2.1　品茗模板脚手架工程设计软件

#### 8.2.1.1　产品概述

品茗模板脚手架工程设计软件是基于 BIM 技术设计开发的针对建筑工程的脚手架、模板支架设计软件。软件依据国家行业相关的规范标准要求，主要包括脚手架、

模板支架设计、施工图设计、专项方案编制、材料统计、模板配置等功能，主要应用于工程建设中模板支架（钢管扣件式、碗扣式、盘扣式、键槽式等）和外脚手架（落地式和悬挑式）的设计和现场精细化管理，软件应用流程如图 8-22 所示。该软件于 2014 年 10 月正式发布。

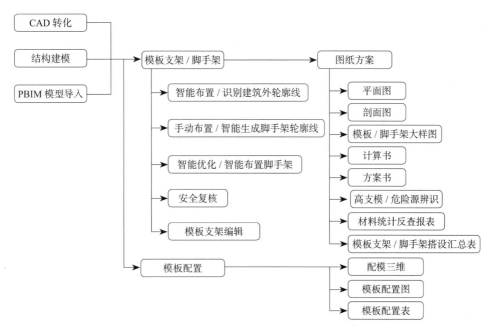

**图 8-22　品茗模板脚手架工程设计软件应用流程示意**

统计结果显示，75% 调研样本认为品茗模板脚手架工程设计软件应用效果"好"，说明品茗模板脚手架工程设计软件总体应用效果较好，调研数据如图 8-23 所示。

#### 8.2.1.2　软件主要功能及评估

##### 1. 软件主要功能

（1）建模翻模

软件提供识别转化建模、自由建模、外部导入模型三种建模方式。识别转化建模通过导入设计院图纸，能够快速识别结构平面

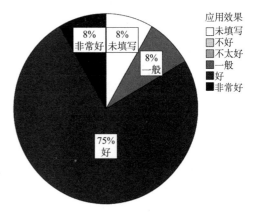

**图 8-23　品茗模板脚手架工程设计软件
应用效果评估**

图中的轴线、墙、梁、板、柱等结构构件，提高建模效率，如图 8-24 所示。

（2）高支模智能辨识

通过解析模型信息，依据不同地区不同的高大支模架辨识规则智能辨识高支模区域，二维、三维高亮显示，可定位反查，并可导出高支模区域报表，如图 8-25 所示。

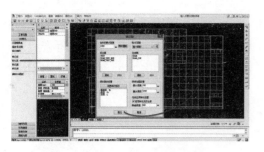

图 8-24　品茗模板脚手架工程设计软件
识别转化建模功能示意

图 8-25　品茗模板脚手架工程设计软件
自动识别高支模功能示意

（3）模板支架、脚手架自动布置

通过识别结构空间信息，依据扣件式、盘扣式、碗扣式、键槽式等不同规范、标准要求，内置结构计算引擎能够根据结构参数和荷载预定义参数等进行模板支架、脚手架智能分析、自动布置。支持水平杆、剪刀撑、连墙件等构造要求的模架体系、脚手架智能布置，如图 8-26 所示。

图 8-26　品茗模板脚手架工程设计软件模板支架、脚手架自动布置功能示意

（4）施工图纸自动生成

软件基于 BIM 技术打造，可自动生成立杆平面布置图、剖面图、模板大样图、剪刀撑布置图等，可以快速输出专业的整体施工图，如图 8-27 所示。

（5）配模

通过识别结构空间信息，自动划分配模单元，根据标准板的尺寸得出最优的切割方案，按需调整下探上伸尺寸等，支持

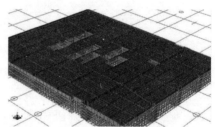

图 8-27　品茗模板脚手架工程设计软件施工图
自动生成功能示意

查看配模三维，可导出配模图、配模表、周转配模表，便于施工现场模板精细化管理，如图 8-28 所示。

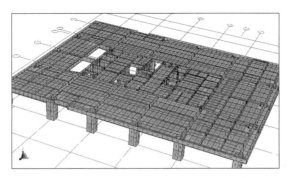

图 8-28 品茗模板脚手架工程设计软件配模功能示意

（6）材料统计

可按楼层、流水段、结构类别自动统计出混凝土、模板、钢管、方木、扣件／托等用量，支持自动生成统计表，可导出为 Excel 格式便于实际应用，为成本管控、材料采购、进度估算等提供数据支撑，如图 8-29 所示。

（7）自动生成计算书

通过调整各个构件安全参数，软件重新计算并排布模板支架，选择对应构件一键生成计算书，计算书内容严格按照规范、标准要求，符合业内阅读习惯。支持计算书定位反查，便于计算书的审核，如图 8-30 所示。

图 8-29 品茗模板脚手架工程设计软件材料统计功能示意

图 8-30 品茗模板脚手架工程设计软件自动生成计算书功能示意

（8）快速生成施工方案文档

方案书格式和内容可自定义，按默认格式可快速生成方案文档，如图 8-31 所示。

（9）施工交底

软件支持整栋、整层、任意剖切三维显示，通过内置三维显示引擎可实现达到照片级的渲染效果，有助于技术交底和细节呈现。在三维状态支持漫游功能，运用

图 8-31 品茗模板脚手架工程设计软件快速生成施工方案文档功能示意

漫游视角，可在三维实体中直观感受支架搭设效果和对复杂结构处的检查。模型支持导出到移动端便于施工现场查验，如图 8-32 所示。

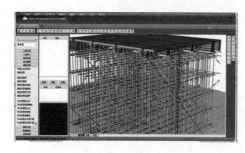

图 8-32　品茗模板脚手架工程设计软件支持施工交底功能示意

### 2. 软件功能评估

统计结果显示（如图 8-33 所示）：

（1）专业功能：25% 和 58% 调研样本认为品茗模板脚手架工程设计软件专业功能"非常好"和"好"，说明品茗模板脚手架工程设计软件提供的专业功能较好地支持了工程应用；

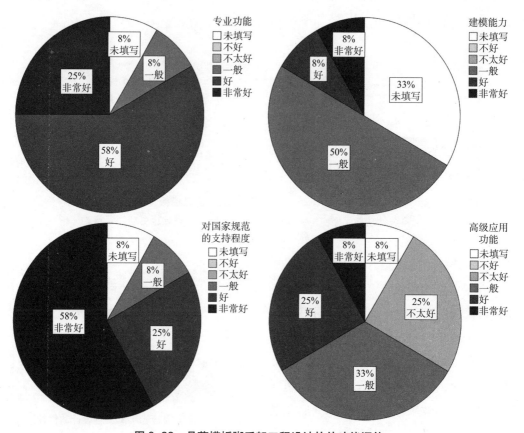

图 8-33　品茗模板脚手架工程设计软件功能评估

（2）建模能力：50% 调研样本认为品茗模板脚手架工程设计软件建模能力"一般"；

（3）对国家规范的支持程度：58% 和 25% 调研样本认为品茗模板脚手架工程设计软件对国家规范的支持程度"非常好"和"好"，说明品茗模板脚手架工程设计软件对国家规范的支持功能得到工程人员的认可；

（4）高级应用功能：8% 和 25% 调研样本认为品茗模板脚手架工程设计软件高级应用功能"非常好"和"好"，也有 33% 和 25% 调研样本认为"一般"和"不太好"。

#### 8.2.1.3　软件性能及评估

1. 软件性能

（1）操作简单

品茗模板脚手架工程设计软件基于 CAD 平台开发，符合工程技术人员的应用习惯，上手快，成本低。

（2）实用性高

品茗模板脚手架工程设计软件结合了国内的施工技术标准和规范，充分考虑施工现场的技术要求和实际施工工况，落地应用性强。

（3）构件库丰富

品茗模板脚手架工程设计软件支持现场各种施工工艺、工法，对钢管扣件式、碗扣式、盘扣式、键槽式等主流模板支架体系均涵盖。

2. 软件性能评估

统计结果显示（如图 8-34 所示）：

（1）易用性：25% 和 33% 调研样本认为品茗模板脚手架工程设计软件的易用性"非常好"和"好"，说明品茗模板脚手架工程设计软件界面友好、操作简单、易学易用等特性得到部分用户认可；

（2）系统稳定性：42% 调研样本认为品茗模板脚手架工程设计软件系统稳定性"好"；

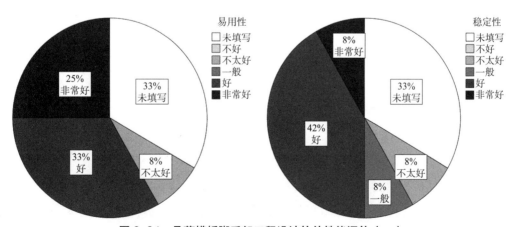

**图 8-34　品茗模板脚手架工程设计软件性能评估（一）**

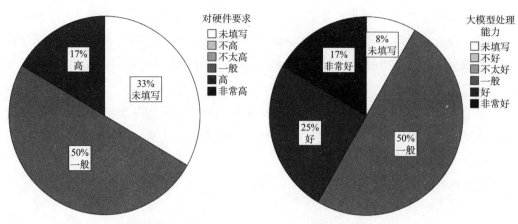

图 8-34　品茗模板脚手架工程设计软件性能评估（二）

（3）对硬件要求：17% 调研样本认为品茗模板脚手架工程设计软件对硬件要求"高"，50% 调研样本认为"一般"；

（4）大模型处理能力：17% 和 25% 调研样本认为品茗模板脚手架工程设计软件的大模型处理能力"非常好"和"好"，也有 50% 调研样本认为"一般"。

#### 8.2.1.4　软件信息共享能力及评估

1. 软件信息共享能力

品茗模板脚手架工程设计软件基于 CAD 二次开发，用户信息保存为 dwg 文件和 sqlite 数据库中。sqlite 数据库是各平台通用的开源数据库，可以方便其他软件对接处理，如 Revit、品茗土建算量、移动 APP 等。

三维成果可以导出为 obj 文件格式，可以导入到 3d max 等三维软件进行效果深度处理。

2. 软件信息共享能力评价

统计结果显示（如图 8-35 所示），33% 调研样本认为品茗模板脚手架工程设计软件的信息共享能力"非常好"，33% 调研样本认为"一般"。

### 8.2.2　品茗塔吊安全监控系统

#### 8.2.2.1　产品概述

品茗塔吊安全监控系统综合利用微电子技术、信息传感技术和及时通信技术，将塔吊的主要安全装置，包括力矩限制器、起重量限制器、幅度限位器、回转限位器

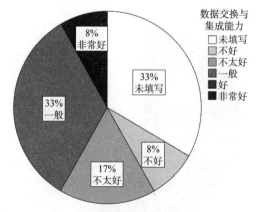

图 8-35　品茗模板脚手架工程设计软件数据
交换与集成能力评估

及高度限位器的各项运行数据进行采集、记录和存储。系统主要用于平臂和动臂两种塔吊监控，并可与吊载荷监控仪、塔吊防碰撞监控仪、塔吊防倾覆监控仪和塔吊区域保护监控仪等仪器设备集成，用户可根据工程实际需要进行选配。

#### 8.2.2.2　软件主要功能

（1）状态显示

系统采集塔机操作过程中的各种数据，包括吊重、高度、幅度、运行行程、回转、风速等，支持相关数据在监视器上实时显示，提供预警和告警功能，为塔机司机提供操作依据。

（2）起重量检测报警

系统采集塔机吊钩所吊物体的重量，在达到设置的预警筏值时，自动发出警示及控制信号。

（3）力矩检测报警

系统实时计算塔机的当前力矩，当达到塔机的性能曲线临界筏值时，自动发出警示及控制信号。

（4）幅度限位

系统检测变幅小车的实时位置，当小车达到内外限位时，自动发出警示及控制信号。

（5）高度限位

系统检测吊钩距离地面的高度位置，当吊钩达到上限位时，自动发出警示及控制信号。

（6）塔群防碰撞检测报警

系统对群塔作业进行干涉报警，当塔机之间即将发生碰撞趋势时，自动发出报警及控制信号。

（7）区域限制保护

限制塔机吊钩进入设置的区域。

（8）风速检测报警

系统检测现场风速的大小，并报警。

（9）GPS塔机定位功能

系统定位塔机的当前位置，并上传远端平台。

（10）远程数据传输

系统实时将塔机的运行状态数据发送至网络监控平台。

（11）故障诊断

系统及传感器发生故障时，系统将立即显示并记录故障及发出报警信息，同时切断对应传感器的操作回路并上报监控平台，直至故障解除。

（12）黑匣子记录

系统记录塔机的工作数据，便于事故的原因定位，数据存储时间不少于 30 个连续工作日；工作循环不少于 16000 条，存储 1 个月的操作记录。

## 8.3 鸿业综合管廊设计软件

### 8.3.1 产品概述

鸿业公司基于 BIM 技术开发综合管廊设计软件，支持进行综合管廊方案设计、施工图设计，以及管廊标准横断面和纵段图的设计与自动出图。辅助进行管廊各专业协同设计与碰撞检查及修改、管廊钢筋结构算量、节点详图自动成图、管廊效果图出图、管廊中各种管件工程量统计。可与鸿业海绵城市设计软件、路立得、管立得等市政 BIM 软件相结合，形成整体的市政 BIM 模型，用于后期的施工模拟及运营维护。

鸿业综合管廊设计软件以 AutoCAD 与 Revit 为基础软件平台。AutoCAD 版本支持 AutoCAD2008 ~ 2014 平台，支持 WinXP 操作系统、Win7 及 Win8 32bit 和 64bit 操作系统。Revit 版本 Win7 及 Win8 32bit 操作系统支持 Revit2014，64bit 操作系统支持 Revit2014 ~ 2016。

AutoCAD 版本中主要进行管廊的标准横断面设计、平面路由设计、竖向设计、交叉井室（土建部分）设计、附属物设计、机电设计以及出施工图。

Revit 版本中主要进行交叉井室中的管道设计、支吊架设计以及机电设计，在 Revit 中建立起真实的管廊信息模型后，可以得到任意方向的管廊剖面视图，以及管道明细表、管件明细表、管道附件明细表，从而对管道、管件等进行数量统计。

### 8.3.2 软件主要功能、性能和信息共享能力

1. 软件主要功能

（1）地形信息导入和建模

鸿业综合管廊设计软件可自动识别 dwg 图纸中的地形，并转化为三维数字高程模型，也可以叠加 Google Earth 地形，完成真实三维地形的建立，可自动识别鸿业路立得和管立得所建立的 BIM 模型，如图 8-36 所示。软件可以自由创建各种 BIM 模型，如：道路、绿化、建筑、标识等，并且可针对已建立的 BIM 模型进行检查以及漫游，支持将市政系列 BIM 模型以及漫游动画导出为可单独发布的脱离软件的 EXE 文件，或录制 AVI 视频格式用于展示。

鸿业综合管廊设计软件可以识别其他专业所提供的自然与设计标高文件，可以识别已经建立的三维地形曲面的高程数据，可以识别路立得所建立的三维道路数据，同时也支持自由定义等多种节点标高定义方式。

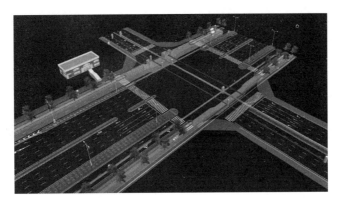

图 8-36 鸿业综合管廊设计软件结合道路、建筑等模型三维浏览功能示意

（2）横断面设计及快速出图标注

鸿业综合管廊设计软件可通过参数化方式自定义任意形状尺寸的标准横断面，以及横断面中所需要的管线、支吊架、线管桥架、照明、监控、消防等设备，支持自动标注，快速出标准横断详图，如图 8-37 所示。软件内置几十种标准图集中所设计的断面，设计人员可自行参考和使用。鸿业综合管廊设计软件支持对特殊节点处理。针对复杂的节点，软件提供一键出剖面的命令，剖面图的详细程度会随模型的精细程度变化而变化，例如：比较精细的剖面可以看到支吊架上的螺丝及螺纹，可以指导施工。

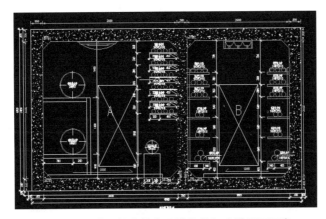

图 8-37 鸿业综合管廊设计软件标准横断面示意

（3）管线及支吊架设计

鸿业综合管廊设计软件兼容所有鸿业管立得软件中所有管线数据，支持自动标注管廊与管道的管径、坡度、长度、标高等，标注格式可根据需要进行定制修改，可辅助完成管廊出线部分的设计，如图 8-38 所示。鸿业综合管廊设计软件提供自动生成各种支吊架、支墩功能，并且除了自动生成的构件，针对模型建立专门的 BIM 云族库，在 BIM 模型中设计师可自行通过下载和导入命令，建立各种较为复杂的附属构筑物。

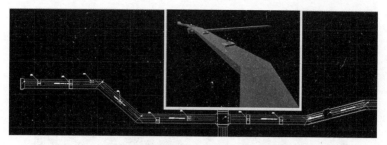

**图 8-38　鸿业综合管廊设计软件平面设计及三维浏览功能示意**

（4）机电设备设计

鸿业综合管廊设计软件提供布置多种机电设备的命令，为消防、疏散、照明、通风、排水、供电提供多种可供选择的模型，在布置上之后为这些机电设备提供自动布线功能，平面布置之后三维 BIM 模型中的机电设备及线路自动更新。同时软件提供各种拓展构件的云族库，如图 8-39 所示。

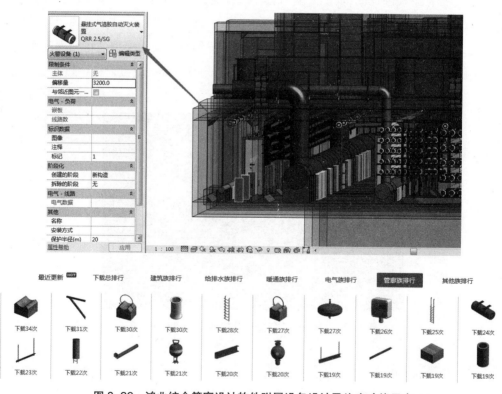

**图 8-39　鸿业综合管廊设计软件附属设备设计及族库功能示意**

（5）碰撞检查

鸿业综合管廊设计软件提供碰撞检查功能，可以通过点击形式对模型中任意位置、任意构件之间进行碰撞检查，并且高亮显示，提供针对碰撞管线进行快速修改功能。

2. 软件性能

（1）快速建模

鸿业综合管廊设计软件提供交互、自动、定义等多种平面布置管廊的方式，在平面上布置管廊之后，三维中自动生成管廊 BIM 模型，并且提供三维快速查看方式，可随时对模型进行检查。

（2）参数化建模

鸿业综合管廊设计软件提供自动生成各种管廊井室以及通风、投料、人员出入口等附属物，并且可以通过参数化方式对针对不同附属物进行单独设计。可以依据标高文件对综合管廊的竖向进行整体定义，同时可以直接对图面上任意管廊段或者管廊中的管线进行纵段出图，并且可以在纵段图上对管廊进行调整，平面以及三维模型可以联动变化。

（3）与 AutoCAD、Revit 紧密集成

鸿业综合管廊设计软件支持 AutoCAD 中的 BIM 模型完整导入 Revit 中，支持 Revit 软件所有功能，同时又对 Revit 进行了详细的优化，使其更加适用综合管廊的设计。针对 CAD 中图纸，软件提供有自动标注与自动裁图功能，程序自动分幅出图既包含按照传统的在模型空间裁图方式，也包含图纸空间布局方式裁图，并且可根据本院的图框样式进行自由修改。

3. 软件信息共享能力

鸿业综合管廊设计软件 AutoCAD 版本的设计成果既可以保存为普通的 CAD 图纸，也可以通过软件自身的导出功能完整导入到 Revit 中进行深度设计，并且 CAD 中的设计成果可以独立发布为脱离 CAD 的 exe 格式文件，也可录制为 avi 视频进行单独发布。

Revit 版本可以保存成普通的 Revit 项目，凡是能识别 Revit 项目的软件，均可以识别鸿业综合管廊软件设计出来的成果，同时也可形成脱离 Revit 格式的鸿业微模，进行快速地浏览查看。

### 8.3.3 调研反馈结果

本产品的调研反馈数量较少，部分代表性意见如表 8-1 所示。

鸿业综合管廊设计软件部分调研样本数据　　　　　　　　　表 8-1

| 序号 | 易用性 | 稳定性 | 对硬件要求 | 建模能力 | 数据交换与集成能力 | 大模型处理能力 | 对国家规范的支持程度 | 专业功能 | 应用效果 | 高级应用功能 |
|---|---|---|---|---|---|---|---|---|---|---|
| 1 | 非常好 | 非常好 | 非常高 | 非常好 | 非常好 | 非常好 | 好 | 非常好 | 非常好 | 非常好 |
| 2 | 非常好 | 非常好 | 高 | 好 | 一般 | 好 | 好 | 好 | 非常好 | 一般 |

## 8.4 优比 BIM 铝模板软件

### 8.4.1 产品概述

优比公司基于 Revit 开发的 BIM 铝模板软件（简称"优配模"），内置配模的复杂规则，基于土建 BIM 模型自动配模，支持配模的虚拟拼装、错漏检查、分区编码、列表统计、出加工图等完整流程，软件界面如图 8-40 所示。

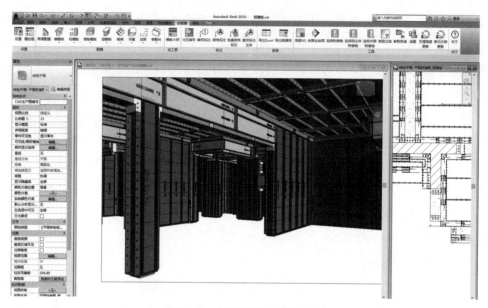

图 8-40 优配模软件界面示意

### 8.4.2 软件主要功能、性能和信息共享能力

1. 软件主要功能

（1）铝模板构件库

软件提供完整的铝模板构件库，这些构件具有高度参数化的特点，满足深化设计及编码、统计、施工及后续构件管理的需求，如图 8-41 所示。

模板类构件包括：内墙模板、外墙模板、内墙 C 槽、外墙 C 槽、K 板、梁侧模板、梁底模板、梁底支撑、梁底转角、梁侧转角、楼面模板、楼面 C 槽、楼面转角、楼面龙骨、楼面支撑、接高板、楼梯异形墙板、楼梯封边板、楼梯踏步板、楼梯转 W 角楼面板等，如图 8-42 所示。

加固附属构件类构件包括：角铝、背楞、斜撑、吊架等。

配件类包括：圆销、支撑、螺杆、铸件螺母、PVC 套管、上料盒、楼面安装凳、槽盒、插销、拆板器、垫片、方通扣、井槽工作架、拉片、拉片拆卸器、楼板工作架、套管拆卸器、调整器、外墙工作架、销钉、螺钉等。

图 8-41 优配模构件参数

图 8-42 优配模铝模板构件库

（2）配模设计

软件基于土建 Revit 模型，通过批量自动识别或拾取楼板、梁、柱、墙等结构构件，根据配模规则及预先设定的铝模板规格尺寸，自动配置各种模板构件。

模板规格设置：设置各部位的铝模板构件标准规格尺寸，如图 8-43 所示。通过设置项可对不同铝模板厂家的产品进行快速配置。

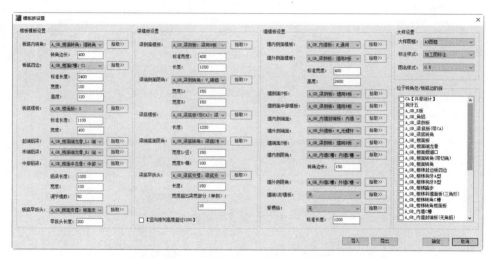

图 8-43　优配模铝模板构件规格设置示意

墙柱配模：拾取剪力墙或结构柱，软件自动计算构件表面，再根据设置配模，如图 8-44 所示。配模时先配标准件，再配非标件，软件自动考虑墙柱与梁板的交接部位，预留出转角模板的位置，同时对相邻及相对模板进行孔位的对位，以确保安装时能通过螺栓或螺杆连接。

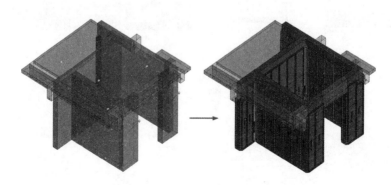

图 8-44　优配模墙体配模功能示意

梁配模：与墙柱类似，拾取结构梁，软件自动根据设置配模。配模时软件智能确定排布方向，同时考虑梁的支撑构件，如图 8-45 所示。

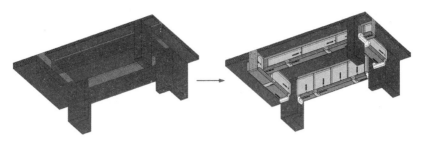

图 8-45　优配模梁配模功能示意

楼板配模：拾取楼板，软件自动根据设置配模。配模时可自动或手动确定排布方向，同时考虑楼板的支撑构件，如图 8-46 所示。对于非标件，软件进行智能的合并或重排，使其尺寸尽量符合产品规格，达到最优的经济性。

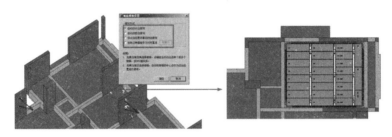

图 8-46　优配模楼板配模功能示意

其他部位配模：对于楼梯、沉池、凸窗等特殊部位，软件提供了多个专门工具进行配模，如图 8-47 所示。

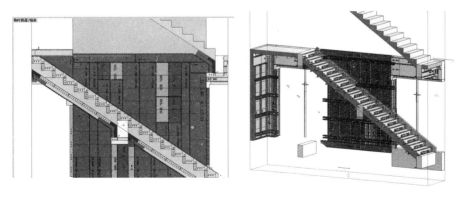

图 8-47　优配模楼梯配模功能示意

（3）编码与列表统计

根据设计及施工需求，软件支持对配好的模板进行编码，编码的方式与规则可以根据施工分区及构件编号来确定，以方便按所属构件进行模板打包。

软件提供了符合行业习惯的各种列表样式，结合构件的参数设置，可以实时生成各种报表，进行工程量统计，并可导出 Excel 表格或者数据库，如图 8-48 所示。

| 名称 | W1 | W1_2 | L | 数量 | A区 | B区 | C区 | DC区 | E区 | 区域合计 | 单块面积 | 总模面积 | A区面积 | B区面积 | C区面积 | DC面积 |
|---|---|---|---|---|---|---|---|---|---|---|---|---|---|---|---|---|
| J: 1475 | 0.00 | 25.00 | 1475.00 | 8 | 0 | | | 0 | 8 | | 0.00 m² | | 0.00 | 0.00 | 0.00 | 0.00 |
| J: 1550 | 0.00 | 25.00 | 1550.00 | 1 | 0 | | | | 1 | | 0.00 m² | | 0.00 | 0.00 | 0.00 | 0.00 |
| | | | | 9 | | | | | 9 | | 0.00 m² | | 0.00 | 0.00 | 0.00 | 0.00 |
| **1内墙剪墙板** | | | | | | | | | | | | | | | | |
| F1: 2035 | | 200.00 | 2000.00 | 4 | 0 | | | 4 | | 4 | 0.41 m² | 1.63 m² | 0.00 | 0.00 | 1.63 | 0.00 |
| F1: 2085 | | 200.00 | 2050.00 | 9 | 1 | | | 3 | | 9 | 0.42 m² | 3.75 m² | 0.42 | 0.42 | 0.00 | 1.67 |
| F1: 2135 | | 200.00 | 2100.00 | 2 | 1 | | | 1 | | 2 | 0.43 m² | 0.85 m² | 0.43 | 0.43 | 0.00 | 0.85 |
| F1: 2235 | | 200.00 | 2200.00 | 47 | 14 | 14 | | 1 | 10 | 47 | 0.45 m² | 21.01 m² | 6.26 | 6.26 | 0.45 | 3.58 |
| F1: 2285 | | 200.00 | 2250.00 | 1 | 1 | | | 1 | | 1 | 0.46 m² | 0.91 m² | 0.46 | 0.46 | 0.00 | 0.00 |
| F1: 2335 | | 200.00 | 2300.00 | 1 | 1 | | | | | 1 | 0.47 m² | 0.47 m² | 0.47 | 0.47 | 0.00 | 0.93 |
| F1: 2435 | | 200.00 | 2400.00 | 7 | 1 | 1 | | 4 | 1 | 7 | 0.49 m² | 1.46 m² | 0.49 | 0.97 | 0.00 | 1.46 |
| | | | | 76 | 21 | 20 | 5 | 14 | 16 | 76 | | 33.86 m² | 9.49 | 9.00 | 2.08 | 8.18 |
| **1内墙板** | | | | | | | | | | | | | | | | |
| N1 | 400.00 | | 2400.00 | 281 | 70 | 69 | 22 | 54 | 66 | 281 | 0.97 m² | 275.85 m² | 68.18 | 67.21 | 21.43 | 52.60 |
| N1: 2235 | 400.00 | | 2200.00 | 40 | 11 | 11 | 0 | 8 | 10 | 40 | 0.89 m² | 35.34 m² | 9.83 | 9.83 | 0.00 | 7.15 |
| N1: 2335 | 400.00 | | 2300.00 | 2 | 0 | 0 | 0 | 1 | 1 | 2 | 0.93 m² | 1.87 m² | 0.00 | 0.00 | 0.93 | 0.93 |
| N2 | 350.00 | | 2400.00 | 21 | 5 | | | 4 | 21 | 21 | 0.93 m² | 17.50 m² | 4.26 | 5.11 | 3.41 | 0.00 |
| N2: 2235 | 350.00 | | 2200.00 | 6 | 2 | | | 2 | 0 | 6 | 0.78 m² | 4.70 m² | 1.56 | 0.78 | 1.56 | 0.00 |
| N3 | 300.00 | | 2400.00 | 18 | 9 | | | 1 | 0 | 18 | 0.73 m² | 13.17 m² | 6.57 | 4.38 | 0.73 | 1.46 |
| N3: 2085 | 300.00 | | 2050.00 | 1 | 0 | 1 | | | | 1 | 0.63 m² | 0.63 m² | 0.00 | 0.63 | 0.00 | 0.00 |
| N3: 2235 | 300.00 | | 2200.00 | 9 | 3 | | | 1 | 1 | 9 | 0.67 m² | 6.03 m² | 2.01 | 2.01 | 0.67 | 0.67 |
| N3: 2335 | 300.00 | | 2300.00 | 7 | 0 | | | 3 | | 7 | 0.70 m² | 2.10 m² | 0.00 | 0.70 | 0.70 | 0.70 |
| N4 | 250.00 | | 2400.00 | 21 | 6 | | | 3 | 3 | 21 | 0.61 m² | 12.78 m² | 3.65 | 4.87 | 0.61 | 1.83 |
| N4: 2235 | 250.00 | | 2200.00 | 1 | 1 | | | | 1 | 1 | 0.56 m² | 0.56 m² | 0.56 | 0.00 | 0.00 | 0.00 |
| N5 | 200.00 | | 2400.00 | 21 | 4 | | | 8 | 2 | 21 | 0.49 m² | 10.35 m² | 1.95 | 3.90 | 1.46 | 0.49 |
| N5: 1685 | 200.00 | | 1650.00 | 1 | 0 | | | | | 1 | 0.34 m² | 0.34 m² | 0.00 | 0.34 | 0.00 | 0.00 |
| N5: 2085 | 200.00 | | 2050.00 | 10 | 2 | | | 1 | 1 | 10 | 0.42 m² | 4.17 m² | 0.83 | 0.83 | 0.42 | 0.83 |
| N5: 2185 | 200.00 | | 2150.00 | 1 | 0 | | | | | 1 | 0.44 m² | 0.44 m² | 0.44 | 0.00 | 0.00 | 0.00 |
| N5: 2235 | 200.00 | | 2200.00 | 17 | 5 | | | 3 | 3 | 17 | 0.45 m² | 7.68 m² | 2.24 | 2.68 | 0.00 | 1.34 |
| N5: 2285 | 200.00 | | 2250.00 | 1 | 1 | | | | 1 | 1 | 0.46 m² | 0.92 m² | 1.37 | 0.46 | 0.00 | 0.46 |
| N5: 2335 | 200.00 | | 2300.00 | 1 | 0 | | | 1 | | 1 | 0.47 m² | 0.47 m² | 0.00 | 0.47 | 0.00 | 0.00 |
| N6 | 150.00 | | 2400.00 | 22 | 9 | | | 4 | 22 | 22 | 0.37 m² | 8.04 m² | 3.29 | 1.83 | 0.00 | 1.46 |
| N6: 2235 | 150.00 | | 2200.00 | 3 | 0 | | | 0 | 1 | 3 | 0.33 m² | 1.01 m² | 0.00 | 0.00 | 0.00 | 0.67 |
| N6: 2735 | 150.00 | | 2700.00 | 3 | 0 | | | 0 | | 3 | 0.42 m² | 1.25 m² | 0.42 | 0.00 | 0.00 | 0.00 |
| N7 | 100.00 | | 2400.00 | 22 | 2 | | | 1 | | 22 | 0.24 m² | 5.32 m² | 0.34 | 0.73 | 0.00 | 1.95 |
| N7: 2235 | 100.00 | | 2200.00 | 13 | 1 | | | 2 | | 13 | 0.22 m² | 2.91 m² | 0.22 | 0.00 | 0.45 | 0.89 |
| N7: 2285 | 100.00 | | 2250.00 | 2 | 2 | | | 0 | | 2 | 0.23 m² | 0.45 m² | 0.46 | 0.23 | 0.00 | 0.46 |
| N7: 2335 | 100.00 | | 2300.00 | 1 | 1 | | | 0 | | 1 | 0.23 m² | 0.47 m² | 0.47 | 0.00 | 0.00 | 0.47 |

**图 8-48　优配模模板分区统计清单示意**

**（4）出图与标注**

铝模板的标注比较烦琐，人工标注效率很低。软件通过自动标注的功能，批量生成各个结构构件的平、立面模板布置图，图中已标注好模板的规格、尺寸，并进行了适当的避让，大幅提高了出图效率，如图 8-49 所示。软件还提供了模板的加工图自动出图功能，可批量生成各种模板的加工详图，包括平、正、侧三视图以及轴测图，图中包含了模板的孔位信息，并自动标注尺寸、布图框，只需简单调整标注位置即可出图。

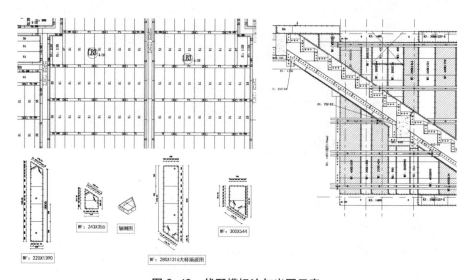

**图 8-49　优配模标注与出图示意**

（5）辅助工具

软件提供了多种辅助工具，如局部 3D 视图、拾取面生成剖面、快速选择等工具可提升操作效率;满铺检查、查重等工具则可对漏排、冲突、重合等错漏情况进行检查，使配模设计效果得到保证，如图 8-50 所示。

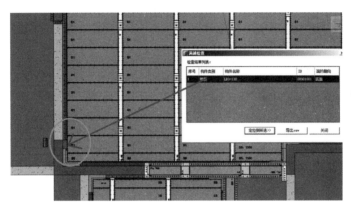

图 8-50　优配模满铺检查功能示意

优配模支持规格标注的 3D 实时更新，如图 8-51 所示。由于配模设计需要经常查对模板规格尺寸，而 Revit 的标注虽然跟主体关联，但需要专门添加标记，位置也无法固化，实际使用中多有不便，因此本软件将规格标注内置在模板构件中，在"详细"的显示模式中，即可将其显示出来，且标注值可随着参数变化实时更新，直观方便。

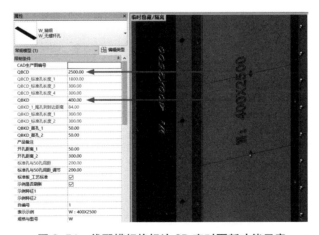

图 8-51　优配模规格标注 3D 实时更新功能示意

2. 软件性能

（1）提供丰富、完整铝模板构件库

优配模软件构件库较为完整和丰富，且高度参数化、智能化与软件功能联动，支持设计、生产、施工、仓储管理的全流程需求，同时可适应不同厂家产品的规格设置。

（2）自动、批量地标注和出图

优配模通过精确的几何计算，可实现批量的自动配模，支持批量生成多种视图、自动标注、批量导出加工图等功能，可大幅提高配模设计的效率。

（3）支持数据集成与动态更新

优配模通过构件参数集成数据，满足各种分类统计功能，实现全流程的信息化。与构件参数联动的 3D 标注实时动态更新，可大幅提升设计及审核过程效率。

3. 软件信息共享能力

优配模软件是基于 Revit 的二次开发产品，目前支持 Revit 2014-2018 版本，存储格式与 Revit 一致，为 .rvt 文件，保存的文件均可与 Revit 及其他基于 Revit 二次开发的软件做到无损传递。配模明细表可通过软件功能导出 Excel 文件，配模结果则可导入 Navisworks 等软件进行施工模拟等应用。

## 8.5 云建信 BIM-FIM

### 8.5.1 产品概述

云建信基于 BIM 技术的机电设备智能管理系统（BIM-based Facility Intelligent Management system，简称"BIM-FIM"系统）综合应用 BIM、计算机辅助工程、虚拟现实、人工智能、工程数据库、移动网络、物联网以及计算机软件集成等技术，引入建筑业国际标准 IFC，通过建立机电设备信息模型（MEP-BIM），建立一个面向机电设备的全信息数据库，实现机电信息的综合管理和应用。

BIM-FIM 的目标一方面是为实现 MEP 安装过程和运营阶段的信息共享，以及安装完成后实体设备和虚拟的 MEP-BIM 提供电子集成交付技术支持；另一方面是为加强运维期 MEP 的综合信息化管理，延长设备使用寿命、保障所有设备系统的安全运行提供高效的手段和技术支持。BIM-FIM 核心功能包含电子集成交付、机电信息管理、文档管理、维护维修管理、应急预案管理、备品管理、房间管理、结构健康监测、建筑能耗管理、建筑内部环境监测与预警和设备运行状态管理等。

BIM-FIM 的技术特点包括：基于 IFC 的信息共享接口；BIM 模型多维存储与优化；基于网络的 BIM 数据库及其访问控制；设备成组标识与基于移动平台的设备识别；海量运维信息的动态关联。

BIM-FIM 辅助实现建筑机电设备的信息化、智能化、可视化，推动 BIM 技术在建筑行业运维期的应用，帮助精准掌握物业设施设备信息，使物业运维管理更加便捷。BIM-FIM 已运用于多个大型项目中，并荣获多项行业科技奖项，为运维人员提供了高效的运维手段和管理平台，提高了企业的经济效益。

### 8.5.2 软件主要功能、性能和信息共享能力

1. 软件主要功能

（1）电子集成交付

建筑运维管理过程往往需要使用设计、施工过程积累的信息，例如：建筑信息、设备信息、设备厂家等，通常这些信息是在设计、施工过程中逐步产生的，分散在纸质竣工文档中，难以被运维管理有效的利用，也容易产生错误。系统通过 IFC 接口、标准化的 Excel 竣工数据接口等，按照 BIM 运维交付标准，实现 BIM 竣工信息的集成交付，辅助运维信息库的建立。

（2）机电信息管理

在运维期海量信息的基础上，利用信息检索、关联查询、统计分析等手段，通过三维可视化平台，实现对机电图纸、设备信息和应急预案的综合智能化管理。设计和施工过程中会有大量图纸信息，将图纸与 BIM 模型中的构件进行关联，实现三维视图与二维平面图的关联，这样用户输入图纸的关键字即可快速查找图纸。系统利用 RFID、二维码等存储构件信息，并与 BIM 模型关联，实现机电设备信息的综合管理。

通过信息检索，用户可快速地找到构件信息、图纸信息、备品信息、附件信息等，并且导出数据报表。通过关联查询，用户通过构件信息查找到与构件相关联的信息，例如：图纸、备品、附件等。统计分析功能可对不同系统下构件属性值进行统计检索，以不同的表现形式将统计结果呈现给用户，如直方图、饼图、线图、球图等。

（3）文档管理

实现文件及文件夹管理（新建、删除、复制、剪贴、粘贴、上传、下载）、关键字搜索、基于构件关联关系的搜索等功能。建立文件与 BIM 模型的网状关联关系，让用户能够快速检索跟构件（设备）关联的文档。同时也能快速的查找跟文档关联的设备及构件，提高 BIM 模型和文件的应用价值，支持多专业协同工作和高效沟通。

（4）维护维修管理

包括维护计划、待办事项和维修记录等。物业人员对项目中需要进行定期维护的构件，在系统中为构件添加相应的维护计划，系统会按照该计划定期的提醒物业人员对构件进行日常的维护工作。在待办事项中选中指定的日期，图形平台会自动定位到该日期需要维护维修的构件或设备，并高亮显示，如图 8-52 所示。

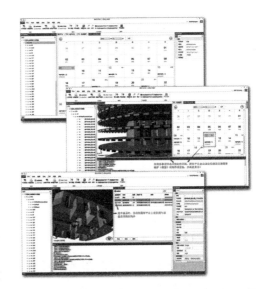

图 8-52 云建信 BIM-FIM 维护维修管理功能示意

（5）应急预案管理

综合应用二维编码技术进行信息动态显示与查询分析，为业主方提供设备故障发生后的应急管理平台，省去大量重复的找图纸、对图纸工作。利用此功能可快速扫描和查询设备的详细信息、定位故障设备的上下游构件，指导应急管控。此外，该功能还能为运维人员提供预案分析，如总阀控制后将影响其他哪些设备，基于知识库能提示业主应该辅以何种措施，解决当前问题。

（6）备品管理

用户可以录入备品的相关信息，包括编号、名称、数量、设备厂商、生产日期、采购员和供应商等。选择备品时，系统会自动在图形平台上定位到与该备品关联的构件。

（7）房间管理

基于运维 BIM 模型和 GIS 技术，实现建筑空间使用情况的宏观管理，包括区域管理、系统宏观平面化管理、房间管理及其信息查询，在二维平台上对此进行显示，并与三维模型关联，便于查询。另外，将办公楼使用情况与租赁信息关联到 GIS 模型中，动态监测楼内各区域的人流密度，设备使用情况，进行公共安全运维管理。

（8）结构健康监测

在建筑重点结构监测部位设置传感器，进行结构安全健康监测，在系统内可对传感器监测数据进行管理。可查询设定的结构健康监测传感器信息，包括标题、类型、坐标、预警值、描述等，并在三维模型中以图钉的形式显示传感器的位置，不同类型的传感器用不同的图钉显示。针对每个监测点，可查询结构健康监测点的历史监测数据，并以图表等形式进行统计和分析。

（9）建筑能耗管理

系统可集成建筑能耗数据，并对能耗数据按照月、日、小时或能耗类型等进行过滤查询、分析和可视化展示。针对特定房间，可显示该房间全年能耗分析数据并以图表显示，图表可放大到某一时间段。开启三维渲染后，可在三维模型和二维楼层平面图上查看能耗数据，不同能耗数据用不同颜色深度标识，并给出图例。

（10）建筑内部环境监测与预警

将建筑内部环境温湿度、二氧化碳或有毒有害气体等的监测数据集成到 BIM 系统中，进行数据的可视化、统计分析和预警等。针对选定的传感器，可查看传感器对应的历史趋势图，可查看最近一小时、一天、一周、一月、一年或自定义时间段的数据，并给出最近五分钟、半小时、一小时等的统计平均值、最大值、最小值。开启三维渲染后，可在三维模型和二维楼层平面图上查看指定类型传感器的监测数据，不同监测数据用不同颜色深度标识，并给出图例。对有毒有害气体，超出设定值后，可及时通过平台提示、手机短信等方式进行报警。

（11）设备运行状态管理

系统将建筑设备自动化系统（BAS）与 BIM 系统集成，实现设备状态数据与 BIM 模型集成，实现设备运行状态的三维可视化。同时系统提供了监测信息管理工具，可对设备监测点、监测设备信息进行添加、修改等操作，如图 8-53 所示。

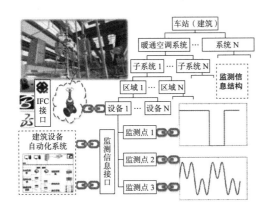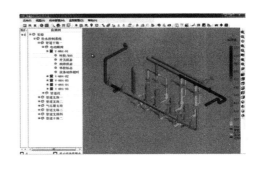

**图 8-53　云建信 BIM-FIM 监测系统及监测数据与 BIM 集成示意**

（12）设备历史信息查询

三维模型中选中设备后，可查看该设备对应的历史监测信息；历史监测数据能以折线图、直方图等多种形式的图给出，同时将该时间段内的监测数据列表显示。另外，可将历史数据信息通过 Excel 等输出报表，方便浏览。

2. 软件性能

（1）系统直观易用

BIM-FIM 系统提供了桌面端、移动端和网页端三种不同的客户端程序。桌面端应用程序支持 Windows 操作系统，采用 Ribbon 菜单布局，合理对功能进行分组，用户可从多个界面方便地打开所需的功能，并通过图表、动画等多种形式展现分析、模拟结果，桌面端应用程序侧重于 BIM 数据的管理和可视化，例如：IFC 模型导入、施工模拟、进度分析等功能。浏览器端程序可利用 Microsoft Internet Explorer、Mozilla Firefox 等通用浏览器打开访问，移动端程序可运行在苹果和安卓两种操作系统上。网页端和移动端程序侧重于 BIM 数据的采集和现场管理等，例如在建筑运维管理现场进行设备维护要求的查询、维修记录的填报等。同时，系统可根据用户角色对系统界面进行自动定制以更符合用户对系统的使用需求。

（2）支持多种类型项目

BIM-FIM 系统提供了对建筑、铁路、桥梁、公路、地铁、管廊等不同类型工程项目创建和管理的支持。另外，可方便地对系统应用流程、用户界面、数据库及功能组织进行灵活的定制，并为应用主体的各职能部门提供不同的用户权限配置和管理。用户按照各自的权限，创建新建工程或登录在建工程，通过连接远程服务器和数据库，完成相应的职能管理工作。

（3）支持多种建模方式

BIM-FIM 系统可从 4D-BIM 系统中提取竣工交付信息，自动创建运维模型，也可通过 IFC 模型转换接口和导入接口，导入设计、施工 BIM 模型中的几何信息及其所有属性信息，自动进行运维模型的建立，导入后的模型及其所有属性统一存储在服务器数据库中，形成永久的建筑电子信息库，对建筑信息进行了全面的备案，同时给物业人员在运营以及维护期间提供支持。所有的建筑信息可以在系统中进行查询、统计等操作。

（4）支持模型检查保证模型完整性

在系统操作层面上，系统采用数据控制机制，提供了用户权限判断、数据保护、多用户操作以及版本对比及更新等功能，以避免多用户对数据修改的冲突，保证数据的唯一性和完整性。在业务数据层面上，系统采用自动化的数据校验机制，保证业务数据的完整性和准确性，例如，针对计划数据，依据编码规则和构件之间的拓扑关系，自动检查与模型关联的计划是否合理、时间顺序上是否颠倒、脱节；针对成本数据，依据编码规则和构件名称、族文件内容等，检查与模型关联的成本工程清单统计是否错误，是否超出计算规则建议 / 允许的范围值；针对检查质量数据，质量数据是否超出计算规则建议 / 允许的范围值；数值与质监关联的构件是否匹配，范围是否合理等。

（5）支持二次开发提升系统定制能力

系统采用插件式方式开发，可非常方便地根据不同工程类型、工程实施方进行功能定制，并自动根据不同的用户角色对界面和流程进行定制。

（6）支持多核处理

系统在进行模型数据处理、大量实时数据计算分析等计算密集型任务时，采用了并行处理机制，可充分利用计算机 CPU 资源，进行多核计算。

（7）支持大项目处理

系统能够较好的支持大型项目处理，并已在多个大型项目中得以应用，如为应对高并发的写操作（针对一个项目而言），系统服务器端采用集群方式，可以根据需要随时配置多个应用服务器和 / 或数据库服务器，且数据库实例之间不需要同步。这种按项目分库的方式，很容易应对数十个、数百个项目的增加，以应对大项目数据的处理需求。

3. 软件信息共享能力

BIM-FIM 通过文件和关系数据库两种技术途径实现信息存储。BIM-FIM 建立基于 IFC 的 BIM 数据库，实现基于云计算技术的运维信息存储与管理，便于运维期 BIM 数据的存储、提取、集成与共享，为运维期的维护、维修、巡检、监测、安全和应急等管理提供支持，系统支持公有云和私有云两种部署方式。

BIM-FIM 支持采用标准化格式文件、WebService 和通用协议等方式进行数据共享。在竣工交付阶段，可通过 IFC、obj 等多种标准模型文件输入建筑、结构和机电 BIM 建模软件建立的 BIM 模型，通过 gbXML 等输入绿色建筑分析软件的建筑分析数据。在运维阶段，通过标准化的 Web Service 接口实现系统与其他物业管理软件之间的数据交互和共享。通过 OPC、ONVIF、MQTT、oBIX、ModBus 和 KNX 等协议接口实现与视频监控、门禁安防、暖通空调、照明等建筑设备自动化系统，以及结构健康监测、人员定位等物联网系统的集成和数据共享。

BIM-FIM 支持电子信息发布和浏览。系统支持多种格式文档导出及发布，并可自动推送信息到 Web 和手机微信端，便于信息发布及浏览。

## 8.6 Autodesk AutoCAD Civil3D

### 8.6.1 产品概述

AutoCAD Civil 3D 脱胎于 1996 年被 Autodesk 公司收购的 Softdesk 公司的软件体系，是 Autodesk 公司推出的一款面向基础设施行业的建筑信息模型（BIM）解决方案，为基础设施行业的技术人员提供了设计、分析以及文档编制功能，适用于勘察测绘、岩土工程、交通运输、水利水电、市政给排水、城市规划和总图设计等众多领域。

AutoCAD Civil 3D 架构在 AutoCAD 之上，提供了测量、三维地形处理、土方计算、场地规划、道路和铁路设计、地下管网设计等专业设计工具，使用这些工具可创建和编辑测量要素、分析测量网络、精确创建三维地形、平整场地并计算土方、进行土地规划、设计平面路线及纵断面、生成道路模型、创建道路横断面图和道路土方报告、设计地下管网等任务。

另外，AutoCAD Civil 3D 还集成了 Autodesk 公司地理信息系统软件 AutoCAD Map 3D，可提供基础设施规划和管理功能，可帮助集成 CAD 和多种 GIS 数据，为地理信息、规划和工程决策提供必要信息。

Autodesk 公司于 2004 年正式推出 Civil 3D 的第一个版本 Autodesk Civil 3D 2004，并同步在中国发行。从 2008 版开始，Autodesk Civil 3D 更名为 AutoCAD Civil 3D，并一直应用至今。

统计结果显示，18% 和 59% 调研样本认为 AutoCAD Civil 3D 应用效果"非常好"和"好"，说明 AutoCAD Civil 3D 总体应用效果较好，调研数据如图 8-54 所示。

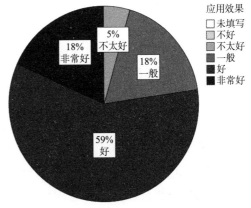

图 8-54 AutoCAD Civil 3D 应用效果评估

### 8.6.2 软件主要功能及评估

#### 1. 软件主要功能

（1）数字地形建模

数字地形模型是土木工程三维设计的
基础，为众多设计工作（如场地设计、道
路设计等）提供了原始数据来源。在 Civil
3D 中，数字地形模型被称为"曲面"，是一
块土地的表面的三维几何表示。AutoCAD

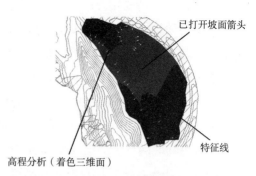

图 8-55　AutoCAD Civil 3D 高程分析功能示意

Civil 3D 可以创建新的空曲面，然后向其添加数据，或者可以导入现有曲面，例如
LandXML、三角网或 DEM 文件。完成曲面创建之后，可对曲面执行编辑操作，如简
化曲面、删除曲面点等，以更加精确地反映原始地形。最后，可对曲面执行各种分析，
包括等高线、方向、高程、坡度、坡面箭头、流域和跌水路径，如图 8-55 所示。

（2）场地设计与土方工程计算

AutoCAD Civil 3D 的场地设计工具既能支持平面规划设计任务，也能辅助完成竖
向设计任务。AutoCAD Civil 3D 有两种土方计算方式，一是曲面体积计算，二是放坡
体积计算。前者使用"体积面板"功能，可以方便地计算出两个曲面之间的体积差，
并可以通过松散系数和压实系数修正计算值；后者使用"放坡体积工具"功能，可以
计算放坡组曲面和原始曲面之间的体积差，并可以自动进行土方平衡。完成土方计算
之后，可通过欧特克公司向速博用户免费提供的 AutoCAD Civil 3D 扩展工具来创建土
方施工图。

（3）道路设计

AutoCAD Civil 3D 提供三维道路模型（例
如城市道路、公路和铁路等）的建模功能，以
及创建道路模型的基本部件。通过部件可定义
道路横断面（装配）的几何图形，例如：典型
公路的车道、路肩、边沟和路缘，以及路旁放
坡等。这些部件可单独进行定义，也可堆叠来
组成典型装配，如图 8-56 所示。

对于平面路线设计，AutoCAD Civil 3D 提
供了多种创建路线的方法，例如从多段线创建

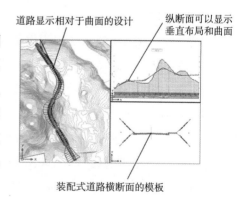

图 8-56　AutoCAD Civil 3D 道路设计构件
装配功能示意

路线，以及使用"路线布局工具"创建路线。在创建路线时，可使用基于标准的设计
功能来确保路线设计符合当地最低标准。

完成平面路线、纵断面和横断面（装配）设计之后，可以创建道路模型。AutoCAD

Civil 3D 支持创建任意复杂的道路模型，包括分离式路基、交叉口、环形交叉以及各类三维带状物，如图 8-57 所示。

（4）管网设计

在 AutoCAD Civil 3D 中，可以进行重力管网和压力管网的设计。AutoCAD Civil 3D 的重力管网设计功能可以绘制公共设施系统（例如雨水管、污水管等）的二维和三维模型，具有碰撞检查功能，可快速识别管道或结构存在物理碰撞或者彼此过于接近的区域，如图 8-58 所示。

图 8-57  AutoCAD Civil 3D 复杂道路模型示意

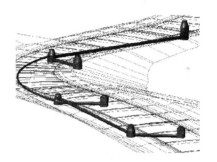

图 8-58  AutoCAD Civil 3D 重力官网
设计功能示意

AutoCAD Civil 3D 在 2013 版中增加了压力管网设计功能。AutoCAD Civil 3D 提供了两种创建压力管网的方式，通过压力管网平面布局工具和从水行业模型转换。水行业模型是具有水行业要素类、规则和关系的专用架构。可以在 AutoCAD Map 3D 中创建水行业模型，并将其转换为压力管网。创建压力管网之后，可以在平面和纵断面图中编辑和优化压力管网布局。还可以使用设计检查和深度检查可以验证压力管网是否满足项目标准，如图 8-59 所示。

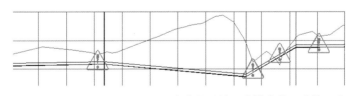

图 8-59  AutoCAD Civil 3D 压力官网设计深度检查警示功能示意

2. 软件功能评估

统计结果显示（如图 8-60 所示）：

（1）专业功能：18% 和 68% 调研样本认为 AutoCAD Civil 3D 专业功能"非常好"和"好"，说明 AutoCAD Civil 3D 提供的专业功能较好地支持了工程应用；

（2）建模能力：14% 和 73% 调研样本认为 AutoCAD Civil 3D 建模能力"非常好"

和"好"，说明 AutoCAD Civil 3D 作为基础设施行业领域主要 BIM 软件之一得到了工程技术人员的认可；

（3）对国家规范的支持程度：45% 和 14% 调研样本认为 AutoCAD Civil 3D 对国家规范的支持程度"一般"和"不太好"，说明 AutoCAD Civil 3D 本土化落地功能还需要加强；

（4）高级应用功能：14% 和 45% 调研样本认为 AutoCAD Civil 3D 高级应用功能"非常好"和"好"，也有 27% 调研样本认为"一般"，说明 AutoCAD Civil 3D 对二次开发、客户化定制的支持得到部分用户的认可。

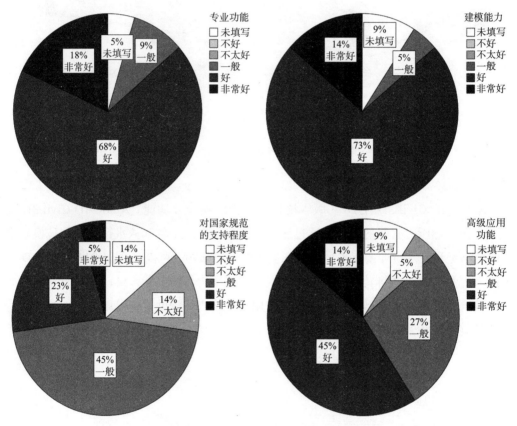

**图 8-60　AutoCAD Civil 3D 软件功能评估**

### 8.6.3　软件性能及评估

1. 软件性能

（1）基于成熟 AutoCAD 平台，快速创建模型

AutoCAD Civil 3D 架构在成熟 AutoCAD 平台之上，界面操作为工程人员所熟悉。AutoCAD Civil 3D 在平面、纵断面及横断面上提供快速创建道路三维模型功能，以及相应的平面 / 纵断面、仅平面、仅纵断面以及横断面的出图功能。

（2）三维动态设计

AutoCAD Civil 3D 支持三维动态设计，通过智能对象之间的交互作用可实现设计过程的自动化。

2. 软件性能评估

统计结果显示（如图 8-61 所示）：

（1）易用性：23% 和 45% 调研样本认为 AutoCAD Civil 3D 的易用性"非常好"和"好"，说明 AutoCAD Civil 3D 界面友好、操作简单、易学易用等特性得到用户认可；

（2）系统稳定性：18% 和 59% 调研样本认为 AutoCAD Civil 3D 系统稳定性"非常好"和"好"；

（3）对硬件要求：9% 和 64% 调研样本认为 AutoCAD Civil 3D 对硬件要求"非常高"和"高"，说明流畅使用 AutoCAD Civil 3D，对硬件（如内存、显卡等）还有较高要求；

（4）大模型处理能力：14% 和 41% 调研样本认为 AutoCAD Civil 3D 的大模型处理能力"非常好"和"好"，也有 36% 调研样本认为 Revit 的大模型处理能力"一般"。

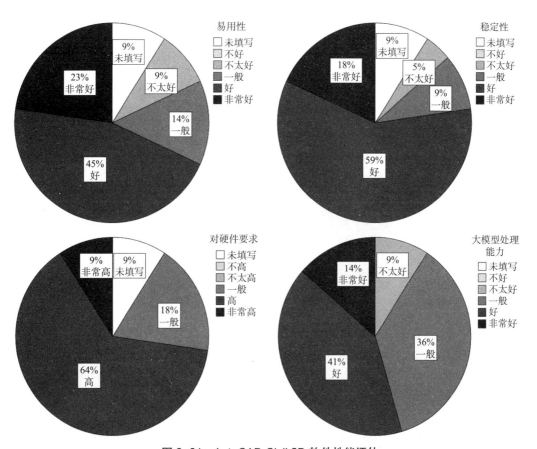

图 8-61 AutoCAD Civil 3D 软件性能评估

### 8.6.4 软件信息共享能力及评估

1. 软件信息共享能力

默认情况下，AutoCAD Civil 3D 的所有对象及其设计成果都储存在 DWG 图形文件中。当 AutoCAD Civil 3D 的图形文件导入其他软件或 Civil 3D 的较低版本中，为获得更好的兼容性，通常使用以下方式：

（1）安装 AutoCAD Civil 3D Object Enabler

AutoCAD Civil 3D Object Enable 是在其他 Autodesk 应用程序中提供访问 AutoCAD Civil 3D 数据对象的一种实用程序，可从 AutoCAD Civil 3D 的安装程序中获得或者从 Autodesk 官网免费下载。安装了 Object Enabler 之后，可在其他 Autodesk 产品（如 AutoCAD）中看到 AutoCAD Civil 3D 数据，并获得扩展信息，但不能编辑数据。

（2）输入输出 LandXML

AutoCAD Civil 3D 可输出 LandXML 格式文件，方便在 AutoCAD Civil 3D 较低版本或其他第三方应用查看和编辑数据。AutoCAD Civil 3D 也可输入 LandXML 格式文件，以便快速生成地形、道路或管网数据。

2. 软件信息共享能力评估

统计结果显示（如图 8-62 所示），9% 和 59% 调研样本认为 AutoCAD Civil 3D 的信息共享能力"非常好"和"好"。

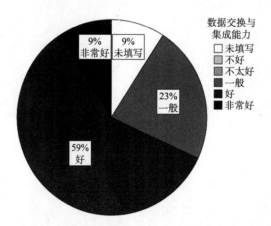

图 8-62　AutoCAD Civil 3D 软件数据交换与集成能力评估

# 第9章 三维扫描设备及相关软件

## 9.1 概述

三维扫描设备是集光、机、电和计算机技术于一体的高新技术和设备,主要用于对物体空间外形和结构及色彩进行扫描,以获得物体表面的空间坐标。

三维扫描设备能够将实物的立体信息转换为计算机能直接处理的数字信号,为实物数字化提供了相当方便快捷的手段。

本章介绍某些品牌的某些型号产品,部分三维扫描设备调研样本数据如表 9-1 所示。

三维扫描设备部分调研样本数据

表 9-1

| 序号 | 厂商名称 | 型号 | 易用性 | 耐用性 | 对环境要求 | 便携容易程度 | 电池续航能力 | 数据交换能力 | 应用效果 |
|---|---|---|---|---|---|---|---|---|---|
| 1 | 天宝 | TX8 | 好 | 好 | 非常高 | 好 | 好 | 好 | 非常好 |
| 2 | 天宝 | X130 | 非常好 | 非常好 | 不高 | 一般 | 一般 | 非常好 | 好 |
| 3 | 天宝 | TX5 | 非常好 | 好 | 一般 | 不太好 | 好 | 一般 | 好 |
| 4 | 天宝 | TX5 | 一般 | 好 | 高 | 一般 | 一般 | 好 | 好 |
| 5 | 天宝 | TX5 | 好 | 一般 | 高 | 一般 | 一般 | 好 | 好 |
| 6 | 天宝 | SX10 | 好 | 一般 | 高 | 好 | 一般 | 好 | 好 |
| 7 | 天宝 | X130 | 非常好 | 非常好 | 不高 | 一般 | 一般 | 非常好 | 好 |
| 8 | 法如 | X130 | 好 | 好 | 高 | 一般 | 好 | 非常好 | 非常好 |
| 9 | 莱卡 | x300 | 好 | 好 | 一般 | 好 | 好 | 好 | 好 |
| 10 | 莱卡 | P40 | 未填写 | 未填写 | 未填写 | 一般 | 好 | 非常好 | 好 |

## 9.2 法如激光扫描仪

### 9.2.1 产品概述

法如 FocusS 350 是一款超长扫描距离(350m)便携式激光扫描仪,内置的 800 万像素 HDR 相机能对在亮度急剧变化条件下捕捉的扫描数据进行自然的颜色叠加。

### 9.2.2 设备主要功能

（1）建筑立面施工质量检测

通过对建筑外立面的扫描，获取建筑外立面的完整结构信息，将此信息与设计要求进行对比分析，可以快速获取建筑施工的质量报告，通过图标的形式直观地将测量成果展示出来，如图 9-1 所示。

图 9-1　法如 FocusS 350 建筑立面施工质量检测功能示意

（2）钢结构检测

对大型建筑，特别是异型建筑，扫描仪的运用能起到事半功倍的效果，对建筑物或异型结构进行扫描，将扫描的建筑施工过程结果与设计模型进行对比，进行偏差分析，能准确地得到施工质量及施工过程中存在的偏差，如图 9-2 所示。检测结果对后期施工有决定性作用。

图 9-2　法如 FocusS 350 钢结构检测功能示意

（3）虚拟装配

对于预制件的定位安装，为保证安装过程的顺利进行，通过三维扫描仪对预制件单体进行扫描，获取预制件的真实尺寸模型，而后通过计算机模拟的方式对这些预制件模型进行虚拟进厂及定位安装实验，得出优化的安装方式，作为现场施工的指导方案。

### 9.2.3　设备主要技术参数

法如 FocusS 350 主要技术参数如表 9-2 所示。

法如 FocusS 350 主要技术参数

表 9-2

| 序号 | 主要技术参数 | 参数值 |
|:---:|:---:|:---:|
| 1 | 最大扫描距离 | 350m |
| 2 | 激光发射频率 | 976000 点 /s |
| 3 | 扫描数据精度 | ±1mm |
| 4 | 扫描视角 | 水平 360°，垂直 300° |
| 5 | 相机 | 内置 1 亿 7000 万像素的激光同轴全景相机，支持 HDR 功能 |
| 6 | 传感器 | 内置有 GPS、高度计、倾斜传感器、罗盘等传感器，为三维扫描数据提供辅助信息 |
| 7 | 激光等级 | Class1 级安全激光 |
| 8 | 工作温度 | 5 ~ 40℃，可扩展至 −20 ~ 55℃ |
| 9 | 供电系统 | 内置锂电池，单块电池续航 4h 以上 |
| 10 | 通讯方式 | 支持无线数据传输 |
| 11 | 安装 | 支持现场全自动拼接，无须标靶或其他辅助设备 |
| 12 | 重量 | 主机 4.2kg（含电池） |

### 9.2.4　信息处理和交换能力

软件支持点云数据转换为 xyz、e57、ptx、wrl、dxf、xyb、igs、rcp 等多种数据格式导出；

支持导入用于地理参考的控制点（.cor、.csv）；导出 ASTM E57、.dxf、VRML、.igs、.txt、.xyz、.xyb、.pts、.ptx、.ptz、.pod 等格式）；CAD 对象（.wrl、.igs 和 .dxf）；

导入数码照片（.jpg、.png、.bmp 、.tif）；可输出全景图（.jpg 格式）和正射影像（.tif格式）。

## 9.3　徕卡扫描仪

### 9.3.1　产品概述

1. 莱卡 Nova MS60 全站扫描仪

2013 年徕卡推出了第一代全站扫描仪 MS50，徕卡 Nova MS50 综合测量工作站是一个功能全面的解决方案，集成了高精度全站仪技术、高速 3D 扫描技术、高分辨率数字图像测量技术以及超站仪技术等多项先进的测量技术，能够以多种方式获得高精度的测量结果，应用范围得到空前的扩大。

2016 年为了能满足不断变化的新需求，莱卡推出了全新一代的全站扫描仪 Nova MS60。MS60 集众多测量技术（包括：测量、扫描、图像以及 GPS 技术等）于一体，可以自动并连续的检查周围的测量环境，适应各种恶劣作业环境的挑战。

徕卡 Nova MS60 采用了全新的 Captivate 三维系统软件，基于三维点云模型进行测量和放样，captivate 系统的 3D 测量功能也为 MS60 用于 BIM 放样提供了基础。

主要应用领域：

（1）BIM 测量施工

可以将建筑模型在专业处理插件 Leica Building Link 进行点处理，处理后的建筑模型可以直接导入 MS60 中，在放样界面直接调用 BIM 模型。可以 3D 定位功能直接自动立体放样目标点。

（2）地铁隧道扫描

可以进行隧道测量，也可以进行隧道扫描。借助于精细隧道扫描，实现模型、点云的三维断面分析，适用于施工和竣工阶段。

（3）路面扫描监测

突破传统的单点沉降观测，可进行精细的面扫描监测，批量获取路面的点云数据，借助 Multiworx 专业软件进行数据分析，实现高效、快捷的非接触式的监测。

（4）滑坡变形监测

通过精细扫描以及长距离的免棱镜非接触方法进行滑坡体扫描。使用专业分析软件，可实现直观的三维色谱分析，为地质灾害监测和预防提供专业的解决方案。

（5）大坝扫描监测

既可以进行高精度单点监测，也可以实现大坝面精细扫描监测。可快速获取大坝的三维点云数据，通过不同的色谱显示变形变化量。可以生成大坝模型，真正实现 3D 式的大坝变形监测。

（6）电力行业应用

可快速获取变电站以及输电线的三维点云数据，使用 Cyclone 以及 CloudWorx 程序进行三维建模以及尺寸的检测，实现变电站的数字化管理，方便设备的维修和维护。

（7）油罐行业应用

既可以外侧扫描，也可以进行内侧扫描罐体，精确获取罐体点云数据，可专业标定立式罐的容积。

2. 徕卡 ScanStationP40/P30/P16 三维激光扫描仪

徕卡三维激光扫描仪 ScanStation P40/P30/P16 融合高精度测角测距技术、WFD 波形数字化技术、Mixed Pixels 混合像元技术和 HDR 图像技术，可用于：地铁、隧道、市政工程等基础设施行业；设备改造、逆向建模等工厂、船舶行业；安装工程、室内改造等建筑 BIM 行业;考古发掘、古迹修复等考古行业;现场勘察、事故调查等公安行业。

### 9.3.2 设备主要功能

（1）竣工检查

将设计好的 BIM 模型直接导入全站仪里，利用模型中的点进行设站定向。在屏幕上利用 3D 放样功能，可以自动定位放样点位置，对放样点和实地施工点进行比对，检验施工误差。

（2）施工放样

将建筑模型导入全站仪，利用 360 棱镜和 GPS 组成的镜站仪系统，单人即可完成设站定向和自动测量放样。放样界面立体显示放样点和设计点的差异，并图形化显示放样距离指导放样。

（3）模型比对

对已经建成的建筑幕墙进行扫描，获取墙体的点云数据，将点云数据进行建模，同 BIM 模型进行比对，两组模型比对的差异可以用形变色谱图显示出来，局部细节可以用生成标签这种方式表现出来。

### 9.3.3 设备主要技术参数

（1）莱卡 Nova MS60 全站扫描仪

莱卡 Nova MS60 主要技术参数如表 9-3 所示。

莱卡 Nova MS60 主要技术参数　　　　　　　　　　　　　　　　表 9-3

| 序号 | 主要技术参数 | 参数值 |
|---|---|---|
| 1 | 测角精度 | 0.5″ |
| 2 | 补偿器 | 四重角度检测、四重轴系补偿功能 |
| 3 | 测距精度 | 1mm+1.5ppm |
| 4 | 测程 | 1.5 ~ 10000m |
| 5 | 扫描速度 | 1000 点 /s |
| 6 | 相机系统 | 500 万像素，广角相机 + 望远镜相机 |
| 7 | 驱动系统 | 压电陶瓷驱动，转速 180°/s |
| 8 | ATR 精度 | 0.5″ |
| 9 | 超级搜索 | 300m/5s |
| 10 | 导向光 | 5 ~ 150m/ 典型 5cm，100m 处 |
| 11 | 屏幕 & 面板 | 5 英寸 WVGA 面板，37 个按键，带照明功能 |
| 12 | 操作部件 | 3 个无限位驱动，1 个伺服对焦驱动，2 个自动对焦按键，用户可自定义 |
| 13 | 电源 | 内置锂电 / 外接电源，使用内置锂电单电池工作 7 ~ 9h |

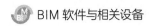 

| 序号 | 主要技术参数 | 参数值 |
|---|---|---|
| 14 | 内存 / 扩展 | 2GB / SD 卡 1GB 或 8GB |
| 15 | 通讯端口 | RS232，USB，Bluetooth®，WLAN |
| 16 | 防尘防水 | IP65 / MIL-STD-810G |
| 17 | CPU | TI OMAP4430 1GHz 双核 ARM® CortexTM -A9 MPCoreTM |

（2）徕卡 ScanStation P40/P30/P16 三维激光扫描仪

徕卡 ScanStation P40/P30/P16 三维激光扫描仪主要技术参数，如表 9-4 所示。

徕卡 ScanStation P40/P30/P16 三维激光扫描仪主要技术参数　　　　　　表 9-4

| 序号 | 主要技术参数 | 参数值 |
|---|---|---|
| 1 | 扫描范围 | >300m@90% 反射率，270m@34% 反射率 |
| 2 | 测角精度 | 水平方向 8"，垂直方向 8" |
| 3 | 单次测量精度 | 1.2mm+10ppm |
| 4 | 最小扫描距离 | 0.4m |
| 5 | 测距噪声 | 0.4mmrms@10m，0.5mmrms@50m |
| 6 | 激光发射角 | ＜0.23mrad |
| 7 | 扫描速率 | 1000000 点 /s |
| 8 | 视场角 | 水平方向 360°，垂直方向 290° |
| 9 | 数据存储容量 | 256GB 内置固态硬盘（SSD）或外接 USB |
| 10 | 双轴补偿器 | 实时机载液态传感器形式的双轴补偿，可选开 / 关，分辨率 1'，补偿范围 +/-5'，补偿精度 1.5" |
| 11 | 激光安全等级 | 1 级安全激光 |
| 12 | 工作温度 | −20 ～ 50℃ |
| 13 | 存放温度 | −40 ～ 70℃ |
| 14 | 防尘防水等级 | IP54 |
| 15 | 工作时间 | 5.5h（2 块电池可热插拔） |
| 16 | 软件 | 配置正版三维数据处理软件（多用户为佳），包括扫描、拼接、建模、测量等模块 |
| 17 | 内置相机 | 分辨率单帧 400 万像素，17°×17° 彩色图像 |

### 9.3.4　信息处理和交换能力

　　莱卡扫描仪支持 SD 卡、U 盘等外接存储设备，兼容 RS232、蓝牙、WLAN 等多种网络连接方式。通过仪器可以导入：ASC Ⅱ、GSI、线路数据、DTM、DXF、XML 数据，导出格式包括：自定义 ASC Ⅱ、DXF、FBK/RW5/RAW、XML、样式表，同时开放二次开发的平台。

　　徕卡推出了多种专业的三维软件，主要应用软件包括：Infinity、Multiworx、Cyclone 及 CloudWorx 插件、GeoMoS 软件。

（1）徕卡 Infinity 软件

Infinity 是一款数据管理软件，可以同时管理全站仪测量数据和扫描点云数据，拥有直观的三维数据浏览查看功能。可以多种格式输出测量成果，包括：DBX、XML、PTS、PTX、E57、LAS、LAZ、DWG、DXF 等，可导入 CAD 等软件进一步进行处理。

（2）徕卡 MultiWorx 软件

MultiWorx 是 AutoCAD 软件的一个插件，支持常规测量的工作流程，容易学习和使用。

（3）徕卡 Cyclone 软件

Cyclone 软件是三维激光扫描领域内的主要软件，可以高效地处理徕卡测量系统的 HDS 和 MS60 的数据。用户可以使用该软件处理工程测量、制图及各种改建工程中的海量点云数据。可输出二维或三维图，线画图，点云图及三维模型。可根据点云自动生成平面、曲面、圆柱、弯管、法兰等。可依据切片厚度生成点云切面，输出 DXF、PTX、PTS、TXT 等多种格式数据。

（4）徕卡 GeoMoS 软件

GeoMoS 软件能够控制 MS60 对人造建筑和自然物体进行扫描，并进行变形分析，以不同的颜色显示不同的变形量，很直观。

## 9.4　中建技术中心基于 BIM 的工程测控系统集成

### 9.4.1　产品概述

中建技术中心基于 BIM 的工程测控系统集成是计算机科学、电子电气技术、通信技术、机电一体化、多媒体等多学科交叉融合的研发成果，支持重大工程建设项目的工程检测、监测和控制。系统能够自动进行数据采集、管理分析，并做出最优化决策，涵盖勘察监测、施工建造监测、运维监测三个阶段。勘察监测应用智慧测控平台对建筑的场区环境、水文地质、基础地质等进行监测和评估，分析安全隐患，实现勘察过程智能化；施工建造监测主要通过岩土监测（基坑变形、水位水压、土体位移、支护倾斜等）、结构监测（应力应变、荷载变形、振动等）、有毒气体监测、视频监控、起重机械监测等，确保施工安全、高效、智能；运维监测主要对建筑的室内空气品质安全（包括 PM2.5 颗粒物、VOC、甲醛等污染物指标）、设备运维安全、建筑结构安全等进行监测，提高建筑安全、健康的品质。平台可广泛应用于超高层建筑、大型公共建筑（地铁、高铁、桥梁、隧道、大型钢构等）及住宅工程等领域的施工全生命周期监测。

### 9.4.2　主要功能

（1）测量机器人 3D 变形监测

基于测量机器人，在一定视场范围内自动扫描、照准棱镜，自动采集数据，获取监测点点位信息后,保存到监测数据库中。在上位机中可以实时、动态地计算位移、沉降等参数,并能实现预警报警和监测成果输出,以实现无人值守监测,对安全施工具有指导意义。

系统可应用于毫米级 3D 变形监测,包括:钢结构变形监测、地铁隧道变形监测、超高层建筑变形监测、基坑变形监测、桥梁变形监测等,以及试验构件亚毫米级 3D 变形监测。

系统监测范围大且精度高,单台设备监测范围可达 1km,且精度达到毫米级。监测点数量大,每台机器监测点可达 10000 个。系统可实现多台仪器远程网络化管理,方便集中管理与控制,且具有精确的、实时的气象要素修正功能。系统可实时准确记录监测数据、实时分析,并具有超限报警功能,如图 9-3 所示。

系统已成功应用于杭州国际博览中心钢结构变形自动化监测、深圳地铁 9 号线隧道变形自动化监测、深圳腾讯滨海大厦悬空连廊提升变形自动化监测等项目。

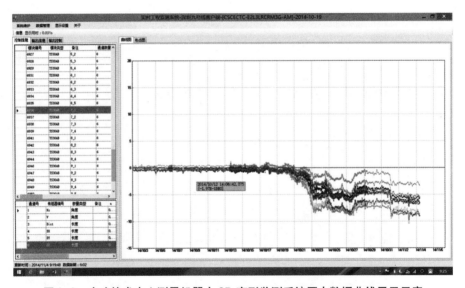

图 9-3　中建技术中心测量机器人 3D 变形监测系统历史数据曲线显示示意

(2)多轨道滑移无线激光同步控制

多轨道滑移无线激光同步控制技术可实现多轨道同步滑移,用于同步滑移控制、位移监测等。系统支持的滑移工艺可将误差控制较小范围(2mm 以内),提高了结构工程滑移施工的精确度,确保每个顶推点位移是同步的,保证了滑移施工的安全性。系统主要可应用于:结构滑移工程、房屋平移工程、结构变形监测。

系统采用激光测量,并对数据实时分析,实时输出同步矫正数据,控制液压推进器推进速度,滑移精度可控制在 2mm 以内。系统支持 32 通道数据采集,且可扩展。系统支持无线连接,支持多设备自由组网,且为低功耗产品,可自主供电。

系统已成功应用于京沪高铁南京南站钢结构屋盖施工监测。

（3）大体积混凝土温控仿真与施工监测

大体积混凝土温控仿真与施工监测可模拟得到大体积混凝土施工过程中任何位置、任何时刻的温度变化，快速计算出混凝土中温差情况，并能模拟出相关的温控措施，主要应用于：大体积混凝土方案优化及裂缝控制。

主要特点：

1）该系统单设备支持 16 通道非线性传感器，数据软件修正，温度监测精度达到 0.1℃；

2）无线连接，大规模自由组网，可实现远程网络化管理与控制；

3）实时记录监测数据、对数据进行实时分析并具备超限报警功能；

4）支持随时查看实时数据、历史数据及曲线；

目前该系统已成功应用于：北京中国尊大体积混凝土底板温度自动化监测、贵阳双子塔大体积混凝土应变及温度监测、天津周大福中心大体积混凝土应变及温度监测等，如图 9-4 和图 9-5 所示。

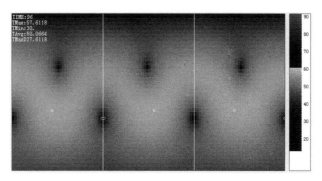

图 9-4　有冷却水管的大体积混凝土温场计算效果图

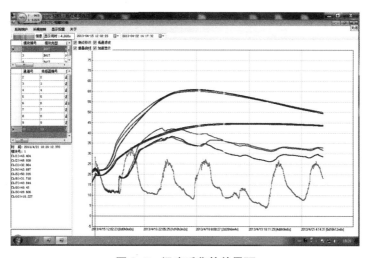

图 9-5　温度采集软件界面

（4）高铁线下沉降管理与分析

分布式高速铁路线下沉降管理与分析评估技术可对高速铁路的铁路线基础岩土沉降状况及结构做出适时分析和评估，通过分布式的数据采集方式，采用相关的趋势分析算法，预测出相应测点的沉降趋势及最终沉降量，通过最终沉降量、实测沉降、结构荷载沉降量等信息计算出工后沉降量，为客运专线的铺轨评估报告提供强有力的技术支持。

目前已成功应用于哈大高铁项目，如图 9-6 ~ 图 9-8 所示。

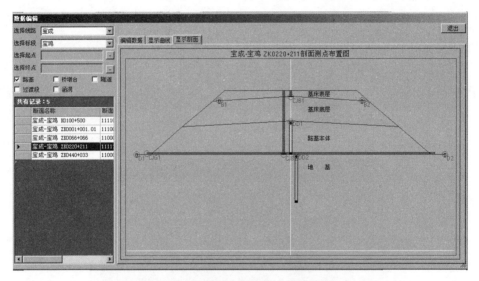

图 9-6　路基测点断面定义模块界面

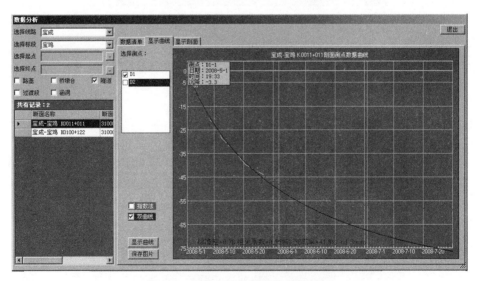

图 9-7　路基沉降数据分析模块界面

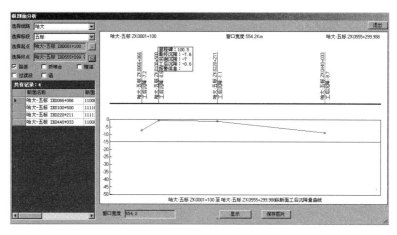

图 9-8　路基纵剖面沉降汇总图

（5）大集群无线应变监测

实现钢构件、钢筋、混凝土的应变和应力的监测，适用于需要做应变、应力及温度监测的所有工程，且实现了大区域、分布式、大点数、自由布局，该系统受施工现场复杂环境影响很小。主要应用于钢结构应变监测、混凝土应变监测。

主要特点：

1）单采集设备支持 16 通道非线性传感器，数据软件修正；

2）无线连接，可大规模自由组网；

3）实现远程网络化管理与控制；

4）实时记录监测数据，实时数据分析并超限报警；

5）支持随时查看实时数据、历史数据曲线。

目前该系统已成功应用于京沪高铁南京南站钢结构屋盖施工监测、贵阳双子塔大体积混凝土应变与温度监测、杭州国际博览中心钢结构自动化监测、青岛东方影都展示中心钢结构网壳卸载应力及变形自动化监测、天津交通部水动力模型厅钢结构自动化健康监测等项目，如图 9-9 和图 9-10 所示。

图 9-9　振弦应变传感器及太阳能无线采集箱

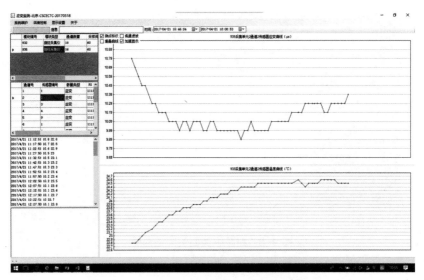

图 9-10　应变数据采集显示界面

（6）索动力在线监测

可应用于体外预应力索力监测、桥梁索力监测、幕墙索力监测。

主要特点：

1）单个设备可同时支持 16 条索监测；

2）传感器安装简便，且支持非线性传感器；

3）软件修正测量数据，且精度高；

4）在测量过程中考虑了索弯曲刚度对索力测量结果的影响，适应各种约束边界条件；

5）可远程网络化控制；

6）实时准确记录采集数据、历史数据及曲线、实时分析并超限报警。

目前已在宁波成功进行应用。

（7）RTK 在线 3D 变形监测

大型建（构）筑物（如高层建筑物、大坝和桥梁等）动态特征的监测对其安全运营、维护及设计至关重要，尤其要实时或准实时监测大型建（构）筑物受地震、台风、温度变化和洪水等外界因素作用下的动态特征，如高层建筑物摆动的幅度（相对位移）和频率。基于 RTK 的在线 3D 变形监测技术可实现厘米级的 3D 形变监测，主要应用于超高层建筑厘米级 3D 变形监测、桥梁厘米级 3D 变形监测。

主要特点：

1）具有精确的、实时的气象要素修正功能；

2）监测范围大，每个参考站可监测 10km 内的测点；

3）远程网络化管理，方便集中管理与控制；

4）支持实时分析数据并超限报警，随时查看历史数据及曲线。

（8）绿色施工在线检测

绿色施工智能综合检测技术综合了绿色施工方案中的节能、节水、节材、节地、现场环境保护（降噪、防尘、防毒、防辐射、防振、防光污染、防水污染、控制地下水位、保护土壤）等一系列绿色建筑施工过程中需要通过监测来控制的内容，能最大限度地节约资源与减少对环境负面影响的施工活动，实现绿色建筑施工过程的四节一环保并节省工期。主要可应用于绿色施工监测、建筑节能监测。

主要特点：

1）支持电能、粉尘、噪声、二氧化碳、热流等指标监测；

2）支持非线性传感器，传感器数据可通过软件进行修正，提高测试精度；

3）可大规模组网，远程网络化管理与控制；

4）实时记录监测数据、对数据实时分析并具有超限报警功能；

5）随时查看实时数据、历史数据及曲线；

目前已成功应用于中国建筑技术中心研发基地防辐射涂料节能测试项目。

### 9.4.3 主要技术参数

建筑全生命期智慧测控平台，整体架构如图 9-11 所示，平台采用分布式架构，主要由传感器模块、现场采集控制模块、DTU（无线传输模块）、云服务平台和监控终端等组成。现场采集控制系统通过全站仪、静力水准仪、温湿度传感器、振弦应变传感器等设备的数据采集（根据项目需求配置不同传感器，传感器参数化配置），完成岩土监测、结构监测、有毒气体监测等，并且通过 DTU 上传至远程云服务器进行数据处理及存储。本项目的项目管理人员可通过智能终端、PC 客户端进行数据实时访问及设备的配置，项目管理人员操作权限进行分级权限管理。

其性能特征如下：

（1）平台集成度高。平台将具有不同功能的传感器和仪表设备的接口进行统一化，参数化配置，支持非线性传感器，传感器数据可通过软件进行修正，提高测量精度，可同时挂载全站仪、静力水准仪、振弦应变传感器、加速度传感器、液位计、风速计、图像采集传感器、VOC 传感器、温湿度传感器等设备。

（2）对施工过程全面监测。平台针对建筑施工的岩土（包括基坑变形、地下水位、土体位移、支护轴力）、主体结构（包括应力应变、位移速度、温度形变、风荷振动）以及超层泵送、有毒气体、扬尘噪声和塔机设备等极易发生安全事故的地方进行全面监测。

（3）监测过程智能化。由于平台采用分布式计算、异构物联网、大数据和云计算技术，监测数据从快速获取、无线传输、监控终端显示再到超限危险报警等过程都是依靠软件策略优化自动完成，不需要人为干预，可以足不出户用电脑或手机实时监控施工场地的安全状况，极大地提高工程的质量安全管理效率。

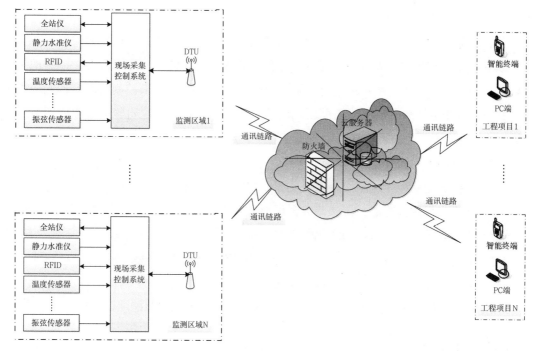

图 9-11　智慧测控平台系统框图

### 9.4.4　信息处理和交换能力

多通道高速数据采集系统（如图 9-12 和图 9-13 所示），可根据需求配置对应的传感器可采集到结构动态力学参数（动态位移、速度、加速度、动态风压、动态应变），索力测试、结构模态测试、环境参数（温度、湿度、风速、风向、气压、太阳辐射强度、各种气体浓度温度）等，每秒采集到数据可达 320 万个。主要可应用于混凝土温度监测、气象环境参数监测、试验数据采集与分析。

图 9-12　多通道高速数据采集设备

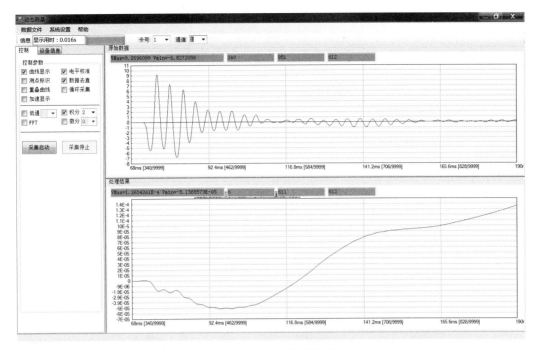

图 9-13　数据采集软件界面

主要特点：

1）端口配置灵活，通用性强，支持任意标准的电压、电流信号的传感器数据采集；

2）单个模块支持 16 通道采集，并且可扩展；

3）支持非线性传感器，传感器数据可进行软件修正，提高测量精度；

4）多个模块设备可大规模自由组网；

5）支持远程网络化管理，方便集中管理与控制；

6）实时记录监测数据、实时分析并具有超限报警功能，随时可查看历史数据及曲线。

目前已成功应用于：杭州国际博览中心行走式塔吊基础力学测试。

## 9.5　Autodesk Recap

### 9.5.1　产品概述

2012 年，欧特克推出了显示捕捉应用平台 Autodesk® ReCap™，Recap 通过处理数码照片、无人机拍照和激光扫描等现实环境的数字资源，创建智能三维点云数据或三角网 Mesh 模型，与其他 BIM 软件结合，为 BIM 应用提供更广阔的应用场景，近几年又增加了相应云服务和第三方开发支持。

### 9.5.2　软件主要功能、性能和信息共享能力

1. 软件主要功能

Autodesk Recap 分为 Autodesk Recap 360 和 Autodesk Recap 360 Pro 两个版本。Autodesk Recap360 可用于导入、查看、处理以及转换点云数据，Autodesk Recap 360 Pro 可以直接处理来自于多个品牌（如徕卡、法如、拓普康等）激光扫描设备的原始数据，并可将激光扫描数据或无人机照片转换成三维点云或三角网 Mesh 模型，其工作流程如图 9-14 所示。很多 BIM 软件（包括欧特克的主要产品）支持点云数据的导入，也有一些 BIM 软件支持基于点云数据创建 BIM 模型的功能，如图 9-15 所示。

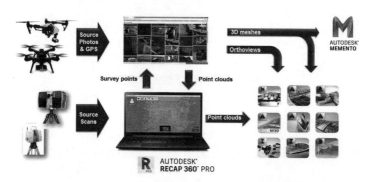

图 9-14　Autodesk Recap 工作流程示意

图 9-15　Autodesk Recap 功能示意

Autodesk Recap 2018 版本支持将 NavisWorks（NWD）项目模型附着到点云模型中，可将设计意图与实际施工效果进行比较，如图 9-16 所示。

图 9-16　Autodesk Recap 模型附着功能示意

## 2. 软件性能

Autodesk Recap 支持智能的点云清理，即自动识别项目中多余的点并将其删除，这项功能适合删除意外扫描到的人员和运转的机器，快速提升模型的质量，如图 9-17 所示。

图 9-17　Autodesk Recap 智能点云清理功能示意

## 3. 软件信息共享能力

Autodesk Recap Pro 自身存储文件为 rcp 格式，可以直接处理来自于多个品牌（徕卡、法如、拓普康等）激光扫描设备的原始数据。

# 第10章 测量机器人

## 10.1 概述

当前，测量技术在不断演进，高精度的全站仪已得到广泛应用，正在部分或完全取代低精度的经纬仪，在大多数的建筑场地，直接坐标法放样已经取代交会法和导线点法成为主流方式，但问题也随之而来。

首先，在设计单位提供二维图纸的情况下，为了适应全站仪的工作方式，工程技术人员需要做更多的准备工作，需要将 CAD 图纸上的待放样点选出后，逐个输入到全站仪的手簿或面板中，这种人为的操作不仅效率低下，而且会带来差错，多次对照图纸检查点坐标和高程，也进一步延长了准备时间。

其次，对于现代复杂异形结构，二维图纸已经难以表现，在侧视图和不同高程平面图以外，还有大量目标点无法绘制在二维图纸上，测量技术人员也无法直接读取点坐标，而必须依据一些设计参考量通过计算获取，然后再输入全站仪中，这增加了工作的难度和出错的可能性。

最后，虽然越来越多的设计单位和施工单位开始尝试将三维模型引入到设计和建造环节，使用多种建模工具建立三维模型，但在施工现场人员通常会将模型转换为 CAD 格式，容易出现转换后的坐标系错误和单位错误问题，增加了调整时间。

较为科学和高效的方法是，在建造阶段，对 BIM 模型进行修改和验证，直接将三维模型测量标定通过仪器带到施工现场，利用 BIM 模型进行放样、测量等工作，做到利用 BIM 模型指导施工，实现 BIM 应用价值最大化，提升工程建造效率。

本章介绍某些品牌的某些型号产品，部分测量机器人调研样本数据如表 10-1 所示。

测量机器人部分调研样本数据　　　　　　　　　　　　　　表 10-1

| 调研样本 | 厂商名称 | 型号 | 易用性 | 耐用性 | 对环境要求 | 便携容易程度 | 电池续航能力 | 数据交换能力 | 应用效果 |
|---|---|---|---|---|---|---|---|---|---|
| 1 | 莱卡 | ICR61 | 未填写 | 未填写 | 未填写 | 好 | 好 | 好 | 好 |
| 2 | 莱卡 | R-322NX | 好 | 一般 | 一般 | 一般 | 好 | 一般 | 好 |
| 3 | 莱卡 | TCR802P | 好 | 一般 | 一般 | 一般 | 好 | 一般 | 好 |
| 4 | 莱卡 | RTS-822RX | 好 | 一般 | 一般 | 一般 | 好 | 一般 | 好 |
| 5 | 莱卡 | KTS-442 | 好 | 一般 | 一般 | 一般 | 好 | 一般 | 好 |

续表

| 调研样本 | 厂商名称 | 型号 | 易用性 | 耐用性 | 对环境要求 | 便携容易程度 | 电池续航能力 | 数据交换能力 | 应用效果 |
|---|---|---|---|---|---|---|---|---|---|
| 6 | 莱卡 | NTS-362RL | 好 | 一般 | 一般 | 一般 | 好 | 一般 | 好 |
| 7 | 莱卡 | TS-06 | 好 | 一般 | 一般 | 一般 | 好 | 一般 | 好 |
| 8 | 莱卡 | TCR402 | 好 | 一般 | 一般 | 一般 | 好 | 一般 | 好 |
| 9 | 莱卡 | RTS-822R4X | 好 | 一般 | 一般 | 一般 | 好 | 一般 | 好 |
| 10 | 莱卡 | GTS-62RL | 好 | 一般 | 一般 | 一般 | 好 | 一般 | 好 |
| 11 | 莱卡 | NTS332R4 | 好 | 一般 | 一般 | 一般 | 好 | 一般 | 好 |
| 12 | 莱卡 | RTS312R5L | 好 | 一般 | 一般 | 一般 | 好 | 一般 | 好 |
| 13 | 天宝 | RTS771 | 非常好 | 非常好 | 不高 | 一般 | 非常好 | 非常好 | 好 |
| 14 | 天宝 | RTS771 | 一般 | 好 | 一般 | 一般 | 好 | 好 | 好 |
| 15 | 天宝 | RTS773 | 好 | 非常好 | 不太高 | 一般 | 好 | 好 | 非常好 |
| 16 | 天宝 | RTS771 | 非常好 | 非常好 | 不高 | 一般 | 非常好 | 非常好 | 好 |
| 17 | 天宝 | RTS771 | 好 | 好 | 高 | 一般 | 好 | 非常好 | 非常好 |

## 10.2　天宝测量机器人

### 10.2.1　产品概述

天宝提供的 BIM to Field 方案集中体现在 BIM 测量机器人上，如图 10-1 所示。用户可以在 Revit 等建模软件中选取放样目标点，然后将目标点和模型一起直接导入 BIM 测量机器人的手簿设备上，而不必逐个输入点坐标，更不必计算点坐标。当然，用户也可以在外业随时通过点击手簿屏幕的方式来捕捉创建点目标，然后手簿将驱动测量机器人旋转，照准目标点，不管目标点位于地板、天花板、墙壁或柱体上，测量机器人都可以将醒目的激光点投射到目标点位上，然后施工人员可以在激光点处做标记，或者直接在目标点位施工，如图 10-2 所示。

图 10-1　天宝放样机器人主机及手簿

图 10-2　天宝放样机器人免棱镜方式直接放样

如果使用棱镜放样，手簿显示的"牛眼"窗口可以引导测量人员到达目标点（如图 10-3 所示）。

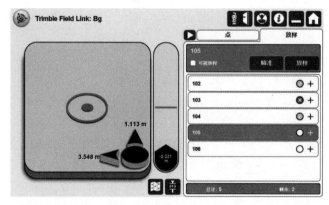

图 10-3　天宝放样机器人手簿"牛眼"窗口引导用户靠近和到达目标点

放样过程中，手簿与机器人之间以无线方式实现通信，可通过手簿远程控制机器人，因此，持手簿的操作人员实际可以同时持棱镜离开主机，按照手簿屏幕提示，在工地上寻找目标点，然后遥控机器人进行测量，并将测量结果传输和存储到手簿上，这样就实现了单人作业。由于测量机器人的自动跟踪、自动照准和锁定棱镜的特性，大大减少了照准棱镜的工作时间。

除了按图纸或模型放样以外，天宝测量机器人也可以采集现场目标点、线数据，然后用于更新 BIM 模型，完成从设计模型到现场，再从现场到设计模型的流程闭环，使得 BIM 测量机器人成为连接 BIM 设计室和工地现场之间的纽带。

与传统方案相比，基于天宝 BIM 机器人的测量放样方案省去了大量的人工操作环节，使工作效率明显提高，而由人工计算和输入导致的差错降至最低，而测量和放样的精度更有保障。同时，测量放样结果能够直接显示在三维模型上，配合误差报告等功能，用户能够更加直观地查看测量结果、误差情况和作业进度。

### 10.2.2　设备主要功能

（1）导入模型

通过 Trimble Field Points 软件可以将 Revit 或 AutoCAD 各种数据格式的三维模型直接导入手簿中，通过手簿上运行的 Trimble Field Link（简称"TFL"）软件打开、查看，并做旋转、缩放等操作，如图 10-4 所示。

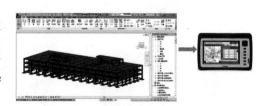

图 10-4　将三维模型导入天宝机器人手簿中

也可以通过图层管理功能关闭不需要的图层，或打开特定的图层，这样更方便查看和搜索目标，如图 10-5 所示。

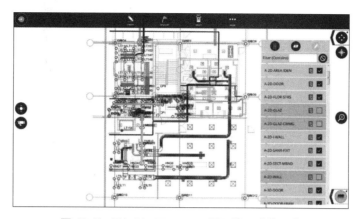

图 10-5 Trimble Field Link 图层管理功能示意

（2）仪器设站

天宝 BIM 测量机器人支持多种灵活设站方式，包括任意点设站、已知点设站和无数据设站，可根据现场情况自由选择设站方式。如果选择已知点设站，首先将设备架设并对中到已知点位上，整平设备后照准两个以上后视点用于设备定向。如果选择任意点设站，则整平设备即可，无须对中操作，然后照准两个或多个后视点实现设备定位和定向（如图 10-6 所示），完成设站。

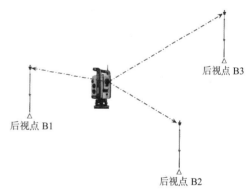

图 10-6 天宝测量机器人任意设站示意

（3）模型抓点

用户可在手簿上打开模型，通过点击操作从模型上捕捉和创建点，这些点可以用作控制点、后视点、特征点，如图 10-7 所示，所有点都可以作为放样目标点。

用户也可以通过 TFP 软件从计算机上操作，在模型上捕捉和创建点（如图 10-8 所示），

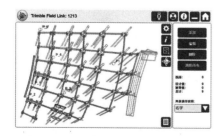

图 10-7 天宝测量机器人模型捕捉和创建点功能示意

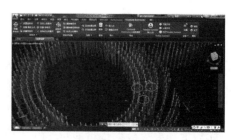

图 10-8 天宝测量机器人通过 TFP for Revit捕捉和创建点

然后将模型和点一起导入手簿，用户可以从
手簿上同时查看到点和模型。如果在现场操
作时发现计算机上创建的点有遗漏，用户
可通过手簿的模型再次捕捉和创建点。

（4）放样测量

完成模型导入和设站操作后，用户在
手簿上的点列表中选择目标点，在免棱镜
的激光模式下，点击"瞄准"则机器人自
动转动，照准目标位置，在目标处显示高
亮的激光点，工人在光点处做标记，即完
成放样操作，如图 10-9 所示。

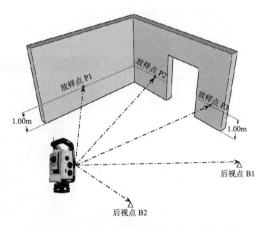

图 10-9　天宝测量机器人放样和测量示意

对于钢结构吊装作业，用户可将棱镜固定在钢结构特征点上，使用棱镜放样模式，
按照"牛眼"窗口的显示信息，引导钢构件移动，直至偏差量符合限差要求，即完成
了放样操作（如图 10-10 所示）。

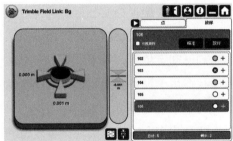

图 10-10　天宝测量机器人"牛眼"窗口引导用户接近和到达目标点

测量作业更为简便，在免棱镜模式下，用户通过目镜或视频照准方式照准目标，
然后点击"测量"即可，机器人将自动测量目标的三维坐标，并将数据存储在手簿
上。如果对精度要求较高，可采用棱镜模式，棱镜和手簿固定在同一根对中杆上，可
以单人作业，技术人员将棱镜置于待测点上，使气泡居中，然后点击"测量"按钮
即可。

天宝测量机器人设备具有 AutoLock 功能，当棱镜在工地上四处移动时，机器人的
物镜在实时追踪棱镜位置，而无须人工转动进行照准。棱镜对中完成后，通过手簿无
线遥控机器人完成测量作业，并将测量结果传回手簿进行存储。

（5）成果导出

放样数据和采集数据均可通过 TFL 软件导出，导出格式包括 AutoCAD、SkethUp、
文本、PDF 等，如图 10-11 所示。

图 10-11　天宝测量机器人成果导出示意

　　TFL 也可以导出工作报告，显示测量工作量，工作时间，点坐标、高程、放样偏差等信息，还可以附上工作照片（如图 10-12 所示）。

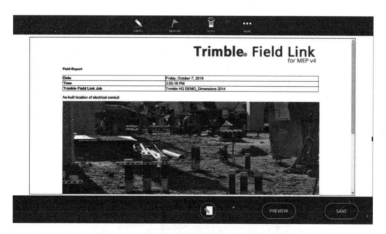

图 10-12　TFL 导出野外工作报告示意

　　（6）更新模型

　　上述导出的成果，包括点、线目标，通过 Trimble Field Points 插件可再次导入 AutoCAD 或 Revit 模型中，可用于更新图形或模型，用于变更设计，或者用于展示工程进度。

## 10.2.3　设备主要技术参数

　　（1）手簿设备

　　天宝有多种手簿设备可供用户选择。每台机器人设备仅需一台手簿。Tablet 坚固型手簿（如图 10-13 所示），主要参数如表 10-2 所示。

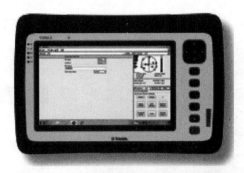

图 10-13    天宝测量机器人 Tablet 坚固型手簿

天宝测量机器人 Tablet 坚固型手簿主要技术参数                表 10-2

| 序号 | 主要技术参数 | 参数值 |
| --- | --- | --- |
| 1 | 操作系统 | Windows 7 专业版 |
| 2 | 处理器 | Intel Atom Cedar Trail N2600 双核 1.6GHz 处理器 |
| 3 | 内存 | 4GB DDR3 DRAM |
| 4 | 硬盘 | 64 GB 或 128GB（可选）固态硬盘 |
| 5 | 尺寸 | 246mm × 160mm × 40mm |

Kenai 坚固型手簿（如图 10-14 所示），主要参数如表 10-3 所示。

图 10-14    天宝测量机器人 Kenai 坚固型手簿

天宝测量机器人 Kenai 坚固型手簿主要技术参数                表 10-3

| 序号 | 主要技术参数 | 参数值 |
| --- | --- | --- |
| 1 | 操作系统 | Windows 10 专业版 |
| 2 | 处理器 | IntelBayTrail E3826 1.46GHz 双核处理器 |
| 3 | 内存 | 4GB or 8GB（可选）DDR3 DRAM |
| 4 | 硬盘 | 64GB，128GB 或 256GB（可选）固态硬盘 |
| 5 | 尺寸 | 298mm × 206mm × 43mm |

（2）机器人设备

天宝 RTS771 BIM 放样机器人的主要技术参数如表 10-4 所示。

天宝 RTS771 BIM 放样机器人主要技术参数　　　　　　　　　　　　　　表 10-4

| 序号 | 主要技术参数 | 参数值 |
|---|---|---|
| 1 | 角度测量精度 | 水平 1 ″<br>垂直 1 ″ |
| 2 | 距离测量精度 | 棱镜模式：<br>标准 2mm+2ppm ±（0.006ft + 2ppm）<br>追踪 5mm+2ppm ±（0.016ft + 2ppm）<br>可对误差要求 3mm 精度的目标进行定位校核。<br>无棱镜模式（漫反射表面）：<br>标准 3mm+2ppm ±（0.01ft + 2ppm）<br>追踪 10mm+2ppm ±（0.032ft + 2ppm） |
| 3 | 测距范围 | 单棱镜测距范围 3000m（9800 ft）<br>Kodak 灰度卡（18%）条件下低反射模式测距范围 >120m（394ft）<br>Kodak 灰度卡（90%）条件下低反射模式测距范围 >150m（492ft）<br>最短测距范围 1.5m（4.9 ft） |
| 4 | 电台通信 | 2.4GHz |
| 5 | 主机旋转速度 | 105°/s |
| 6 | 主机旋转机构 | 磁悬浮驱动，具有自动追踪、自动锁定目标功能 |
| 7 | Trimble VISION ™ | 空间成像传感器可视化工具，影像、测点同步显示；点击影像，主机自动照准 |
| 8 | 电源 | 单块电池续航时间 >5h |

## 10.2.4　信息处理和交换能力

（1）Trimble Field Link 软件

Trimble Field Link 测量放样软件是专为总承包商各施工单位设计的施工测量专业软件。可以导入 CAD 等 2D 文件作为背景图，也可以导入三维模型作为工作对象，方便地进行现场测量放样。可以导入常用 3D 模型，并选取模型上的点进行测量放样，支持包括 CAD、Revit、Tekla、ArchiCAD、IFC 等主流格式在内的各类三维模型。

支持内业软件创建的点列表的导入，而且支持在施工现场直接创建放样点，用户可在现场通过 CAD 图形或三维模型抓取点位置，例如：终点、中点、弧/园、端点、插入点和交叉点。

（2）Trimble Field Point 软件

Trimble Field Point 软件可以从 CAD 文件或者 3D BIM 模型轻松创建放样点、数据分层、并导出文件到 LM80 手簿或者天宝 Tablet 平板电脑中进行图形化引导方式指导现场放样作业，落实三维设计精确施工，如图 10-15 所示。

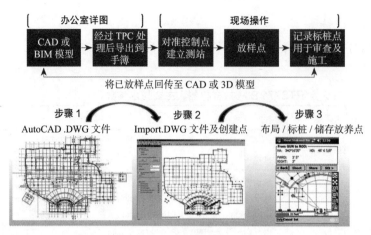

图 10-15　TFP 数据处理流程

## 10.3　徕卡全站仪

### 10.3.1　产品概述

徕卡 Nova TS60 是莱卡第三代超高精度全站仪，与 Captivate 软件配合使用，将抽象的点位数据转换为 3D 模型。用户通过简单且容易操作的应用程序和熟悉的触摸屏技术，可从各个维度查看所有测量数据和设计数据，可用于核电工程、地铁隧道工程、水利水电工程、高铁工程以及建筑工程。

主要应用领域：

（1）变形监测

TS60 凭借超高的精度以及 ATR plus 自动目标识别技术，可以监测毫米级的隧道变形，IP65 防护等级可确保其长时间稳定的测量性能。

（2）控制测量

TS60 依据中国规范开发控制网测量程序，其 ATR plus 技术可辅助自动完成观测，并生成报告。

（3）边坡测量

水电站的建设主体建筑精度要求高，边坡测量目标点多工作量大。TS60 180°/s 的压电陶瓷驱动技术，可解决相关问题。

### 10.3.2　设备主要功能

（1）竣工检查

将设计好的 BIM 模型直接导入全站仪里，利用模型中的点进行设站定向，在屏幕上利用 3D 放样功能，可以自动定位放样点位置，对放样点和实地施工点进行比对，可以检验施工误差。

（2）施工放样

将建筑模型导入全站仪，利用 360 棱镜和 GPS 组成的镜站仪系统，单人即可完成设站定向和自动测量放样，放样界面立体可显示放样点和设计点的差异，并图形化显示放样距离指导放样。

（3）模型比对

对已经建成的建筑幕墙进行扫描，获取墙体的点云数据，将点云数据进行建模，同 BIM 模型进行比对，两组模型比对的差异，可以用形变色谱图显示出来，局部细节可以用生成标签这种方式表现出来。

### 10.3.3 设备主要技术参数

徕卡 Nova TS60 全站仪主要技术参数，如表 10-5 所示。

徕卡 Nova TS60 全站仪主要技术参数　　　　　　　　表 10-5

| 序号 | 主要技术参数 | 参数值 |
|---|---|---|
| 1 | 测角精度 | 0.5″ |
| 2 | 测距精度 | 0.6mm+1ppm |
| 3 | 圆棱镜测程 | ≥ 3500m |
| 4 | 免棱镜测程 | ≥ 1000m |
| 5 | 自动识别照准棱镜测程 | 1500m |
| 6 | 自动搜索棱镜距离 | ≥ 300m |
| 7 | 相机系统 | 广角和长焦双相机，500 万像素 |
| 8 | 内存 | 2G |
| 9 | 显示屏和键盘 | 5 英寸彩色触摸屏，全数字键盘 |
| 10 | 压电陶瓷驱动技术 | 转速 180°/s |

### 10.3.4 信息处理和交换能力

TS60 除了本机 2G 内存以外还支持 SD 卡、U 盘等外接存储设备，并且还兼容 RS232、蓝牙、WLAN 等多种数据交互方式。

TS60 可以输出多种数据格式，通过仪器可以导入：ASC Ⅱ、GSI、线路数据、DTM、DXF、XML 数据。导出格式：自定义 ASC Ⅱ、DXF、FBK/RW5/RAW、XML、样式表。同时开放二次开发的平台。

## 10.4 拓普康放样机器人

### 10.4.1 产品概述

拓普康 LN-100 放样机器人是 Topcon 公司专门针对 BIM 应用领域开发的一款用于

图 10-16　拓普康
LN-100 放样机器人

BIM 数字化施工放样的产品，如图 10-16 所示。LN-100 操作简单，具有自动安平功能，无须人工整平，支持单人测量和自动跟踪目标。

施工现场，可使用平板电脑操作 BIM 放样 GeoBIM-Layout 软件 App，从 BIM 服务器直接下载 BIM 模型到平板电脑中，然后通过 App 操作控制 LN-100 放样机器人，直接在 BIM 模型上提取特征点进行放样，放样时仪器会自动跟踪 360 度棱镜进行移动，在实地找到 BIM 模型上的特征点。放样完毕后，可控制 LN-100 去测量这些放样后特征点的实际位置，其观测数据还可以上传到 BIM 服务器，供设计人员修改形成最终实际的 BIM 模型。

平板电脑和 BIM 服务器之间通过互联网连接，Pad 平板电脑和 LN-100 放样机器人之间通过 WiFi 连接。BIM 模型的处理、对 LN-100 放样机器人操作控制、直接在 BIM 模型上提取特征点坐标等功能，均在 BIM 放样的软件 App 中实现，如图 10-17 所示。

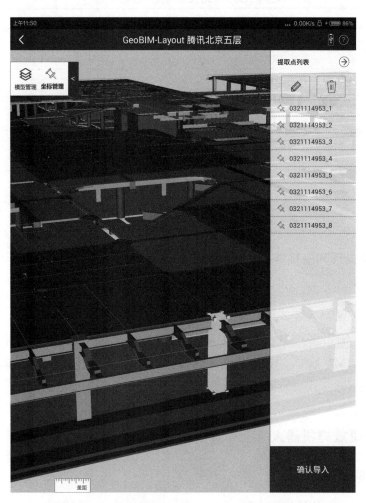

图 10-17　拓普康 GeoBIM-Layout 软件功能示意

## 10.4.2　设备主要功能

（1）模型数据管理

BIM 模型服务器在客户现场（或国内），保证数据安全。可以对模型分层管理，例如：楼层的梁、板、柱、墙等分层显示。可以导入 BIM 模型的轴网，并且轴网可以在每个楼层显示。模型可以进行视角管理，例如：自定义，或坐标视角。

（2）施工放样

可以在平板电脑中直接从 BIM 模型上提取已知点、放样点，进行施工放样，也可以导入其他软件转换出来的 TXT 或 CSV 点坐标，进行施工放样。可以基于 BIM 模型构造辅助点，对无法到达的点位提供偏移辅助点功能。

## 10.4.3　设备主要技术参数

LN-100 放样机器人的主要技术指标如表 10-6 所示。

LN-100 放样机器人的主要技术指标

表 10-6

| 序号 | 主要技术参数 | 参数值 |
| --- | --- | --- |
| 1 | 测程 | 0.9 ～ 100m |
| 2 | 定位精度 | 平面：± 1.5mm@50m<br>高程：± 1.5mm@50m |
| 3 | 垂直范围 | 水平距离：0.9 ～ 22m：± 25°<br>水平距离：22 ～ 100m：± 10m |
| 4 | 水平范围 | 360° |
| 5 | 导向光范围 | 100m，水平 8°，垂直 ± 12° |
| 6 | 激光对中器 | 内置 |
| 7 | 自动整平范围 | ± 3°，LED 指示灯 |
| 8 | 通讯无线 | 802.11n/b/g |
| 9 | LED 指示灯 | 电源、电量、自动整平和通讯状态 |
| 10 | 防尘防水等级 | IP65 |
| 11 | 外形尺寸 | 185mm × 196mm × 195mm |
| 12 | 重量（含电池） | 4kg |

## 10.4.4　信息处理和交换能力

与 LN-100 放样机器人配套的 BIM 数字化施工放样系统 GeoBIM-Layout 软件 App 可直接从 BIM 服务器上导入 IFC 格式的 BIM 模型，在平板电脑的显示屏上点击要放样的部件（构件）或特征点，软件会自动进行处理和计算，显示出该部件（构件）或特征点的坐标列表和坐标，并指导 LN-100 进行具体的放样操作。在放样完毕后，还可以对放样点进行测量，实测采集的坐标值将会以 CSV 格式返回给 BIM 服务器，用于更新 BIM 模型。

# 第11章 虚拟现实（VR/AR/MR）设备及相关软件

## 11.1 概述

虚拟现实技术是仿真技术的一个重要方向，是仿真技术与计算机图形学人机接口技术、多媒体技术、传感技术、网络技术等多种技术的集合。虚拟现实设备利用计算机（或具有计算能力的相关设备）生成一种模拟环境，将多种源信息融合，提供交互式的三维动态视景和感知，使用户沉浸到该环境中。

现在虚拟现实的技术方案主要包括：VR（Virtual Reality）虚拟现实、AR（Augmented Reality）增强现实和 MR（Mix reality）混合现实。这几种技术方案在感知性、存在感、交互性、自主性，以及关键技术方面都有明显差别。

在建筑领域，虚拟现实可应用于投资分析、建筑设计（特别是室内设计）、建造仿真（虚拟建造、虚拟装配）、建筑营销、应急演练等。

虚拟现实技术和设备还处于应用的初期，有许多问题需要逐步解决，如：虚拟体验（连接着笨重的计算机，不支持自由走动）、交互形式（还在用传统的鼠标）、缺乏统一的标准、容易疲劳和眩晕等。

本章介绍某些品牌的某些型号产品，部分虚拟现实设备调研样本数据如表 11-1 所示。

虚拟现实设备部分调研样本数据　　　　　　　　　　　　　　表 11-1

| 调研样本 | 厂商名称 | 型号 | 易用性 | 耐用性 | 对环境要求 | 便携容易程度 | 电池续航能力 | 数据交换能力 | 应用效果 |
|---|---|---|---|---|---|---|---|---|---|
| 1 | HTC | HTC VIVE | 一般 | 好 | 一般 | 一般 | 一般 | 未填写 | 未填写 |
| 2 | HTC | HTC VIVE | 好 | 好 | 高 | 不太好 | 未填写 | 未填写 | 好 |
| 3 | HTC | HTC VIVE | 非常好 | 好 | 不太高 | 好 | 未填写 | 不太好 | 好 |
| 4 | HTC | HTC VIVE | 一般 | 一般 | 一般 | 好 | 未填写 | 好 | 好 |
| 5 | HTC | HTC VIVE | 未填写 | 未填写 | 未填写 | 一般 | 一般 | 好 | 好 |
| 6 | HTC | HTC VIVE | 好 | 一般 | 非常高 | 好 | 好 | 好 | 好 |
| 7 | HTC | HTC VIVE | 好 | 好 | 一般 | 好 | 好 | 好 | 好 |
| 8 | HTC | HTC VIVE | 非常好 | 好 | 高 | 一般 | 非常好 | 非常好 | 非常好 |
| 9 | HTC | HTC VIVE | 好 | 好 | 一般 | 一般 | 不好 | 一般 | 非常好 |
| 10 | HTC | HTC VIVE | 不太好 | 好 | 非常高 | 不好 | 不好 | 一般 | 好 |

续表

| 调研样本 | 厂商名称 | 型号 | 易用性 | 耐用性 | 对环境要求 | 便携容易程度 | 电池续航能力 | 数据交换能力 | 应用效果 |
|---|---|---|---|---|---|---|---|---|---|
| 11 | HTC | HTC VIVE | 未填写 | 未填写 | 未填写 | 好 | 不太好 | 一般 | 非常好 |
| 12 | HTC | HTC VIVE | 好 | 好 | 不太高 | 一般 | 未填写 | 好 | 好 |
| 13 | HTC | HTC VIVE | 好 | 好 | 一般 | 一般 | 未填写 | 好 | 好 |
| 14 | HTC | HTC VIVE | 好 | 好 | 不太高 | 非常好 | 一般 | 一般 | 非常好 |
| 15 | HTC | HTC VIVE | 好 | 一般 | 一般 | 好 | 未填写 | 好 | 好 |
| 16 | HTC | HTC VIVE | 好 | 非常好 | 一般 | 一般 | 未填写 | 未填写 | 好 |
| 17 | HTC | HTC VIVE | 好 | 好 | 非常高 | 好 | 好 | 不太好 | 好 |
| 18 | HTC | HTC VIVE | 未填写 | 未填写 | 未填写 | 一般 | 未填写 | 一般 | 好 |
| 19 | 微软 | Hololens | 好 | 一般 | 一般 | 非常好 | 一般 | 好 | 一般 |
| 20 | 微软 | Hololens | 一般 | 好 | 一般 | 非常好 | 非常好 | 非常好 | 好 |
| 21 | 暴风 | 暴风魔镜好 | 一般 | 好 | 不高 | 非常好 | 不好 | 不好 | 一般 |
| 22 | 暴风 | 暴风魔镜好 | 非常好 | 好 | 一般 | 好 | 非常好 | 一般 | 未填写 |
| 23 | 暴风 | CC-02 | 好 | 好 | 一高 | 好 | 好 | 一般 | 一般 |

## 11.2　Oculus Rift

### 11.2.1　产品概述

Oculus Rift 是一款由虚拟现实公司 OculusVR 开发的头戴式虚拟现实显示器，采用左右眼屏幕分别显示左右眼的图像，人眼获取这种带有差异的信息后在脑海中产生立体感。使得体验者在虚拟现实场景中获得"身临其境"视觉体验。另外，结合 Oculus Rift 交互手柄能够实现体验者与虚拟场景的交互操作（如图 11-1 所示）。

图 11-1　Oculus Rift 体验模式示意

Oculus Rift 主要应用领域包括：

1）高端装备：实现装备虚拟规划、虚拟设计、虚拟装配、虚拟评审、虚拟训练、设备状态可视化等；

2）高等教育：虚拟实验、虚拟教学、虚拟校园、虚拟考核、原理展示、场景展示等；

3）国防军队：军事训练、军事教育、作战指挥、武器研制与开发。

### 11.2.2　设备主要功能

（1）第一人称沉浸感

Oculus Rift 头盔带来的第一人称虚拟体验，使用户以第一人称视角代入虚拟场景中。

（2）360°全方位观看

Oculus 头盔输出 360°全景图形，用户可以自由观看，视角不再受显示屏范围的限制，观看体验。

（3）逼真体验

高分辨率、高刷新率、实时光学畸变矫正、异步时间扭曲的技术保证画质逼真，同时有效地降低了视觉眩晕感，增加了用户的体验感。

（4）交互自由

采用 Oculus 交互手柄，一举一动都存在于虚拟世界，复杂操作轻松完成。安全区域内行走、所见即所得式的交互，让虚拟如同现实。

（5）多人协同参与

每位用户的头盔独立显示画面，在同一个虚拟现实场景中互相观看，协同操作。虚拟现实第一次不再是一个人孤独其中，而是真实的协作，真实的多人互动。

### 11.2.3　设备主要技术参数

Oculus Rift 主要技术参数如表 11-2 所示。

Oculus Rift 主要技术参数 表 11-2

| 序号 | 主要技术参数 | 参数值 |
| --- | --- | --- |
| 1 | FOV | 水平方向 110° |
| 2 | FPS | 90Hz |
| 3 | 显示屏 | OLED |
| 4 | 分辨率 | 2160×1200（单眼 1080×1200） |
| 5 | 镜片 | 菲涅尔镜片 |
| 6 | 重量 | 380g |
| 7 | 头部跟踪 | 6DOF |
| 8 | 位置跟踪系统 | 星座位置跟踪系统 |
| 9 | 其他 | 附带支持空间音效耳机 |

## 11.3　曼恒 G-Motion

### 11.3.1　产品概述

曼恒 G-Motion 手柄交互系统是一套以手柄为交互外设的高精度光学位置追踪产品，能实时准确的捕捉目标物体 6 自由度姿态（位置和方向）信息，如图 11-2 所示。可作为虚拟现实人机交互外设，也可应用于人体动作捕捉、结合半实物仿真设备进行姿态捕捉和运动实物的空间位置信息实时获取等方向。

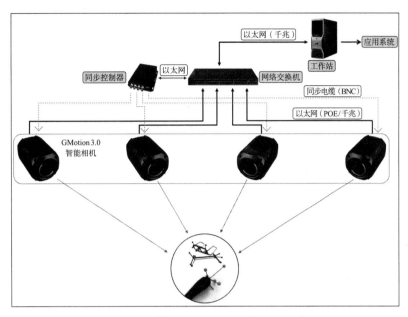

图 11-2 曼恒 G-Motion 手柄交互系统

## 11.3.2 设备主要功能

（1）人体动作捕捉

应用于人体动作捕捉，进行步态分析和虚拟人动作模拟。

（2）仿真训练

可以应用于半实物仿真训练，如半实物的消防演练、军事虚拟射击等。

（3）空间定位

可应用于运动物体的空间位置高精度姿态定位，比如机器人路径规划中运动信息的实时捕获。

（4）人机交互

可以作为交互外设与虚拟现实类软件 DVS3D、Unity 等结合，实现虚拟展示、虚拟装配等人机交互。

## 11.3.3 设备主要技术参数

曼恒 G-Motion 手柄交互系统主要技术参数如表 11-3 所示。

| | Oculus Rift 主要技术参数 | 表 11-3 |
|---|---|---|
| 序号 | 主要技术参数 | 参数值 |
| 1 | 刷新率 | 60/120 Hz 刷新率可调 |
| 2 | 跟踪数据管理 | 支持追踪数据记录与回放 |
| 3 | 显示 | 直观的 2D/3D 数据显示 |

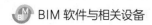 

续表

| 序号 | 主要技术参数 | 参数值 |
|---|---|---|
| 4 | 目标跟踪 | 支持简捷快速自定义跟踪目标<br>支持眼镜和手持式交互设备追踪，有 6 个按钮可以进行交互功能设计开发 |
| 5 | 校准 | 场地校准和相机校准 |
| 6 | 光学跟踪 | 红外光学追踪，不受电、磁和声音干扰<br>支持 2-16 个红外摄像头，用户可根据追踪范围需求选择摄像头的个数 |
| 7 | 追踪精度 | 位置追踪精度 0.2mm，角度追踪精度 0.2°<br>支持 12 路同步处理，并可级联扩展，同步延迟可调 |
| 8 | 自由度 | 6 自由度姿态（位置、方向）追踪 |
| 9 | 其他 | 用户追踪界面与系统算法处理器可分离，利于部署<br>集成 VRPN 接口，可以结合系统选用的 CAE 后处理软件和虚拟设计辅助软件 |

### 11.3.4 信息处理和交换能力

曼恒 G-Motion 手柄交互系统集成 VRPN 接口，可以结合系统选用的 CAE 后处理软件和虚拟设计辅助软件。

## 11.4 HTC Vive

### 11.4.1 产品概述

2015 年 3 月 2 日巴塞罗拉世界移动通信大会（2015）举行期间，HTC 发布 HTC Vive 头显（虚拟现实头戴式显示器），屏幕刷新率为 90Hz，搭配两个无线控制器，并具备手势追踪功能。

### 11.4.2 设备主要功能

HTC Vive VR 设备从最初给游戏带来沉浸式体验，可延伸到更多领域，例如可以通过虚拟现实搭建场景，帮助医学院和医院制作人体器官解剖，让学生佩戴 VR 头显进入虚拟手术室观察人体各项器官、神经元、心脏、大脑等，并进行相关临床试验。在电影和视频制作领域，可以给用户带来真正沉浸式的体验，置身于电影场景中，可以 360° 视角观看。

### 11.4.3 设备主要技术参数

HTC Vive 通过以下三个部分致力于给使用者提供沉浸式体验：一个头戴式显示器、两个单手持控制器、一个能于空间内同时追踪显示器与控制器的定位系统（Lighthouse）。

在头显上，HTC Vive 采用了一块 OLED 屏幕，单眼有效分辨率为 1200×1080，双眼合并分辨率为 2160 × 1200，画面刷新率为 90Hz，恶心和眩晕感较小。

控制器定位系统 Lighthouse 不需要借助摄像头，而是靠激光和光敏传感器来确定运动物体的位置，HTC Vive 允许用户在一定范围内走动。

### 11.4.4　信息处理和交换能力

　　HTC Vive 通过 Vive Cimera 软件支持 2D、3D 以及全景视频的播放。

## 11.5　Autodesk Revit Live

### 11.5.1　产品概述

　　AutodeskRevit Live 可将 Revit 模型转换为沉浸式可视化模型，提供高质量的虚拟现实环境，支持 HTC VIVE、Oculus 等 VR 硬件设备。Revit Live 是一款云端服务，可利用云计算能力节省本地模型转换的时间和计算负载，目前最新版本是 2018 版本。

### 11.5.2　软件主要功能、性能和信息共享能力

　　1. 软件主要功能

　　通过在 Revit 上安装 RevitLive 插件，Revit 模型可转换为沉浸式可视化模型，如图 11-3 所示。Revit Live 提供沉浸式环境浏览，直观体验设计方案，帮助设计师了解、探索并分享他们的设计，如图 11-4 和图 11-5 所示。

**图 11-3　Revit 模型转换为沉浸式可视化模型示意**

**图 11-4　Revit Live 沉浸式环境浏览示意**

图 11-5　Revit Live 与虚拟现实设备集成示意

2. 软件性能

RevitLive 借助云端服务，模型转换计算快捷，并支持多种终端（Windows 和 iPad 端的 Live Viewer），如图 11-6 所示。

图 11-6　Revit Live 多终端支持示意

3. 软件信息共享能力

在欧特克 Live Design 方案中，Live 项目文件 lvmd 可以直接在欧特克实时渲染引擎 Stingray 中进行更详细的材质、灯光、场景交互等编辑，以获得更好的虚拟现实体验效果，工作流程如图 11-7 所示。

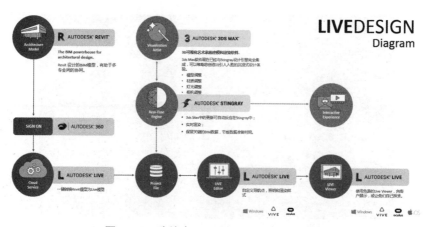

图 11-7　欧特克 LiveDesign 工作流程示意

# 第12章 二维码和RFID设备

## 12.1 概述

二维码和RFID是物联网应用的基础技术和设备。二维码又称QR Code（Quick Response Code，快速反应码），是近年来移动设备流行的一种编码方式，它比传统的条形码（Bar Code）能存储更多的信息，也能表示更多的数据类型，可以用于：信息获取（名片、地图、WIFI密码、资料）、网站跳转（跳转到微博、手机网站、网站）、广告推送（用户扫码，直接浏览商家推送的视频、音频广告）、手机电商（用户扫码、手机直接购物下单）、防伪溯源（用户扫码即可查看生产地；同时后台可以获取最终消费地）、优惠促销（用户扫码，下载电子优惠券，抽奖）、会员管理（用户手机上获取电子会员信息、VIP服务）、手机支付（扫描商品二维码，通过银行或第三方支付提供的手机端通道完成支付）等。

RFID（Radio Frequency Identification，射频识别）技术，又称无线射频识别，是一种通信技术，可通过无线电讯号识别特定目标并读写相关数据，而无需识别系统与特定目标之间建立机械或光学接触，可应用于：身份证件和门禁控制、供应链和库存跟踪、汽车收费、防盗、生产控制、资产管理等。

本章介绍某些品牌的某些型号产品,部分二维码和RFID设备调研样本数据如表12-1所示。

二维码和RFID设备部分调研样本数据　　　　　　　　　　　　　表12-1

| 调研样本 | 厂商名称 | 型号 | 易用性 | 耐用性 | 对环境要求 | 便携容易程度 | 电池续航能力 | 数据交换能力 | 应用效果 |
|---|---|---|---|---|---|---|---|---|---|
| 1 | 大连锐勃电子科技有限公司 | RB-TK系列 | 好 | 好 | 不高 | 非常好 | 一般 | 非常好 | 非常好 |
| 2 | 摩托罗拉 | MC75A | 好 | 好 | 不太高 | 一般 | 一般 | 好 | 好 |
| 3 | 摩托罗拉 | MC55 | 好 | 好 | 不太高 | 一般 | 一般 | 好 | 好 |
| 4 | 摩托罗拉 | MC75 | 好 | 好 | 不太高 | 一般 | 一般 | 好 | 好 |
| 5 | 摩托罗拉 | MC65 | 好 | 好 | 不太高 | 一般 | 一般 | 好 | 好 |
| 6 | 摩托罗拉 | MC67NA | 好 | 好 | 不太高 | 一般 | 一般 | 好 | 好 |
| 7 | 摩托罗拉 | MC55A0 | 好 | 好 | 不太高 | 一般 | 一般 | 好 | 好 |
| 8 | 译筑信息科技 | 手持数据采集器 | 好 | 不太好 | 不太高 | 好 | 未填写 | 未填写 | 未填写 |
| 9 | 译筑信息科技 | 手持数据采集器 | 好 | 好 | 一般 | 好 | 好 | 好 | 好 |

## 12.2 摩托罗拉设备

### 12.2.1 产品概述

摩托罗拉 MC9190-Z 是一款超高频 RFID 手持机，支持中远距离 RFID 读取，外型设计坚固耐用，适用环境广。

图 12-1　摩托罗拉 MC9190-Z

### 12.2.2 主要功能

摩托罗拉 MC9190-Z 主要用于 RFID 数据读取，可在室内典型人工照明和室外自然光线（直射阳光）条件下使用。

### 12.2.3 设备主要技术参数

摩托罗拉 MC9190-Z 主要技术参数如表 12-2 所示。

摩托罗拉 MC9190-Z 主要技术参数　　　　　表 12-2

| 序号 | 主要技术参数 | 参数值 |
|---|---|---|
| 1 | 扫描方式 | 激光 |
| 2 | 操作系统 | Windows Mobile 6.5 Professional |
| 3 | CPU | Marvell PXA320 processor at 806 MHz |
| 4 | 内存 | 256MB/1GB |
| 5 | 按键 | 28、43 和 53 键 |
| 6 | 无线数据 | PAN（支持蓝牙技术）：蓝牙 2.1 以及 EDR<br>数据速率：802.11a-5GHz，802.11b-2.4GHz，802.11g-2.4GHz<br>天线：内置<br>数据速率：802.11a：最高 54Mbps，802.11g：最高 54Mbps<br>输出功率：100mW 国际<br>WLAN：IEEE 802.11a/b/g |
| 7 | 产品尺寸 | 27.3cm×11.9cm×19.5cm |
| 8 | 产品重量 | 0.986kg |
| 9 | 环境参数 | 湿度：5% ~ 95% 非凝结，存储温度：-40 ~ 70° C<br>充电温度：0 ~ 40° C，工作温度：-20 ~ 50° C |

## 12.3 沃极科技设备

### 12.3.1 产品概述

（1）沃极科技 HF/UHF 读写器

沃极科技 HF/UHF 读写器主要有：HR02 系列，HR27 系列，UR09 系列，如图 12-2 所示。主要应用领域包括：仓库的出入库管理、建筑区域人员管理、资产管理、渣土车车辆管理。

图 12-2　沃极科技 HF/UHF 读写器

（2）沃极科技手持终端

沃极科技手持终端主要型号有：PD06 系列、PD68 系列、PD19 系列，如图 12-3 所示。主要应用领域包括：建筑物内的资产设备巡检、仓库管理、服装盘点、停车收费管理。

图 12-3　沃极科技手持终端

（3）沃极科技电子标签

沃极电子标签主要有：TG05 系列、TG11 系列、TG19 系列、TG57 系列、TG62 系列。主要应用领域有：建筑物内的资产标识、仓库管理中的托盘标识、服装盘点的衣服标识、停车收费管理中的车子标识。

超高频抗金属标签，适用于设备管理、储位管理、托盘管理、资产管理等应用，如图 12-4 所示。

图 12-4　沃极超高频抗金属标签

扎带标签可广泛应用于物流的跟踪管理，食品追溯及动物溯源等，如图 12-5 所示。防尘防水等级为 IP65，标牌部分的电子标签处于捆扎外部位置，不受被捆扎物材质的影响，可稳定读取、方便使用、耐潮湿、耐高温等，可用于恶劣环境。广泛用于物流的跟踪，例如家禽、食品、大闸蟹、集装箱封签、快递包裹、资产管理等。

图 12-5　沃极扎带标签

钉子智能识别标签作为一种新的应用外形的射频标签由特殊的塑料材料和芯片线圈封装而成，可钉入各种木质物品中，可防水和防化学腐蚀，如图 12-6 所示。RFID 钉子标签可应用于林业（树）管理、垃圾桶管理、家具木材识别、财产跟踪和生产经营过程。

条形标签可用于仓储及货架管理、地标管理、仓储机车管理 IT 资产管理、室内设备及资产管理、电网设施管理、带金属表面的资产管理、人员巡检管理等，如图 12-7 所示。

图 12-6　沃极钉子智能识别标签　　　　图 12-7　沃极条形标签

### 12.3.2　设备主要功能

（1）仓库的出入管理

针对目前仓储中出现的诸多问题，如：进出库人工操作混乱、库存报告不及时、仓库货品属性不清晰、堆放混乱、盘点不准确等。采用 RFID 标签替换条码等标识货品，有效地完成对仓储的自动化管理，实现货品信息的自动采集、自动处理和信息报告。

（2）建筑区域人员管理

建筑工地人员上班时间不固定，工作周期也不固定，过于复杂的考勤过程不太容易接受。同时信息统计困难，建筑工地工作时间、施工周期的不确定性，给后期的考勤信息统计工作带来很多困难。沃极科技基于 UHF RFID 技术，实现基于 RFID 无线射频识别技术的建筑工地信息化管理，对建筑工地人员考勤数据自动化、实时、精准地采集，支持工地现场实现更科学的管理。

（3）资产设备巡检

沃极采用具备读取条码和 RFID 标签功能的数据采集终端完成对实物资产的扫描和业务处理，使信息化管理延伸到了业务现场以实物资产为主要管理对象，以条码、RFID 等信息识别技术为手段，实现资产全过程管理的专业实物资产管理系统。管理流程涵盖了实物资产从采购、入库、领用到新增、转移、维修、归还、退出的完整生命周期，实现实物资产整个生命周期的动态跟踪与管理。

### 12.3.3　设备主要技术参数

（1）沃极科技 HF/UHF 读写器

沃极科技 HF/UHF 读写器主要技术参数如表 12-3 所示。

沃极科技 HF/UHF 读写器主要技术参数　　　　　　　　　　　表 12-3

| 序号 | 技术参数 | 参数值 |
| --- | --- | --- |
| 1 | 尺寸 | 230mm（$L$）×160mm（$W$）×28mm（$H$） |
| 2 | 重量 | 1.8kg |
| 3 | 机身材料 | 压铸铝合金 |
| 4 | 输入电压 | DC 12 ~ 18V |
| 5 | 待机状态电流 | <30mA |
| 6 | 睡眠状态电流 | <100uA |
| 7 | 最大工作电流 | 600mA +/-5%@ DC 12VInput |
| 8 | 工作温度 | −20 ~ +55℃ |
| 9 | 存储温度 | −20 ~ +85℃ |
| 10 | 工作湿度 | <95%（+25℃） |
| 11 | 空中接口协议 | EPCglobalUHF Class 1 Gen 2 / ISO 18000-6CISO 18000-6B |
| 12 | 工作频谱范围 | 860MHz ~ 960MHz |
| 13 | 输出功率 | 20 ~ 33dBm |
| 14 | 输出功率精度 | +/-1dB |
| 15 | 输出功率平坦度 | +/-0.2dB |
| 16 | 接收灵敏度 | <−85dBm |
| 17 | 盘存标签峰值速度 | >700 张 /s |
| 18 | 标签缓存区 | 1000 张标签 @96 bit EPC |
| 19 | 标签 RSSI | 支持 |
| 20 | 天线连接保护 | 支持 |

| 序号 | 技术参数 | 参数值 |
|---|---|---|
| 21 | 环境温度监测 | 支持 |
| 22 | 工作模式 | 单机 / 密集型 |
| 23 | 通讯接口 | RS-232 或 TCP/IP |
| 24 | GPIO | 2 路输入光耦合 2 路输出光耦合 |
| 25 | 最高通信波特率 | 115200 bit/s |
| 26 | 散热方式 | 空气冷却 |
| 27 | 支持二次开发 | 提供 C#、C++、JAVA 开发包 |

## （2）沃极科技手持终端

沃极科技手持终端主要技术参数如表 12-4 所示。

**沃极科技手持终端主要技术参数**　　　　　　　　　　　表 12-4

| 序号 | 处理器 | Cortex A53 四核 1.3GHz 处理器 |
|---|---|---|
| 1 | 内存容量 | ROM：EMMC 16GB RAM：LPDDR2 2GB |
| 2 | 操作系统 | Android 5.1.1 |
| 3 | 无线通信 | GPRS：EDGE，4-band 900/1800，850/1900<br>WCDMA（TDLTE FDDLTE +TDD WCDMA+GSM）：band 850/1900/2100，Cat.8 HSDPA Cat.6 HSUPA<br>WIFI：2.4G/5G 双频，符合 IEEE 802.11a/b/g/n/ac<br>蓝牙：符合 Bluetooth 4.0 |
| 4 | 显示屏 | 5.0 寸 IPS 屏，分辨率 720×1280，高清全视角，阳光下可见 |
| 5 | 键盘 | 扫描键，功能键 |
| 6 | 触摸屏 | 支持多点电容触摸 |
| 7 | 指示灯 | 网络指示灯，充电指示灯 |
| 8 | 音频 | 支持语音播报 |
| 9 | Micro SD 卡 | 支持 32G MICRO SD 卡 |
| 10 | 数据安全 | 产品具有防掉电数据安全保护，在完全掉电（卸下电池及不外接电源）的情况下，数据不丢失 |
| 11 | 电池待机时间 | 4500mAh 锂聚合物电池，待机时间：大于 200h，工作时间：大于 10h，交流适配器充电（2A） |
| 12 | 电池充电时间 | 充电时间 <4.5h |
| 13 | 充电工作时间 | 10h 以上（一次充满电） |
| 14 | 操作温度 | −20 ~ 50℃ |
| 15 | 存储温度 | −20 ~ 70℃ |
| 16 | 相对湿度 | 10% ~ 90%RH，不凝结 |
| 17 | 总重量 | 小于 450g（包括电池，不包括充电器） |
| 18 | 机身尺寸 | 170mm（长）×85mm（宽）×23mm（厚）± 2 mm |

（3）沃极科技手持终端

沃极 RFID 标签主要技术参数如表 12-5 所示。

**沃极 RFID 标签主要技术参数**　　　　　　　　　表 12-5

| 序号 | 技术参数 | 参数值 |
|---|---|---|
| 1 | 频率 | 902 ~ 928MHz（兼容国标） |
| 2 | 芯片类型 | Alien H3（可选 H4） |
| 3 | 内存配置 | EPC: 96bits<br>User: 512bits |
| 4 | 金属表面读距 | 固定式（EIRP=4W）: 大于 4.5m；<br>翻盖式手持机: 大于 3m；<br>普通手持机: 大于 1.5m； |
| 5 | 标签材质 | FR4（表面带覆盖层） |
| 6 | 尺寸大小 | 100mm × 30mm × 3.4mm |
| 7 | 安装方式 | 螺丝、铆钉、强力胶、扎带、双面胶安装 |
| 8 | 长期工作 | −25 ~ +85℃ |
| 9 | 长期保存 | −40 ~ +85℃ |
| 10 | IP 等级 | IP67 |
| 11 | 高低温交变测试 | 能通过 −25 ~ +75℃计 7d 的高低温交变测试 |
| 12 | 溶剂测试 | 通过 95% 酒精测试、通过 92 号汽油擦拭测试 |
| 13 | 跌落测试 | 通过 1m 高 200 次跌落测试 |
| 14 | RoHS | 满足 |
| 15 | 产品可选项 | 表面激光打码；芯片 EPC 预写入；表面油漆（可防水防潮防霉用于户外）；表面油漆后彩色图案制作 |

### 12.3.4　信息处理和交换能力

（1）沃极科技 HF/UHF 读写器

读写器采用网口或者串口 232/485 通讯，自带开发包以及相关的协议支持，可以通过二次开发来实现操作者的要求，如可用 C#、C++、JAVA 等编程语言调用接口，也可通过 C 语言来直接传输数据。

（2）沃极科技手持终端

沃极科技手持终端自带 demo 软件，基于安卓系统，支持 java 开发，提供 sdk 以及接口文档。

（3）沃极标签

沃极标签可以支持 125k 或者 134.2k 频率、13.56M 频率、860-960M 频率，标签外壳和特性可以定制，支持芯片的选型。

# 附录 A    BIM 软硬件厂商信息

## A.1    Autodesk 公司

欧特克有限公司（简称："欧特克"或"Autodesk"）始建于 1982 年，总部位于美国加利福尼亚州圣拉斐尔市。欧特克专注于三维设计、建筑工程及娱乐等软件开发，以 AutoCAD 为代表的二维和三维设计、工程与娱乐软件产品涵盖制造业、工程建设业、基础设施业及传媒娱乐业等多个行业。1994 年欧特克软件（中国）有限公司成立，2003 年欧特克中国应用开发中心在上海成立，2008 年在欧特克中国应用开发中心基础上，欧特克中国研究院在上海正式成立。

Autodesk 主要 BIM 相关产品包括：

（1）Autodesk® Revit® Architecture。Revit Architecture 是专为建筑信息模型（BIM）而设计的，能够帮助建筑师探究早期设计构思和设计形式。使用由 Revit Architecture 提供的重要 BIM 数据进行可持续设计、碰撞检测、施工规划和制造。之后共享模型，在集成流程中与工程师、承包商和业主高效协作。而借助参数化变更技术，所做出的任何变更都能自动更新到整个项目中，同时还能保持设计和文档的协调一致。

（2）Autodesk® Revit® Structure。Autodesk Revit Structure 是面向结构工程的建筑信息模型（BIM）软件，可实现结构分析、设计和文档创建。通过使用来自建筑和工程文件（Revit 模型或二维文件格式）的关键信息来提高各部门之间的协作效率。通过双向关联，将分析集成到流行的结构分析软件。

（3）Autodesk® Revit® MEP。Autodesk Revit MEP 是基于建筑信息模型的、面向设备及管道专业的设计和制图软件，它是一款专为水暖电绘图员和工程师开发的工程设计解决方案，能够帮助其提高工作效率，利用建筑信息模型进行可持续建筑设计和分析，并加强设计协作。

（4）Autodesk® Navisworks®。NavisWorks 软件是由英国 Navisworks 公司研发并出品，2007 年该公司被美国 Autodesk 公司收购。Autodesk Navisworks 软件是一款功能全面的设计评审解决方案，可以集成、浏览和审核多种 3D 设计文件，可以实现对 3D 模型的实时交互漫游。Autodesk Navisworks 软件系列包括四款产品：Autodesk Navisworks Manage 软件是供设计和施工管理专业人员使用的一款审阅解决方案，集成了错误查找、冲突管理、四维项目进度仿真和可视化等功能。Autodesk Navisworks Simulate 软件能够再现设计意图，制定四维施工进度表，超前实现施工项目的可视化。Autodesk Navisworks Review 软件支持整个项目的实时可视化，审阅各种格式的文件。Autodesk Navisworks Freedom 软件是免费的浏览器，支持 Autodesk Navisworks NWD 文件与三维 DWF 格式文件的浏览。

（5）Autodesk Ecotect。Autodesk Ecotect 是建筑生态与环境模拟分析软件，具有基于 BIM 模型数据的日光分析/阴影和遮蔽、照明设计、热性能分析、流体动力学（CFD）计算结果三维可视化、声学分析等功能。用 Ecotect 作前期方案设计最有意义是其交互式分析方法，设计师可直观的理解周围环境对建筑运营能耗的影响，从而为其提供 3D 环境下的建筑性能分析和可持续性设计的工具。

（6）AutoCAD® Civil 3D®。AutoCAD Civil 3D 是测量、设计、分析与制图软件，用于包括土地开发、道路交通、水利电力在内的土木工程。作为一款面向土木工程的建筑信息模型（BIM）解决方案，AutoCAD Civil 3D 能够帮助项目团队创建、预测和交付各类土木工程项目，帮助土木工程师探索更多的优化方案，推动项目开展。

（7）Autodesk Green Building Studio。Autodesk Green Building Studio 通过与 Revit Architecture 和 Revit MEP，以及其他一些可以兼容的能源分析软件之间进行交互操作，也可通过 Green Building XML（gbXML，绿色建筑扩展标记语言）与来自业界其他提供商的软件实现兼容，提供基于网络的能源分析服务。AutoCAD Civil 3D：基于 AutoCAD 软件包，应用于多种类型的土木工程项目中的设计，制图及数据管理。

（8）AutoCAD Map 3D：创建与管理空间数据的主要的工程 GIS 平台。

（9）Autodesk 3ds Max：用于游戏、电影、电视和设计展示的 3D 动画、建模及渲染平台。

（10）其他产品：AutoCAD、Autodesk Inventor、Autodesk SketchBook Pro、AutoCAD Plant 3D、Autodesk Buzzsaw、AutoCAD Electrical、AutoCAD Mechanical、AutoCAD Raster Design、Autodesk AliasStudio、Autodesk Backdraft Conform、Autodesk Burn、Autodesk Cleaner XL、Autodesk Combustion、Autodesk Design Review、Autodesk FBX、Autodesk Fire、Autodesk Flame、Autodesk Flint、Autodesk Inferno、Autodesk Lustre、Autodesk MapGuide Enterprise、Autodesk MapGuide Studio、Autodesk Maya、Autodesk MotionBuilder、Autodesk Productstream、Autodesk Showcase、Autodesk Smoke、Autodesk Stone Direct、Autodesk Toxik、Autodesk Wire、Autodesk World of DWF（DWF Writer）、Mental ray、AutoCAD P&ID。

## A.2 Bentley 公司

Bentley 公司创建于 1984 年，致力于为建筑师、工程师、地理空间专业人士、施工人员和业主运营商，提供促进基础设施持续发展的综合软件解决方案。Bentley 公司的企业宗旨是帮助用户利用 BIM 技术建造和交付智能基础设施，涉及的领域包括：桥梁、公路、轨道交通网、发电厂、给排水公用事业、海洋工程结构、施工模拟、协同服务、工厂运营、结构分析、三维城市建模等。

Bentley 公司的技术平台包括：用于基础设施设计和建模的 MicroStation 平台；用于基础设施项目团队协同工作的 ProjectWise 平台；用于基础设施资产运营的 AssetWise 平台。所有这些技术平台均支持一系列数据互用的应用程序组合，并辅以全球专业服务。

Bentley 公司基础设施解决方案涉及四个主要领域：建筑、工厂、市政、地理信息。在建筑领域，Bentley 提供基于 BIM 的规划、设计、分析、计算、施工到后期运维一体化全生命周期解决方案，使各个环节信息无缝链接、数据统一，从而使工程成果利用最大化，实现价值共享。

国内的典型建筑项目包括：北京国家游泳中心 - 水立方、北京首都国际机场三号航站楼、广州电视塔等。国外的典型建筑项目包括：迪拜火焰塔、瑞士再保险大厦、伦敦市政厅等。基础设施行业的典型项目包括：白鹤滩水电站枢纽工程、珠海电厂、京沪高铁、香港国际机场、广州地铁等。

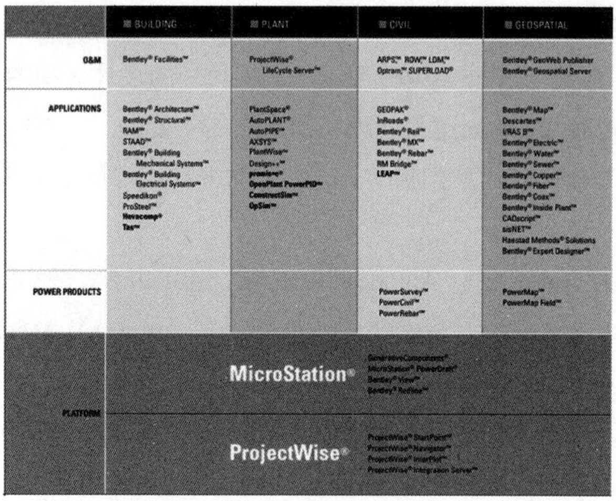

图 A-1　Bentley 公司软件系列

## A.3　GRAPHISOFT 公司

1982 年，Gabor Bojar 和 Istvan Gabor 在匈牙利首都布达佩斯创建 Graphisoft 公司（图软公司）。2007 年 Graphisoft 公司被德国 Nemetschek 公司收购。Graphisoft 向建筑师、工程师以及施工人员提供建筑软件产品，其主打产品是由建筑师开发设计，专门针对建筑师的三维软件产品 ARCHICAD。

30 年来，Graphisoft 公司不断创新。除了不断更新、改造 ARCHICAD 软件，还通过创新的产品和解决方案持续引领行业进步，例如：GRAPHISOFT BIM Server™（实时的 BIM 协作环境）、GRAPHISOFT EcoDesigner（高度集成的建筑能耗分析模型软件）、GRAPHISOFT BIMx（BIM 交流工具）、GRAPHISOFT BIMcloud（企业级 BIM 云解决方案）等。

Graphisoft 公司首先提出 Open BIM 理念，倡导开放、互联，促进行业整体技术进步。

## A.4 法国达索系统公司

法国达索系统公司（Dassault Systémes）成立于 20 世纪 80 年代初期，始于为航空业创建一个协同平台，专注于产品生命周期管理（PLM）解决方案已有超过 30 年历史，与达索宇航公司（Dassault Aviation）同属于法国达索集团。在这 30 年间，达索系统一直是与全球各个行业中的领袖企业合作，行业跨度从飞机、汽车、船舶直到消费品和工业装备和建筑工程。达索系统帮助客户实现重大的业务变革，带来战略性的商业价值，包括缩短项目实施周期、增强创新、提高质量。

从 20 世纪 90 年代初期开始，达索系统扩展到众多其他行业，并推动用数字样机替代物理样机。如今，随着"3D 体验"平台的发布，达索系统的目标是将数字资产的应用扩大到企业的全面运营。对于建筑业，其战略是以 BIM 信息为核心，将项目参与各方（业主、设计方、施工方等）全面集成起来。

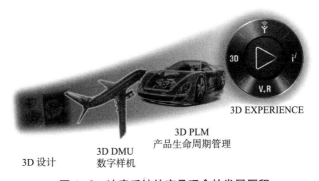

**图 A-2 达索系统的产品理念的发展历程**

## A.5 天宝公司

天宝公司提供的连接物理现实和数字世界的产品与服务，旨在改变世界的工作方式。天宝在定位、建模、数据传输及分析方面的核心技术，能够帮助客户提高生产力、质量、安全以及可持续性。天宝提供的软、硬件专用产品和企业生命周期解决方案，广泛服务于农业、建筑施工、地理空间、运输物流等行业。

在中国，天宝于 1998 年成立了北京代表处，2005 年在上海组建了亚太区培训、支持与服务中心，2007 年天宝首家工厂在上海设立，2011 年天宝中国研发中心于西安开业。

## A.6　北京天正软件股份有限公司

北京天正软件股份有限公司是为勘察设计领域信息化提供全面解决方案的高新技术企业。公司在上海、广州、深圳、南京、西安、武汉设立了直属办事机构，发展有多家核心代理级合作伙伴。天正拥有致力于设计行业信息化应用的专业团队，研发及技术人员占公司 50% 以上。

天正公司已开发天正建筑、结构、给排水、暖通、电气、日照、节能等 20 多款产品，其中以建筑为代表的全系列专业软件在国内市场占有很高使用率。随着 BIM 的推广和深入应用，天正推出了基于 Revit 的多专业 TR 软件产品系列，重点推出计算及出图的相关功能。

## A.7　北京构力科技有限公司

北京构力科技有限公司（以下简称构力公司）前身为中国建筑科学研究院下属建研科技股份有限公司 PKPM 设计软件事业部和信息化软件事业部。根据党中央、国务院关于深化国企改革的文件精神，PKPM 成为 10 家中央企业子企业作为员工持股首批试点单位之一。2017 年 3 月，经国资委批准，北京构力科技有限公司正式挂牌成立。

构力公司是我国建筑行业最早软件研发单位之一，于 1988 年创立了 PKPM 品牌。经过近 30 年的发展，PKPM 系列软件产品已涵盖建筑规划、设计、施工等建筑工程的诸多领域。公司先后承担了从"八五"到"十三五"的众多国家科技攻关课题、国家自然科学基金课题和 863 课题，数十项住房和城乡建设部课题，获得国家科技进步二等奖一项、三等奖三项，住房和城乡建设部科技进步奖数十项。

构力公司长期从事建筑设计、施工领域的软件研发和技术服务工作，拥有一批长期从事建筑结构 CAD 技术研究的知名专家以及高水平的软件研发队伍。公司在设计领域主要从事与建筑设计相关的软件研究、开发和技术服务工作，PKPM 设计软件是一套集规划、建筑、结构、设备、绿色建筑与节能于一体的集成化 CAD 系统，在施工领域主要面向房地产、施工企业、建设行政主管部门开展信息化软件开发和技术服务。

近年来，构力公司依托中国建筑科学研究院的科研实力和规范编组背景，不断增强核心竞争力，努力成为中国建筑业科技发展的引领者。在编制中国 BIM 标准的同时，同步打造与之配套、国内首创的自主建筑全生命周期 BIM 平台，整合行业资源，创新融合 BIM（+GIS）、物联网、云计算、移动互联、大数据等信息技术，融合建筑、结构、机电数据，贯通规划、勘察、设计、施工、运维等建筑全生命周期，打造跨地域、跨组织、全专业的协同管理和工作模式,提供国产化、高性能的 BIM 应用解决方案,以绿色建筑,装配式 PC 全过程应用，设计，施工，信息化管理，高校教学管理等拳头产品，实现设计施工一体化、技术与管理一体化。

## A.8　北京盈建科软件股份有限公司

北京盈建科软件股份有限公司（"盈建科"或"YJK"）创立于 2010 年，以开发和提供建筑结构设计软件及咨询服务为主营业务。公司 2015 年 1 月成功登陆新三板，2016 年成为新三板创新层高新科技企业，2017 年 4 月向中国证监会提交创业板上市申请。

盈建科的企业宗旨是开发全新一代的结构设计软件，致力于为全球建设行业提供最优秀的建筑结构设计软件综合解决方案，辅助设计师实现创意梦想。盈建科软件立足于解决当前设计中的难点、热点问题，实现了结构设计的建模、计算、设计、出图一体化，辅助优化结构方案，提高结构设计的专业性和智能化水平，提升施工图设计的质量和效率。

盈建科以 BIM 为核心，坚持开放数据，与国内外主要建筑结构设计软件广泛开展合作,实现数据的兼容和集成,为建设工程行业信息化及可持续发展提供长久技术支持。

## A.9　深圳市广厦软件有限公司

深圳市广厦软件有限公司成立于 1996 年，是专业从事建筑结构设计 CAD 开发和销售的高新技术企业，是全国主要的建筑结构 CAD 研发单位之一。公司主推软件产品为广厦建筑结构 CAD 系列软件，该系列软件是面向工业和民用建筑的多高层结构 CAD，包括：广厦建筑结构设计 CAD、广厦建筑结构通用分析与设计软件 GSSAP、广厦楼梯空间计算程序、广厦概预算系统、广厦基础 CAD、建筑结构弹塑性静力和动力分析软件 GSNAP、广厦 AutoCAD 自动成图系统 GSPLOT、广厦结构 BIM 系统 GSRevit 等。

## A.10　北京探索者软件股份有限公司

北京探索者软件股份有限公司是建筑工程软件领域提供全专业二三维一体化解决方案的软件开发商和服务商，是国家高新技术企业和双软认定企业。2016 年 8 月探索者软件成功在"新三板"挂牌上市（股票代码：839007）。

探索者是 Autodesk 公司的 ADN 成员、Bentley 公司的 BDN 成员、国际 OpenDWG 组织成员,参与修订了《建筑结构制图标准》。

从 1999 年起,探索者软件公司先后与全国两千多家优秀设计院合作,以服务先行的经营理念,不断推进产品的研发和服务水平。主要产品包括:结构工程 CAD 软件 TSSD、结构后处理软件 TSPT、水池软件 TSTK 等 40 余款软件产品。

探索者公司产品线也在不断拓展和丰富,先后推出"探索者 TSSD 系列结构设计解决方案"、"探索者全专业 BIM 应用解决方案"、"探索者市政双平台特种结构解决方案"、"探索者数字化工厂解决方案"、"探索者智慧设计院信息化系统"五大解决方案,覆盖民用、石油、化工、电力、市政、环保、医药、机械等多个行业,引领设计院实现新常态下的转型发展。

## A.11 天宝蒂必欧信息技术(上海)有限公司

天宝蒂必欧信息技术(上海)有限公司 Trimble information technology(Shanghai)Co,. Ltd 成立于 2002 年,是 Trimble Solutions 公司(原 Tekla 公司)在中国唯一的全独资子公司。天宝蒂必欧信息技术(上海)有限公司主要提供 Tekla Structures 软件的销售、二次开发和相关技术服务。

Trimble Solutions 公司成立于 1966 年,总部位于芬兰埃斯坡(Espoo),在 20 多个国家和地区设立分公司及办事机构,拥有全球范围的合作伙伴。2011 年,Trimble Solutions 公司成为美国天宝公司(Trimble Navigation Limited)的子公司。Tekla Structures 是 Trimble Solutions 公司主推的结构 BIM 软件。

## A.12 内梅切克集团

内梅切克集团于 1963 年由 GeorgNemetschek 教授创立,总部位于德国慕尼黑,是 AEC(建筑、工程、施工)市场以及多媒体行业开放式 BIM 以及 5D 软件供应商。在全球四十个国家的 60 多个驻地经营着 14 个品牌,服务遍布 142 个国家的约 230 万用户。

2005 年,内梅切克集团战略级子公司内梅切克软件工程有限公司正式成立,总部位于奥地利萨尔茨堡,是装配式建筑行业专业软件供应商。公司核心任务是为预制混凝土行业开发和销售软件,为预制件工厂和设计院提供全方位的软件技术支持,服务范围从初始成本估算直至生产、运输、安装。

内梅切克软件工程有限公司旗下两款核心产品 PLANBAR 和 TIM,提供基于模型的预制构件设计,实现整个过程的 3D 可视化。公司通过与其他建模工具的开放数据交换,来共同推进开放式 BIM 的概念。

## A.13  北京鸿业同行科技有限公司

北京鸿业同行科技有限公司（以下简称"鸿业科技"）成立于 1992 年，是国内早期专业从事工程设计软件开发的公司之一。二十余年来，鸿业科技一直致力于为市政、建筑、工厂和城市信息化等领域提供应用软件解决方案，参与制订了多部国家与行业标准，承担了多项国家和河南省创新基金项目和火炬计划项目、高新技术产业化项目，以及洛阳市科技项目。

2009 年，鸿业科技确立了所有产品基于 BIM 技术理念进行产品开发的指导思想，为工程行业提供从规划、设计到施工、运维的建筑全生命期 BIM 解决方案，包括：针对建筑、装饰、机电、机电深化、性能分析、族库管理等内容的 BIMSpace 产品；针对城市道路及公路的路立得产品；针对地下管线和综合管廊的管立得产品等一系列基于 BIM 的应用系统。2014 年推出了国内首款针对城市内涝规划及海绵城市建设的暴雨模拟及低影响开发分析计算系统，并于同年通过住建部鉴定；2015 年推出基于 BIM 的智慧管廊管理系统，以满足快速发展的综合管廊建设需要。

鸿业科技积极参与 BIM 相关标准的研究和编制。参与了中国建筑标准研究院牵头的《建筑工程设计信息模型交付标准》《建筑工程设计信息模型分类和编码标准》《建筑工程设计信息模型制图标准》等国家 BIM 标准的编写，参编了《广东省建筑信息模型应用统一标准》。同时为深入应用与推广 BIM 软件，也制定了《鸿业 BIM 建模、出图标准》《鸿业族文件制作标准》等企业产品标准。

鸿业科技积极参与推广 BIM 技术的社会活动。鸿业科技是华中科技大学 BIM 工程中心常务理事单位、广东省 BIM 技术联盟成员、全国 BIM 技能等级考评工作指导委员会成员。2010 年与美国欧特克公司（Autodesk）合作完成了 Revit 本地化需求，2013 年承担了福建省科技重大专项专题《建设行业信息一体化软件核心技术研发及应用》项目。

近年来，鸿业科技与中国建筑科学研究院、福建省建筑设计院、东风设计院、深圳华森建筑与工程设计顾问有限公司、天华建筑设计有限公司、中汽设计院等国内大中型设计院在 BIM 方面均有深度合作。2014 年 12 月与全球建设施工行业内领先的 5D BIM 技术领导者——德国 RIB 集团建立战略合作；2015 年 9 月与德国内梅切克公司签署战略合作协议，为行业客户提供基于 BIM 技术从设计到施工整体解决方案。并与清华大学、天津大学、同济大学、北京交通大学、北京科技大学、中国矿业大学等"211工程"重点院校在 BIM 方面建立了多方面校企合作。

未来，鸿业科技将通过 BIM 深化应用研究，将 BIM 技术普及应用于工程建设全生命周期中，真正实现工程建设全流程信息化；并以工程大数据为基础，利用先进的智能图形技术，结合互联网、物联网、云计算等新兴信息技术，为智慧城市建设提供服务。

## A.14  广联达软件股份有限公司

广联达软件股份有限公司成立于 1998 年，2010 年 5 月在深圳中小企业板成功上市（股票简称：广联达，股票代码：002410），是国内建设工程领域信息化产业首家上市软件公司。

广联达 BIM 算量系列产品（土建、钢筋、安装）从 1998 年进入市场并迅速被市场认可和广泛使用，截至目前产品直接使用者五十余万，完成工程项目千万有余。

以客户需求为导向，广联达产品已从单一的预算软件发展到工程造价、工程信息、工程施工、企业管理、工程教育、电子政务、电子商务与广联云八大类，近百余款产品。其中 PC 端应用七十余款，移动应用 App 近三十款。广联达软件被广泛使用于房屋建筑、工业工程与基础设施等三大行业，在建设方、设计院、施工单位、设计咨询、设材厂商、物业公司、专业院校及政府部门等八类客户中得到不同程度应用。目前，广联达 PC 端应用企业用户数量达到十六万余家，其中工具类产品直接使用者五十余万，管理类产品直接使用者百余万。

从 2008 年开始与各方进行深入的 BIM 合作，2009 成立 BIM 中心，陆续研发了 BIM 审图、BIM 浏览器、BIM 5D、GBIMS、三维钢构设计等软件，2014 年收购芬兰 Progman，MagiCAD 软件成为广联达 BIM 解决方案的一部分。

广联达作为国家认定的高新技术企业，高度重视自主研发和技术体系建设，运用 BIM、云计算、管理平台等技术不断引领建设工程领域信息化潮流。广联达主要产品均具有自主知识产权及自主创新的软件架构，公司掌握了 20 余项专利、30 余项核心技术，200 余个软件著作权，其中 D 图形算法居国际领先水平。

## A.15  芬兰普罗格曼公司

芬兰普罗格曼公司始建于 1983 年，公司成立之初，就专注于机电领域。三十年以来，公司已在这一领域取得了良好的业绩，并积累了丰富的经验。2014 年公司被广联达软件股份有限公司收购。

目前，普罗格曼公司主要产品和业务包括：MagiCAD for AutoCAD、MagiCAD for Revit、基于 BIM 应用支持与服务、机电产品库数据模型制作等。

## A.16  北京达美盛软件股份有限公司

北京达美盛软件股份有限公司（以下简称"达美盛"，股票代码：430311）是一家专业的基础设施数据可视化技术及应用供应商。公司致力于通过自主核心技术，为客户提供可视化全生命周期资产管理与价值提升解决方案，服务涵盖招投标、概念设计、详细设计、施工建设、运行维护、改扩建和退役等各个阶段。公司拥有超过 15 年的专业技术和积累，在多个技术领域具备领先优势，特别是可视化技术的轻量化、移动化方向。

达美盛是 PCA &Fiatech ISO15926（国际基础设施数据规范组织）和 BuildingSMART 组织成员，积极采用国际主流的数据标准。达美盛也参与制定中国协会 BIM 标准"建筑资产运维管理 P-BIM 应用技术标准"和"建筑空间与设备运维管理 P-BIM 应用技术标准"。

达美盛为国际国内客户提供可视化工程云协同、数字化移交、HSE 管理和可视化运维等多种服务，主要产品和业务范围包括：

（1）Synchro Pro 4D 技术支持

北京达美盛软件股份有限公司作为该软件在国内的唯一代理商，提供软件销售，技术服务，工程外协等工作。

（2）三维工程设计服务

利用先进的数字工厂设计工具为客户提供三维管道设计和仪表设计及 CAD 工程图纸等相关专业技术服务。基于多年来对行业知识深入透彻的了解，达美盛协助客户解决设计和管理活动中所面临的非核心业务的挑战，通过帮助其分担设计工作中技术含量相对较低，工作量巨大的详图工作，来使得客户更加强化核心业务，专注于价值链的高端部分，并不断拓展新的业务方向。

（3）智慧工程设计分析系统

智慧工程设计分析系统包括：建筑信息模型（BIM）分析及设计系统、流程工厂工艺设计和分析、三维配管设计和分析、电气仪表设计、三维公用工程设计、三维可视化校审及展示，以及工程数据仓库。

（4）智慧工程管理协同系统

智慧工程管理协同系统包括工程公司项目文档管理、设校审流程控制、工程公司企业级门户建设、工程公司企业级知识管理系统等。

（5）智慧工厂二三维数据仓库及 OTS 三维仿真培训系统

使用统一的数据标准，辅助工程公司数字化移交二三维工程数据到业主方，并与业主维护维修运行系统（MRO）整合，基于三维工厂数据，进行人员的外操培训，人员巡检，逃生演练等。

## A.17　广州优比建筑咨询有限公司

广州优比建筑咨询有限公司是一家为工程建设和城市规划领域提供 BIM 咨询服务

的专业机构，其核心团队成员是自 2003 年开始就从事 BIM 技术应用的专业人员，目前公司的服务范围包括：BIM 战略咨询、BIM 项目咨询、BIM 教育培训等。

优比公司及其核心成员是中国 BIM 发展联盟特邀常务理事、中国工程建设标准化协会 BIM 专业委员会常务理事、中国建筑业协会工程建设质量管理分会理事、中国房地产业协会商业地产专业委员会 BIM 技术负责单位，是《中国商业地产 BIM 应用研究报告 2010》、《中国工程建设 BIM 应用研究报告 2011》、《施工企业 BIM 应用研究报告 2012》、《施工企业 BIM 应用研究报告 2013》主编单位。

优比公司参与编写了《建筑信息模型应用统一标准》《建筑信息模型施工应用标准》等国家标准，参与编写了《勘察设计和施工 BIM 技术发展对策研究》、《关于推进 BIM 在建筑领域内应用的指导意见》、《工程建设 BIM 应用发展报告 2014》等重要行业政策和报告。

## A.18　北京云建信科技有限公司

北京云建信科技有限公司（简称云建信）是由清华控股有限公司、广联达科技股份有限公司共同投资的高新技术企业，致力于提供建设领域 BIM 及信息技术的产品与服务。公司核心技术团队由清华大学毕业的博士、硕士组成，具有丰富的 BIM 理论与实践经验，以及较强的技术实力。

云建信以"互联网＋"为驱动，以行业需求为目标，以清华大学的 4D-BIM 和 BIM-FIM 技术产品为核心，自主研发的 BIM 云和大数据平台，建立了以 BIM 技术为核心、云计算技术为平台、感知技术为基础、移动互联为媒介、建设项目为载体的工程信息化应用平台。

云建信面向市政建设与国家生命线等基础设施工程，提供涵盖设计、施工、运维全过程的 BIM 咨询、产品研发与技术服务，形成可复用的知识、技术、产品与大数据积累。主要经营范围包括：面向工程项目提供 BIM 实施与软件定制；面向建设企业及工程项目提供 BIM 咨询与服务；面向建设企业和工程项目提供 BIM 平台、软件及云服务产品；面向建设行业和企业提供基于云平台的大数据应用产品与服务。

## A.19　杭州品茗安控信息技术股份有限公司

杭州品茗安控信息技术股份有限公司 1996 年成立，总部位于杭州国家级软件研发基地天堂软件园。2011 年进行股份制改造，并于 2016 年 3 月 8 日正式在新三板挂牌上市。

品茗面向工程建设行业，提供基于 BIM 技术的专业软件产品和解决方案（如表 A-1

所示），业务聚焦于 BIM、工程施工、工程造价、物联网产品。产品被广泛应用于工程建设领域的行业监管机构、业主、设计、咨询、施工、监理、审计等工程建设各方主体，财政审计、高等院校、水利、交通、石化、邮电、电力、银行等特定行业相关单位。

品茗产品应用场景　　　　　　　　　　　　　　　　　　表 A-1

| 项目阶段 | 应用点 | 对应软件 | 成果 |
| --- | --- | --- | --- |
| 设计阶段 | 土建三维建模 | 品茗 HiBIM | 三维模型和动画 |
| | 机电安装三维建模 | | 三维模型和动画 |
| | 管线综合优化 | | 碰撞检测报告及优化方案 |
| | 净空分析 | | 净空分析报告及优化方案 |
| | 三维展示 | | 全专业的三维模型和动画 |
| | 工程算量 | | 各地清单定额规则出量 |
| 招投标阶段 | 土建三维建模 | 品茗 HiBIM | 三维模型和动画 |
| | 机电安装三维建模 | | 三维模型和动画 |
| | 工程量精算 | | 各地清单定额规则出量 |
| | 投标报价策略 | 品茗 BIM 胜算计控软件 | 商务标书 |
| | 投标方案动画 | 品茗 BIM 施工策划软件 | 多阶段三维模型和动画 |
| | 安全专项施工方案 | 品茗 BIM 模板工程设计软件<br>品茗 BIM 脚手架工程设计软件<br>品茗安全设施计算软件 | 三维模型、动画、专项方案 |
| | 施工总平面布置图 | 品茗 BIM 施工策划软件 | 二维、三维总平面布置图 |
| | 施工进度图表 | 品茗智能网络计划图绘制软件 | 进度横道图、甘特图 |
| 施工策划 | 施工总平面布置图 | 品茗 BIM 施工策划软件 | 二维、三维总平面布置图 |
| | 施工进度模拟 | 品茗 BIM 施工策划软件 | 多阶段三维模型和动画 |
| | 周转材料用量计划 | 品茗 BIM 模板工程设计软件<br>品茗 BIM 脚手架工程设计软件 | 模板、木枋、钢管等周转材料的用量 |
| | 施工措施费用动态计算 | 品茗 BIM 施工策划软件 | 板房、硬化地面、防护栏杆、围墙、电缆、水管等的用量 |
| | 土建三维建模 | 品茗 HiBIM | 三维模型和动画 |
| | 机电安装三维建模 | | 三维模型和动画 |
| | 管线综合优化 | | 碰撞检测报告<br>预留洞报告<br>净空分析报告 |
| | 工程量复审 | | 基于施工图的工程量计算 |
| | 施工图 | | 二维、三维施工图 |
| | 内部成本计算 | 品茗 BIM 胜算计控软件 | 基于企业定额的成本汇总 |

续表

| 项目阶段 | 应用点 | 对应软件 | 成果 |
|---|---|---|---|
| 施工策划 | 三维交底 | 品茗 HiBIM<br>品茗 BIM 模板工程设计软件<br>品茗 BIM 脚手架工程设计软件<br>品茗 BIM 施工策划软件 | 三维模型及三维图片 |
| | 产值进度计划 | 品茗 BIM 5D | 产值进度计划表 |
| | 协助制定用工计划 | | 用工计划表 |
| | 制定材料采购计划 | | 材料采购计划表 |
| | 绿色施工策划 | 品茗 BIM 施工策划软件 | 绿色施工平面布置及构件详图 |
| | 安全文明施工策划 | 品茗 BIM 施工策划软件 | 安全文明施工平面布置及构件详图 |
| 施工阶段 | 高支模区域自动查找 | 品茗 BIM 模板工程设计软件 | 高支模区域汇总表、区域三维显示和计算书 |
| | 高支模方案优选及编制 | | 施工图、计算书、方案书 |
| | 脚手架方案优选及编制 | 品茗 BIM 脚手架工程设计软件 | 施工图、计算书、方案书 |
| | 土方开挖方案优选及编制 | 品茗 BIM 施工策划软件 | 土方开挖模拟动画、施工图 |
| | 安全专项施工方案 | 品茗安全设施计算软件 | 计算书、施工图、专项方案 |
| | 模板下料 | 品茗 BIM 模板工程设计软件 | 配模图及模板切割列表 |
| | 周转材料精细化管理 | 品茗 BIM 模板工程设计软件<br>品茗 BIM 脚手架工程设计软件 | 模板、木枋、钢管扣等周转材料的用量 |
| | 进度款管理 | 品茗 BIM 5D | 进度款支付管理表格 |
| | 联系单管理 | | 联系单表库 |
| | 资料管理 | | 资料库 |
| | 材料管理 | | 材料进出量表 |
| | 成本控制 | | 各阶段成本报表 |
| | 安全管理 | 安全 +VR | 安全教育及交底 |
| 结算阶段 | 对外结算 | 品茗 HiBIM<br>品茗 BIM 胜算计控软件 | 工程量及造价的表格 |
| | 分包结算 | | 工程量及造价的表格 |
| | 多算对比 | 品茗 BIM 5D | 工程量多算对比表 |
| 竣工交付 | 竣工模型 | 品茗 BIM 5D<br>品茗 BIM 云平台 | 三维模型 |
| BIM 云平台 | 模型复用、展示及协调 | 品茗 BIM 云平台 | 模型展示、实时沟通、模型复用、竣工交付 |

　　品茗在杭州国家级软件产业研发基地及西安高新技术园区建有研发中心,销售服务网络覆盖中国大陆 200 多个地级市及中国香港、新加坡、马来西亚等境外区域。

　　未来,品茗将继续面向工程建设行业,通过利用大数据、云计算、移动终端、物联网、AI、VR/AR 等信息技术,结合品茗在施工领域的专业积淀,开发专业的 BIM 软件产品和解决方案,提供 BIM 大数据服务,提升工程进度、质量、安全、环保和成本等方面的管理水平，促进建筑产业升级。

## A.20　上海澜潮实业发展有限公司

上海澜潮实业发展有限公司（以下简称：澜潮）是一家专注于为企业提供信息化系统集成和实施的整体解决方案提供商，致力 AEC/EPU 行业的设计院、施工企业等提供先进而完整的 BIM 解决方案和工程咨询服务，以此提高企业核心竞争力。

澜潮是 Dassault Systemes 中国解决方案合作伙伴，同时也是其全线产品的授权分销商，包括 CATIA、DELMIA、3DVia Composer/Studio/SIMULIA/ENOVIA 等产品系列，并提供全面的售后增值服务。

## A.21　徕卡测量系统公司

徕卡测量系统公司，总部位于瑞士 Heerbrugg，拥有近 200 年的历史，是全球知名空间信息技术与解决方案的提供者。徕卡测量系统主要应用领域包括：机械控制、大地测量、测量工具、地理空间信息、大型工业产品测量、矿山和农业等。徕卡测量系统在全球 28 个国家拥有 3500 多名员工，数百家合作伙伴遍布全球 120 多个国家，每年为十几万用户提供覆盖整个测量工作流程的产品和解决方案，推动世界空间的数字化发展。

徕卡测量系统在中国设有北京、上海、香港三个分公司，在上海、武汉分别设有软件技术中心和参考站技术中心，在全国各大中城市设有 20 多个销售服务中心，10 余个城市设有直属及授权售后服务中心，为中国用户提供大地测量、空间信息和测量工具方面的产品和服务，同时提供矿山解决方案和机械自控解决方案。

## A.22　拓普康公司

拓普康公司（Topcon 公司）成立于 1932 年，是一家总部位于日本东京、在全世界有多家分公司（工厂）的测量仪器制造商。其中，在日本的总厂主要生产制造高端精密的测量仪器，在美国的工厂主要生产制造 GPS 产品、激光产品、机械控制产品，在中国的工厂主要生产制造常规测量仪器产品。Topcon 公司主要测量产品有：全站仪、电子水准仪、GPS、三维激光扫描仪、无人机、车载移动测量系统、机械控制系统等。Topcon 公司的产品有 Topcon（拓普康）、Sokkia（索佳）两大品牌；在中国国内，Topcon 公司还生产一个国内品牌：科维（GoWin）的产品。

在 BIM 应用领域，Topcon 品牌的 LN-100 放样机器人、Sokkia 品牌的 SX-100 测量机器人这两款产品，可以用于 BIM 数字化施工放样，如图 A-3 所示。

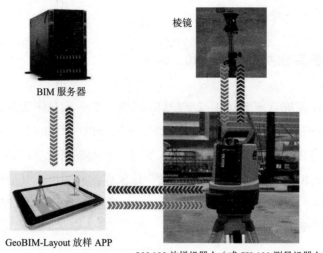

棱镜

BIM 服务器

GeoBIM-Layout 放样 APP

LN-100 放样机器人（或 SX-100 测量机器人）

图 A-3　拓普康 BIM 数字化施工放样系统

Topcon 品牌的 GLS-2000 三维激光扫描仪可以用于采集 BIM 设计前的施工场地实际现状的点云，还可以用于装配式建筑中，检测工厂生产的部件（构件）是否符合其BIM 设计三维模型。

Topcon 品牌的天狼星无人机，可以用于航飞采集 BIM 设计前的施工场地实际现状，还可以用于航飞采集 BIM 施工完成后的竣工状况，作为竣工资料保存和后续运维管理时使用。

## A.23　上海曼恒数字技术股份有限公司

上海曼恒数字技术股份有限公司是以 3D 虚拟现实和 3D 打印作为两大核心业务的民营高科技企业。创始于 2007 年，总部位于上海，在北京、成都、广州设立子公司，在武汉、济南、西安、长沙、沈阳、南京、重庆等地设立了办事处。公司于 2015 年12 月 23 日，挂牌全国中小企业股份转让系统，股票代码：834534。

曼恒数字研发出 DVS3D 虚拟现实软件引擎、虚拟现实沉浸式交互系统、G-Motion交互追踪系统及全身动作捕捉系统等多款首创性虚拟现实产品，为高端制造、高等教育、国防军队等领域提供产品及技术服务。

## A.24　上海沃极电子科技有限公司

上海沃极电子科技有限公司从 2010 年开始做 RFID 有源和无源产品，专注于RFID 行业数据标识及数据采集的研发和生产，为用户提供 RFID 产品和解决方案。沃极与同济大学、上海电力学院、上海理工大学等知名院校长期合作，依托高校的技术优势，取得了多项技术突破。

沃极在上海市闵行区，拥有研发基地和生产基地，主要专注于 RFID 自动识别、自动数据采集和物联网领域的软硬件研发、生产和销售。公司拥有全套的 RFID 技术，硬件产品主要蕴含三大类：RFID 固定式读写器、便携移动式手持终端、RFID 电子标签。RFID 工作频段涵盖低频 125kHz、高频 13.56MHz、超高频 860-960MHz、有源 433M、有源 2.4GHz 等频段。产品支持国家标准 ISO 协议：ISO14443A/B、ISO15693、ISO18000-6B、ISO18000-6C 等多项国际标准的协议。广泛应用于食品溯源、智能交通、服装产销、危险品管理、票证管理、供应链物流、仓储管理、防伪识别、图书馆管理、人员和资产管理、航空行李管理、工业制造等领域，可为企业提供个性化的物联网应用整体解决方案，一站式解决客户问题。

# 附录 B 评估产品列表

评估产品列表（按本书内容编排顺序） 表 B-1

| 序号 | 厂商 | 产品 | 章节索引 |
|---|---|---|---|
| 1 | Autodesk | Revit | 2.1 |
| 2 | Bentley | AECOsim Building Designer | 2.2 |
| 3 | GRAPHISOFT | ArchiCAD | 2.3 |
| 4 | Dassault | CATIA | 2.4 |
| 5 | Trimble | Sketchup | 2.5 |
| 6 | 天正 | TR | 2.6 |
| 7 | McNeel | Rhino | 2.7 |
| 8 | 构力 | PKPM-BIM | 3.1 |
| 9 | 盈建科 | YJK | 3.2 |
| 10 | 广厦 | GSRevit | 3.3 |
| 11 | 探索者 | TSRS | 3.4 |
| 12 | 中建技术中心 | ISSS | 3.5 |
| 13 | Tekla | Tekla Structures | 3.6 |
| 14 | Autodesk | Advance Steel | 3.7 |
| 15 | Nemetschek | AllPLAN PLANBAR | 3.8 |
| 16 | 鸿业 | BIMSpace | 4.1 |
| 17 | 广联达 | MagiCAD | 4.1.4 |
| 18 | Autodesk | Autodesk MEP Fabrication | 4.3 |
| 19 | Bentley | Bentley Building Mechanical System（BBMS） | 4.4 |
| 20 | Autodesk | Autodesk Ecotect | 5.1 |
| 21 | IES | IES VE | 5.2 |
| 22 | ANSYS | ANSYS Fluent | 5.3 |
| 23 | LBNL | LBNL EnergyPlus | 5.4 |
| 24 | Autodesk | Navisworks | 6.1 |
| 25 | Synchro | Synchro Pro 4D | 6.2 |
| 26 | Dassault | DELMIA | 6.3 |
| 27 | Bentley | Navigator | 6.4 |
| 28 | Trimble | Trimble Connect | 6.5 |
| 29 | Act-3D | Lumion | 6.6 |

续表

| 序号 | 厂商 | 产品 | 章节索引 |
|---|---|---|---|
| 30 | 优比 | 基于 BIM 机电设备管线应急管理系统 | 6.7 |
| 31 | 广联达 | BIM5D | 7.1 |
| 32 | 云建信 | 4D-BIM | 7.2 |
| 33 | Autodesk | BIM 360 | 0 |
| 34 | Bentley | Projectwise | 7.4 |
| 35 | Trimble | Vico Office | 7.5 |
| 36 | Dassault | ENOVIA | 7.6 |
| 37 | 广联达 | 模架设计软件 | 8.1.1 |
| 38 | 广联达 | 场地布置软件 | 8.1.2 |
| 39 | 品茗 | 模板脚手架工程设计软件 | 8.2.1 |
| 40 | 品茗 | 塔吊安全监控系统 | 8.2.2 |
| 41 | 鸿业 | 综合管廊设计软件 | 8.3 |
| 42 | 优比 | BIM 铝模板软件 | 8.4 |
| 43 | 云建信 | BIM-FIM | 8.5 |
| 44 | Autodesk | AutoCAD Civil 3D | 8.6 |
| 45 | 法如 | FocusS 350 激光扫描仪 | 9.2 |
| 46 | 徕卡 | Nova MS60 全站扫描仪<br>ScanStation P40/P30/P16 三维激光扫描仪 | 9.3 |
| 47 | 中建技术中心 | 基于 BIM 的工程测控系统集成 | 9.4 |
| 48 | Autodesk | Autodesk Recap | 9.5 |
| 49 | 天宝 | Tablet 坚固型手簿<br>Kenai 坚固型手簿<br>RTS771 BIM 放样机器人 | 10.2 |
| 50 | 徕卡 | Nova TS60 全站仪 | 10.3 |
| 51 | 拓普康 | LN-100 放样机器人 | 10.4 |
| 52 | Oculus | Oculus Rift | 11.2 |
| 53 | 曼恒 | G-Motion | 11.3 |
| 54 | HTC | HTC Vive | 11.4 |
| 55 | Autodesk | Revit Live | 11.5 |
| 56 | 摩托罗拉 | MC9190-Z RFID 手持机 | 12.2 |
| 57 | 沃极科技 | HF/UHF 读写器<br>PD06 系列，PD68 系列，PD19 系列手持终端<br>TG05 系列，TG11 系列，TG19 系列，TG57 系列，<br>TG62 系列电子标签 | 12.3 |

# 附录C  buildingSMART® 认证软件列表

buildingSMART 软件认证是对软件信息共享能力的一种认证，即测评软件输入或输出 IFC 文件能力。首先，软件测评是基于 MVD（Model View Definitions），即 IFC 模型的一个子集，MVD 由 buildSMART 针对某一领域定义。其次，软件测评分为"输入"和"输出"两个独立的角度，软件厂商可选择全部或其一认证。最后，认证需明确支持的文件格式，IFC 文件格式包括 .ifc、.ifcXML 和 .ifcZIP。

buildingSMART 认证软件列表（按照厂商名字顺序） 表 C-1

| 序号 | 开发商 | 软件 | 认证 | 输入/输出 | 认证日期 |
|---|---|---|---|---|---|
| 1 | ACCA Software S.p.A | Edificius | CV2.0 | 输入 | 2017/5/31 |
| | | | CV2.0-Arch | 输出 | 2016/3/11 |
| 2 | ACCA Software S.p.A | EdiLus | CV2.0 | 输入 | 2017/8/24 |
| 3 | Autodesk | AutoCAD Architecture | CV2.0-Arch | 输出 | 2015/2/24 |
| 4 | Autodesk | Autodesk Revit MEP | CV2.0-MEP | 输出 | 2013/07/11 |
| | | | CV2.0 | 输入 | 2015/07/26 |
| 5 | Autodesk | Autodesk Revit LT | CV2.0 | 输入 | 2015/7/26 |
| | | | CV2.0-Arch | 输出 | 2014/7/7 |
| 6 | Autodesk | Autodesk Revit Structure | CV2.0 | 输入 | 2015/7/26 |
| | | | CV2.0-Struct | 输出 | 2013/4/16 |
| 7 | Autodesk | Autodesk Revit Architecture | CV2.0-Arch | 输出 | 2013/4/16 |
| | | | CV2.0 | 输入 | 2015/7/24 |
| 8 | Bentley Systems，Incorporated | AECOsim Building Designer | CV2.0 | 输入 | 2015/3/22 |
| | | | CV2.0-Arch | 输出 | 2015/2/28 |
| | | | CV2.0-Struct | 输出 | 2015/2/28 |
| | | | CV2.0-MEP | 输出 | 2015/12/18 |
| 9 | Bricsys services | BricsCAD | CV2.0-Arch | 输出 | 2016/10/14 |
| 10 | CadLine Ltd | ARCHLine.XP | CV2.0-Arch | 输出 | 2016/04/04 |
| | | | CV2.0 | 输入 | 2016/11/08 |
| 11 | cadwork | Lexocad | CV2.0 | 输入 | 2017/5/23 |
| 12 | Data Design System | DDS-CAD MEP | CV2.0-MEP | 输出 | 2014/9/10 |
| 13 | Design Data | SDS/2 | CV2.0-Struct | 输出 | 2014/10/10 |

续表

| 序号 | 开发商 | 软件 | 认证 | 输入 / 输出 | 认证日期 |
|---|---|---|---|---|---|
| 14 | Dlubal Software GmbH | RFEM/RSTAB | CV2.0 | 输入 | 2015/3/9 |
| 15 | Glodon Software Company Limited | Glodon Takeoff for Architecture and Structure | CV2.0-Struct | 输出 | 2017/01/06 |
| | | | CV2.0-Arch | 输出 | 2017/01/06 |
| | | | CV2.0 | 输入 | 2015/1/12 |
| | | | CV2.0-Arch | 输出 | 2015/8/19 |
| 16 | GRAPHISOFT | ArchiCAD | CV2.0 | 输入 | 2013/9/20 |
| | | | CV2.0-Arch | 输出 | 2013/4/16 |
| 17 | Kymdata Oy | CADS Planner MEP | CV2.0-MEP | 输出 | 2016/4/11 |
| 18 | NEMETSCHEK Allplan GmbH | Allplan | CV2.0 | 输入 | 2014/5/7 |
| | | | CV2.0-Arch | 输出 | 2013/4/16 |
| 19 | NEMETSCHEK Scia | Scia Engineer | CV2.0 | 输入 | 2013/9/17 |
| | | | CV2.0-Struct | 输出 | 2013/4/16 |
| 20 | NEMETSCHEK Vectorworks, Inc. | Vectorworks | CV2.0 | 输入 | 2013/11/11 |
| | | | CV2.0-Arch | 输出 | 2013/5/30 |
| 21 | Progman | MagiCad | CV2.0-MEP | 输出 | 2016/4/11 |
| 22 | RIB | RIB iTWO | CV2.0 | 输入 | 2013/9/7 |
| 23 | Seokyoung Systems Corp. | NaviTouch | CV2.0 | 输入 | 2014/1/13 |
| 24 | Solibri | Solibri Model Checker | CV2.0 | 输入 | 2013/10/30 |
| 25 | Solideo Systems | ArchiBIM Server | CV2.0 | 输入 | 2014/4/22 |
| 26 | Tekla | Tekla Structures | CV2.0 | 输入 | 2013/10/9 |
| | | | CV2.0-Struct | 输出 | 2013/6/12 |
| 27 | Trimble Germany GmbH | Plancal nova | CV2.0-MEP | 输出 | 2014/10/31 |

注：1. 表 C-1 是截至 2017 年 9 月 10 日的认证信息，最新的认证信息可访问 http：//www.buildingsmart.org/compliance/certified-software/。

2. CV2.0：全专业认证；

CV2.0-Arch：建筑专业认证；

CV2.0-Struct：结构专业认证；

CV2.0-MEP：机电专业认证。

3. 软件认证从"输入"和"输出"两个角度分别认证。

# 附录 D　BIM 数据交换标准

应用 BIM 技术的根本目的是在整个建筑生命期，通过数据共享促进各专业、各阶段之间的沟通和协作。基于 BIM 技术，各种专业背景的工程人士可以重复使用相同的数据，做出准确的工程决策，并将各自的工作成果集成起来。建立开放的数据交换标准，可使各种应用软件之间进行高效的数据交换和重用。常用的开放 BIM 数据交换标准如表 D-1 所示。

BIM 数据交换标准列表　　　　　　　　　　　　　表 D-1

| 名称 | 备注 |
| --- | --- |
| IFC | IFC（Industry Foundation Classes）标准是 ISO 标准，标准编号：ISO 16739。IFC 标准涉及建筑工程全生命期众多的领域，可以表达建筑、结构、设备等的空间和属性信息，也可以将工程计划与建筑构件链接，表达建造顺序（即 4D 模型）。IFC 标准适合于表达设计模型，用于建筑的总体分析和多专业协同。IFC 标准也可以用于表达更详细的构件信息，但不常用于表达构件的详细加工、制造信息，以及用于构件的详细分析。虽然 BIM 软件对 IFC 标准的支持率很高，但软件实现质量并不一致，在输出数据时，有遗漏和错误的现象 |
| CIS/2.1 | CIS/2.1（CIMsteel Integration Standards Release 2：Second Edition（2003））美国钢结构研究所（American Institute of Steel Construction）认可的钢结构专业数据交换标准。CIS / 2.1 支持钢结构分析、设计、深化设计和加工制造过程 |
| gbXML | gbXML（Green Building XML）是绿色建筑分析和设计软件通常支持的一种格式，可以用于设备属性、空间信息等的数据交换。gbXML 支持设计软件到分析软件的数据交换，能耗分析类软件多支持此标准，如：DOE-2、AutodeskEcotect 和 Autodesk Green Building Studio |

# 附录 E 常用工程数据交换产品专用格式

大多数 BIM 软件都用自定义文件格式表达和存储工程数据，这些文件格式属于软件厂商的私有格式、常见格式。简要描述见表 E-1。

常用工程数据交换私有格式

表 E-1

| 名称 | 备注 |
|------|------|
| RVT | RVT 是 Autodesk 公司 Revit 产品的数据文件格式，支持 BIM 数据的存储 |
| DWG | DWG 是 Autodesk 公司定义的文件格式，主要用于满足 AutoCAD 的数据存储需求。从 1982 开始使用至今，随着软件功能的提升已有近二十个版本。Autodesk 授权的软件开发包 RealDWG 可以用于读写 DWG、DXF 文件。Bentley 公司和 Autodesk 公司之间建立了协议，用以提高 DGN 与 DWG 格式之间的数据交换能力。DWG 文件中能够存储一些信息，但还不足以支撑和满足 BIM 的数据交换需求 |
| DXF | DXF 是 Autodesk 公司定义的文件格式，用以支持 AutoCAD 与其他软件之间的交互能力。DXF 格式标准由 Autodesk 负责发布和维护。DXF 支持有限的绘图对象，所以应用范围也有限。DXF 数据描述的核心放在二维上，三维几何表达能力有限，不能满足 BIM 数据交换的需求 |
| DWF | DWF 是 Autodesk 公司基于 ISO/IEC 29500-2：2008 "开放打包协议"定义的文件格式。DWF 是一种轻量级压缩格式，主要用于设计审查和网上发布，也可以作为简单交互软件的数据源。DWF 是一种单向数据交换格式，不适于在专业软件之间进行往复数据交换。Autodesk 提供一个免费 DWF 浏览器，用于浏览 DWF 文件内容 |
| DGN | DGN 是 Bentley 公司定义的文件格式，主要用于满足 MicroStation 的数据存储需求。从 2000 年开始，新一版 DGN（又称为 V8 DGN）文件支持 BIM 数据的存储。Bentley 公司通过支持 OpenDGN 项目，提供软件开发包支持 V8 DGN 文件的读写 |
| PLN | PLN 是 Graphisoft 为其 ArchiCAD 产品定义的文件格式，支持 BIM 数据的表达。ArchiCAD 诞生于 1987 年，所以 PLN 可以说是第一个 BIM 数据文件格式 |
| STP | STP 格式是 ISO 10303 Industrial automation systems and integration -- Product data representation and exchange 第 21 部分定义的文件格式，虽然不是私有格式，但主要用于汽车、航天、工业和消费类 CAD 软件交换几何信息 |
| 3D PDF | 3D PDF 是 Adobe 公司定义的用于支持设计文档协作与沟通目的的信息输出文件格式。与 DWF 格式类似，这种格式主要用于模型的数字化发布，便于浏览和审查，不能再导入设计或分析软件 |

# 参考文献

[1]  AECbytes 公司 .BIM EVALUATION STUDY REPORT，2011

[2]  何关培，李刚 . 那个叫 BIM 的东西究竟是什么 . 北京：中国建筑工业出版社，2011

[3]  中国建筑股份有限公司 .BIM 软硬件产品评估研究报告，2014

[4]  www.buildingsmart.org